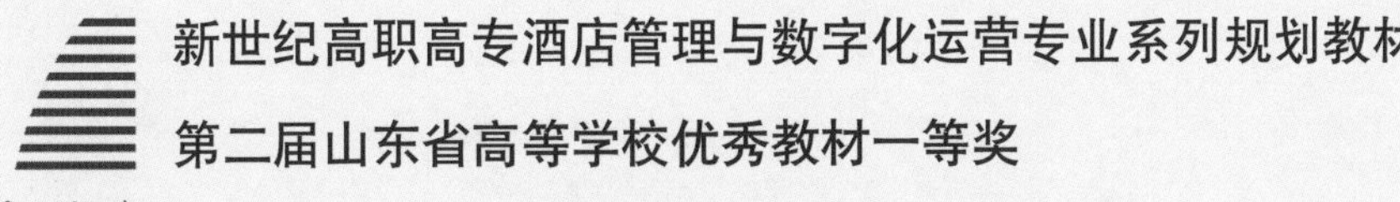

新世纪高职高专酒店管理与数字化运营专业系列规划教材

第二届山东省高等学校优秀教材一等奖

新世纪

酒水服务与酒吧管理

（第四版）

新世纪高职高专教材编审委员会 组编

主　编 张　波

副主编 周　彦 张欢欢 常　明

大连理工大学出版社

图书在版编目(CIP)数据

酒水服务与酒吧管理 / 张波主编. -- 4 版. -- 大连：大连理工大学出版社，2022.2(2024.12 重印)
新世纪高职高专酒店管理与数字化运营专业系列规划教材
ISBN 978-7-5685-3298-3

Ⅰ. ①酒… Ⅱ. ①张… Ⅲ. ①酒－基本知识－高等职业教育－教材②酒吧－商业管理－高等职业教育－教材 Ⅳ. ①TS971.22②F719.3

中国版本图书馆 CIP 数据核字(2021)第 220786 号

大连理工大学出版社出版
地址:大连市软件园路 80 号　邮政编码:116023
营销中心:0411-84707410　邮购及零售:0411-84706041
E-mail:dutp@dutp.cn　URL:https://www.dutp.cn
大连天骄彩色印刷有限公司印刷　大连理工大学出版社发行

幅面尺寸:185mm×260mm　印张:15.75　字数:364 千字
2008 年 4 月第 1 版　2022 年 2 月第 4 版
2024 年 12 月第 3 次印刷

责任编辑:程砚芳　责任校对:刘俊如
封面设计:对岸书影

ISBN 978-7-5685-3298-3　定　价:49.80 元

《酒水服务与酒吧管理》(第四版)是新世纪高职高专教材编审委员会组编的酒店管理与数字化运营专业系列规划教材之一,荣获第二届山东省高等学校优秀教材一等奖。

“酒水服务与酒吧管理”课程是高职院校旅游类专业中餐饮管理、酒店管理与数字化运营、旅游管理等专业的核心课程之一。

2008 年 4 月,为了适应我国旅游业、酒店业和餐饮业的飞速发展,以及它们对具备系统酒水知识和酒吧服务与管理技能的高级专业人才的大量需求,我们适时编写了《酒水知识与酒吧管理》,之后进行了三次修订,将原来的“酒水知识”内容提升为“酒水服务”内容,从原来的注重对知识性内容的学习提升到培养学生运用知识、服务宾客的能力上来。第一版至第三版教材至今已经累计发行 6 万余册,先后在全国 40 余所高职院校的餐饮管理、酒店管理与数字化运营、旅游管理等专业中使用,得到了广大师生的一致好评,2011 年被评为第二届山东省高等学校优秀教材一等奖。

为了更好地适应当前旅游业、酒店业和餐饮业的发展对人才的需求,在总结第三版教材的优势与不足的基础上,本次修订保留了第三版中“模块一项目一任务”的整体结构,对部分教学内容进行了先进性、时代性方面的整合与完善。

本教材主要有以下几点变化:

1. 近年来新世界葡萄酒的品质及市场占有率都有了很大的提升,所以本教材减少了“旧世界葡萄酒”的内容,增加了“新世界葡萄酒”的内容。

2. 在“模块一项目一任务”的模式教学进程中,新增加了大量紧贴教学任务需要的、有时代特色的“资料链接”,在重视培养学生必需的职业素质与职业能力的同时,增强了教学内容的实用性与新颖性。

3.在鸡尾酒服务项目中增加了花式鸡尾酒调制的相关知识与服务，体现了教材修订与时俱进的特点。

本教材以实用为主，按照实训教学要求将学生安排到星级饭店、餐厅、酒吧实习，可使其具备中、高级调酒师所必需的专业基础理论与职业素质，熟悉饭店餐饮部酒吧服务与运营的基本程序和方法，从而全面提高学生的酒吧服务接待能力和管理能力。本教材既可作为高职高专院校餐饮管理、酒店管理与数字化运营、旅游管理等专业的学生用书，也可作为各类饭店、餐饮企业的酒吧或酒水部门主管或调酒师的专业理论培训用书。

本教材由淄博职业学院张波任主编，山东旅游职业学院周彦、信阳农林学院张欢欢、辽宁理工职业大学常明任副主编。具体编写分工如下：张波编写项目一、项目二、项目三、项目四；周彦编写项目七、项目八；张欢欢编写项目五、项目六、项目九、项目十；常明编写项目十一、项目十二。本教材由张波设计和确定篇章结构，并完成了书稿的审阅、修改与定稿工作。

在编写本教材的过程中，编者汲取了国内外酒吧经营与管理的许多新知识与新技术，参考了国内外许多专家、学者的酒水知识与酒吧管理类相关书籍与资料，在此表示真诚的谢意！相关著作权人看到本教材后，请与出版社联系，出版社将按照相关法律的规定支付稿酬。

限于水平，本教材中难免存在一定的缺陷与不足，敬请各位专家、同仁及读者批评指正，以待完善。

编　者

2022年2月

所有意见和建议请发往：dutpgz@163.com

欢迎访问职教数字化服务平台：https://www.dutp.cn/sve/

联系电话：0411-84706581　84706672

模块一　酒水服务

模块二　酒吧接待与服务

模块三　酒吧运营与酒会筹划

模块

酒水服务

酒水常识

学习目标

能明晰酒水、酒和酒精的概念
能掌握酒度的几种表示方式
能掌握 3 种以上的酒的分类方法
熟知酒按照生产工艺分类的内容

能力目标

会进行酒度的 3 种表示方式之间的换算
会对酒做不同方法的分类

主要任务

- 任务一　酒水、酒与酒度认知
- 任务二　酒的分类

任务一　酒水、酒与酒度认知

一、酒水

微课

什么是酒水？

所谓酒水(Beverage)就是人们日常生活中常说的饮料，是人们用餐、休闲及交流活动中不可缺少的饮品。酒水按照其是否含有酒精成分可以分为两类：一是酒，即酒精饮料；二是水，即无酒精饮料。

(一)酒精饮料

人们日常生活中常说的酒，就是酒精饮料(Alcoholic Drink)，是指酒精浓度在0.5%(容量比)以上，75%(容量比)以下的饮料。它是一种比较特殊的饮料，是以含淀粉或糖质的谷物或水果为原料，经过发酵、蒸馏等工艺酿制而成的。

酒是多种化学成分的混合物，主要成分是乙醇。除此之外，还有水和众多化学物质。这些化学物质包括酸、酯、醛、醇等，尽管这些物质含量很低，但是决定了酒的质量和特色，所以这些物质在酒中的含量非常重要。酒精饮料因含有酒精成分，所以带有一定的刺激性，能够使神经兴奋并麻醉大脑，是人们日常生活中重要的饮品。

(二)无酒精饮料

水是饭店业和餐饮业的专业术语，指所有不含酒精的饮料或饮品，即无酒精饮料(Non-Alcoholic Drink)，又称软饮料(Soft Drink)，是指酒精浓度不超过0.5%(容量比)的提神解渴饮料。绝大多数无酒精饮料不含任何酒精成分，但也有极少数含有微量酒精成分，不过其作用也仅仅是调剂饮品的口味或改善饮品的风味而已。无酒精饮料是日常生活中人体水分补充的来源之一，如茶、咖啡、果汁和矿泉水等不仅能解渴，而且在饮用时还能产生舒畅的愉快感。

二、酒与酒精

(一)酒

酒是人们熟悉的含有乙醇的饮料。

自古以来，很多专家学者穷毕生之精力来研究酒，企图为它下一个完整的定义。但是，酒的特性、成分及生产工艺都很复杂，很难用三言两语来概括。酒是一种有机化合物质，是可以自然生成的。糖在酶的作用下转变为酒精，再加上其他物质便可制成酒。自然界中许多果实和粮食作物都含有大量的糖，如葡萄、苹果、大麦、玉米、高粱等，它们都被用作酿酒的主要材料。

因此，我们说酒是一种用水果、谷物或其他含有足够糖分或淀粉的植物经过发酵、蒸馏等方法生产出的含乙醇(酒精)并带刺激性的饮料。

(二)酒精

酒中最主要的成分是乙醇(俗称酒精),化学通式为 C_2H_5OH。乙醇的主要物理特性是:常温下呈液态,无色透明,易挥发,易燃烧,沸点为 78.3℃,冰点为-114℃,溶于水;不易感染杂菌,刺激性较强;可溶解酸、碱和少量油类,不溶解盐类。它是由含有淀粉或糖的物质加入酵母进行发酵而产生的,其化学反应过程如下:

糖分+酵母→乙醇+二氧化碳

乙醇与水相互作用能释放出热量,人体摄入少量的酒精能使精神振奋,缓解消极情绪,但酒精对人的中枢神经有麻醉作用。

资料链接 **酒精的分类**

1. 按生产使用的原料可分为淀粉质原料发酵酒精、糖蜜原料发酵酒精、亚硫酸盐纸浆废液发酵生产酒精。

淀粉质原料发酵酒精:一般是薯类、谷类和野生植物等含淀粉质的原料,在微生物作用下将淀粉水解为葡萄糖,再进一步由酵母发酵生成酒精。

糖蜜原料发酵酒精:直接利用糖蜜中的糖分,经过稀释杀菌并添加部分营养盐,借酵母的作用发酵生成酒精。

亚硫酸盐纸浆废液发酵生产酒精:利用造纸废液中含有的六碳糖,在酵母作用下发酵成酒精,主要产品为工业用酒精。

也有用木屑稀酸水解制作的酒精。

2. 按生产的方法可分为发酵法、合成法两大类酒精。

3. 按产品质量或性质可分为高纯度酒精、无水酒精、普通酒精和变性酒精。

4. 按产品系列可分为优级、一级、二级、三级和四级。其中一、二级相当于高纯度酒精及普通蒸馏酒精。三级相当于医药酒精,四级相当于工业酒精。新增二级标准是为了满足不同用户和生产的需要,减少生产与使用上的浪费,促进提高产品质量而制定的。

三、酒度的表示与换算

(一)酒度的含义

酒度是指乙醇在酒中的含量,即表示酒液中所含有乙醇量的多少。

(二)酒度的表示方法

目前国际上有三种酒度表示方法:国际标准酒度(简称标准酒度)、英制酒度和美制酒度。

1. 标准酒度(Alcohol% by volume)

标准酒度是指在20℃的条件下,每100毫升酒液中含有乙醇的毫升数。这种表示法容易理解,因而使用广泛。标准酒度是法国著名化学家盖·吕萨克(Gay. Lusaka)发明,因此标准酒度又称为盖·吕萨克酒度(GL),用"V/V"表示。例如,12%(V/V)表示在100毫升酒液中含有12毫升的乙醇。

2. 英制酒度(Degrees of proof UK)

英国在1818年的58号法令中明确规定了饮料中酒度的衡量标准。英国将衡量酒度的标准含量称为proof。由于酒精的密度小于水,所以一定体积的酒精总是比相同体积的水轻。英国的酒度定义:proof(即标准酒精含量)是设定在华氏51度(约10.6℃),比较相同体积的酒精饮料与水,在酒精饮料的重量是水重量的12/13前提下,酒精饮料的酒度为1 proof。

1 proof等于57.06%(V/V)的标准酒度。英制酒度使用sikes作为单位,1 proof等于100 sikes。

3. 美制酒度(Degrees of proof US)

相对于英制酒度,美制酒度的计算方法就简单多了。美制酒度的计算方法是在华氏60度(约15.6℃)的条件下,200毫升的酒液中所含有的纯酒精的毫升数。美制酒度使用proof作为单位。美制酒度大约是标准酒度的2倍。例如,一杯酒精含量为40%(V/V)的伏特加酒,其美制酒度是"80 proof"。

(三)酒度的换算

通过标准酒度与英制酒度、美制酒度的计算方法,我们不难理解,如果忽略温度对酒精的影响,我们可以总结出这3种表示方法的换算关系,只要知道任何一种酒度值,就可以换算出另外两种酒度值。

换算公式如下:

标准酒度×1.75=英制酒度

标准酒度×2=美制酒度

英制酒度×8/7=美制酒度

微课

酒是如何分类的?

任务二　酒的分类

酒是一个庞大的家族,世界各地有成千上万个品种,有甜的、酸的、有色的、无色的、高度的、低度的,可谓五花八门,应有尽有。下面介绍酒的几种主要分类方法。

一、按照生产工艺分类

目前世界上比较流行的分类方法是按照生产工艺将酒分成三大酒系,酒的生产方法通常有三种:发酵、蒸馏、配制。所以,生产出来的酒分别被称为发酵酒、蒸馏酒和混配酒。

(一)发酵酒

发酵酒,又称为原汁酒,是在含有糖分的液体中加入酵母进行发酵而产生的含酒精饮料,其生产过程包括糖化、发酵、过滤、杀菌等。

发酵酒的主要原料是谷物和水果,其特点是含酒精量低,属于低度酒。例如,用谷物发酵的啤酒酒精含量一般为3%~8%,用葡萄发酵的葡萄酒酒精含量为8%~14%。

发酵酒根据原料不同可分为两大类:谷类发酵酒和果类发酵酒。

1. 谷类发酵酒

谷类发酵酒是指以谷物,如大麦、糯米等作为酿酒原料生产的酒品,主要有啤酒和黄酒两大类。

(1)啤酒

啤酒是营养十分丰富的清凉饮料,素有液体面包之称,其主要生产原料是大麦。生产方法有上发酵和下发酵两种。

上发酵是啤酒在发酵过程中酵母上升,浮在酒液表面,进行激烈的分裂繁殖而起到发酵作用。上发酵啤酒要求有较高的发酵温度,因此上发酵又称高温发酵。国际上主要的上发酵品种有淡色爱尔啤酒、黑啤酒(又称浓色啤酒)等。

下发酵是酒液在发酵后期酵母下沉,形成沉淀,一般发酵温度较低,故又称为低温发酵。目前世界上大多数国家都采用这种发酵方法酿造啤酒,我国很多啤酒也是利用此法生产的。

(2)黄酒

黄酒的酿造工艺是中国所特有的。我国劳动人民在长期的辛勤劳动中积累了丰富的酿酒经验,创造了独特的黄酒酿造工艺。黄酒是以粮食(主要是大米和黍米)为原料,通过真菌、酵母和细菌的共同作用酿造而成的一种低度压榨酒。

2. 果类发酵酒

果类发酵酒是以植物的果实为原料酿造而成的酒品,以葡萄酒为主要代表。

葡萄酒是以葡萄为原料,经发酵而制成的酒精饮料。葡萄是一种浆果,它富含果汁,含有丰富的可发酵糖分和适度的酸,并且具有浓郁的芳香和鲜艳的色泽,是最适于酿酒的果品。

果类发酵酒除葡萄酒外,还有其他果酒,如苹果酒、橘子酒、山楂酒、梅酒等。

(二)蒸馏酒

凡以糖质或淀粉质为原料,经糖化、发酵、蒸馏而成的酒,统称为蒸馏酒。目前世界上蒸馏酒品很多,较著名的有六种,即白兰地、金酒、威士忌、伏特加、朗姆酒和特吉拉酒,被称为“世界六大著名蒸馏酒”。中国白酒也属于蒸馏酒类。根据生产原料的不同,蒸馏酒可分为谷类、果类、果杂类三大蒸馏酒类。

1. 谷类蒸馏酒

(1)威士忌

威士忌以大麦、黑麦、玉米等为原料,以麦芽为糖化剂,糖化发酵后蒸馏而成,然后在橡木桶中老熟,酒液呈琥珀色,口味微辣醇厚,酒度在45°左右。目前,国际上习惯将威士忌按产地分四类,即苏格兰威士忌、爱尔兰威士忌、美国威士忌和加拿大威士忌。

(2)金酒

金酒又称杜松子酒,是用大麦、玉米为原料,加入杜松子蒸馏而成的。金酒酒度在40°

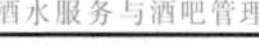

左右，酒液清澈透明，含有杜松子的清香。金酒原产于荷兰，目前比较流行的酒品有荷兰金酒和英国伦敦干金酒两种。

(3)伏特加

伏特加一般以马铃薯或玉米、大麦、黑麦等为原料，生产的蒸馏酒精经活性炭处理并兑水稀释而成。伏特加酒度在45°左右，以俄罗斯为主要产地。

(4)中国白酒

中国地大物博，酒的品种繁多，风格多样，其分类方法也较复杂，一般有以下几种分类方法：按白酒香型可分为酱香、清香、米香、浓香和兼香型五大类；按使用的酒曲类型可分为大曲酒、小曲酒等。

2. 果类蒸馏酒

白兰地是果类蒸馏酒的典型代表，白兰地因其蒸馏的基酒不同而分为几大类，其中最主要的是以葡萄酒为基酒蒸馏而成，这类葡萄白兰地以法国的科涅克(Cognac)和阿玛涅克(Armagnac)最为著名。此外，还可以用其他果酒蒸馏成白兰地，如苹果白兰地、樱桃白兰地等。

3. 果杂类蒸馏酒

果杂类蒸馏酒主要是以植物的根茎、花叶等为原料，酿造、蒸馏而成的蒸馏酒，主要品种有朗姆酒(Rum)、特吉拉酒(Tequila)等。朗姆酒用甘蔗糖汁发酵蒸馏而成，并经橡木桶陈酿，形成独特的香型。朗姆酒种类较多，但目前比较流行的有淡色朗姆酒和深色朗姆酒两种，主要产地集中在西印度群岛、加勒比海地区。特吉拉酒是墨西哥的国酒，它的主要酿酒原料是植物龙舌兰。

(三)混配酒

混配酒即混合配制酒。混配酒是一个庞大的酒系，它包括配制酒和混合酒两大体系。配制酒的诞生比其他单一的酒品要晚，但由于它更接近消费者的口味和爱好，因而发展较快。一般来说，配制酒主要有两种配制工艺：一种是在酒与酒之间进行勾兑；另一种是在酒与非酒精物质(如固体、液体、气体)之间进行勾兑。配制酒的基酒可以是原汁酒，也可以是蒸馏酒，还可以两者兼而有之。混合酒是一种由多种饮料混合而成的新型饮料，其代表是鸡尾酒。

配制酒种类繁多，风格各异，因而很难将之分门别类，但目前世界上较为流行的分类方法是将配制酒分三大类，即开胃酒、甜食酒和利口酒。混合酒只有鸡尾酒一种。

1. 开胃酒

可以用于餐前饮用，起开胃作用的酒类很多，但随着现代餐饮业的发展，开胃酒逐渐被用于专指那些以葡萄酒和某些蒸馏酒为基酒生产的具有开胃功能的配制酒品，主要包括味美思酒(Vermouth)、茴香酒(Anises)、苦酒(Bitters)等。

(1)味美思酒

味美思酒主要以葡萄酒作为基酒，葡萄酒含量为80%，其他成分是各种各样的香料，因此，酒中有强烈的草本植物味道。它最初是由法国酿造，随后意大利、美国等国也相继生产。

(2)茴香酒

茴香酒是用茴香油与食用酒精或蒸馏酒配制而成的酒。茴香酒有无色和染色两种，酒度一般在25°左右。茴香酒以法国生产的较为有名，如潘诺(Pernod)。

(3)苦酒

苦酒一般是用葡萄酒或食用酒精加药材配制而成的，具有明显的苦味和药味，除开胃功能外，还有滋补作用。常见的苦酒有安格斯特拉(Angostura)、金巴利(Campari)和杜波内(Dubonnet)等。

2. 甜食酒

甜食酒又称为餐后甜酒，是在西餐中食用甜品时饮用的酒品，口味较甜，主要以葡萄酒作为基酒进行配制。甜食酒品种较多，主要有波特酒(Port)、雪利酒(Sherry)等。

(1)波特酒

波特酒是葡萄牙的国宝，是用葡萄原汁酒与葡萄蒸馏酒勾兑而成的配制酒品。波特酒主要有红波特酒和白波特酒两种，较著名的酒品有道斯(Dow's)、泰勒(Taylors)等。

(2)雪利酒

雪利酒主要产于西班牙的加的斯地区，但最受英国人的喜爱。它是用加的斯所产葡萄酒为基酒，勾兑当地的葡萄蒸馏酒而成。雪利酒一般分为两种：芬诺和奥鲁罗索。

3. 利口酒

利口酒又称为香甜酒，是以食用酒精或蒸馏酒为基酒，加入形形色色的调香物品配制而成的。它的生产方法可以是酒精浸制、蒸馏提香，也可以加入精制糖浆。利口酒是一种香气浓郁、酒度较高(30°～40°)和糖度较高(30%～50%)的酒精饮料，大多用于调制餐后甜酒或鸡尾酒。

利口酒因其生产方法不同，加香材料各异，因而酒品的种类也很多，但综合其加香材料，可以大概归纳为两大类，即果料利口酒和草料利口酒。

果料利口酒主要是由水果的果皮或果实浸制而成，具有口味清爽新鲜的风格特点，比较著名的柑橘类利口酒、樱桃白兰地等都属于果料利口酒类。

草料利口酒是以草本植物为配制原料，生产工艺复杂，这类利口酒具有健胃、强体、助消化等功效。草料利口酒中有名的酒品有修士酒等。

此外，利口酒还有奶油、种子、蛋黄酒类等。

4. 鸡尾酒

鸡尾酒是色、香、味、形俱全的艺术酒品，它由两种或两种以上的材料调制而成，是现代社交场合最受欢迎的混合酒品。鸡尾酒名目繁多，品种成千上万，而且还在不断创新和发展。

二、按照配餐方式和饮用方式分类

按照配餐方式和饮用方式分类，酒水可分为餐前酒、佐餐酒、甜食酒、餐后甜酒、烈酒、啤酒、软饮料和混合饮料(包括鸡尾酒)等。

(一)餐前酒

餐前酒也称开胃酒(Aperitif),是指在餐前饮用,能刺激人的胃口,使人增加食欲的饮料,开胃酒通常用药材浸制而成。

(二)佐餐酒

佐餐酒也称葡萄酒(Wine),是西餐配餐的主要酒类。外国人就餐时一般只喝佐餐酒不喝其他酒。佐餐酒包括红葡萄酒、白葡萄酒、玫瑰红葡萄酒和汽酒,它们是用新鲜的葡萄汁发酵制成的,其中含有酒精、天然色素、脂肪、维生素、碳水化合物、矿物质、酸和丹宁酸等营养成分,对人体非常有益。

(三)甜食酒

甜食酒(Dessert Wine)一般是在食用甜食时饮用的酒品。甜食酒口味较甜,常以葡萄酒为基酒,加葡萄蒸馏酒配制而成。

(四)餐后甜酒

餐后甜酒(Liqueurs)是餐后饮用的糖分很多的酒类,有帮助消化的作用。餐后甜酒是用烈酒加入各种配料(果料或植物)和糖配制而成的。这类酒有多种口味,原材料有两种类型:果料类和植物类。果料类包括:水果、果仁等;植物类包括:药草、茎叶类植物、香料植物等。

(五)烈酒

烈酒(Spirits)是指酒度在40°以上的酒。这类酒主要包括金酒(Gin)、威士忌(Whisky)、白兰地(Brandy)、伏特加(Vodka)、朗姆酒(Rum)和特吉拉酒(Tequila)。烈酒除了威士忌和白兰地是陈年佳酿外,其他多数用于在酒吧中净饮、混合其他饮料饮用或调制鸡尾酒。

(六)啤酒

啤酒(Beer)是用麦芽、水、酵母和啤酒花直接发酵制成的低度酒,被人们称为“液体面包”,含有酒精、碳水化合物、维生素、蛋白质、二氧化碳和多种矿物质,营养丰富,美味可口,深受人们欢迎。

(七)软饮料

软饮料(Soft Drink)是指所有无酒精饮料,品种繁多,在酒吧中泛指以下三类:汽水、果汁和矿泉水。

(八)混合饮料(包括鸡尾酒)

混合饮料(包括鸡尾酒)(Mixed Drink and Cocktails)是由两种以上的酒水混合而成,通常在餐前饮用或在酒吧中饮用。

三、按照酒度分类

(一)低度酒

低度酒的酒度在15°以下(包括15°)。根据酒的生产工艺,酒是来源于原料中的糖与酵母的化学反应,发酵酒的酒度通常不会超过15°。当发酵酒的酒度达到15°时,酒中的酵

母全部被乙醇杀死，因此低度酒常指发酵酒。例如，葡萄酒的酒度约12°，啤酒的酒度约4.5°。

（二）中度酒

通常人们将酒度在15°～38°的酒称为中度酒。这种酒常由葡萄酒加少量烈性酒调配而成。

（三）高度酒

高度酒也称为烈性酒，是指酒度高于38°（包括38°）的蒸馏酒。

不同国家和地区对酒中的酒度有不同的认识。我国将酒度为38°以下（包括38°）的酒称作低度酒，而有些国家将酒度为20°以上（包括20°）的酒，称为烈性酒。

项目小结

本项目可使学生知道酒水的含义、酒与酒精的关系、酒精的物理特征、酒度的三种表示方法及它们之间的换算方式，系统介绍了酒的几种不同的分类方法，重点阐述了酒按照生产工艺分类的方法。

实验实训

组织学生分组参观本地一家大型超市的酒水区，让学生对区域内的酒水有直观的了解和感受。

思考与练习题

1. 什么是酒水？
2. 试析酒与酒精的概念及其区别。
3. 什么是标准酒度？
4. 如何按照生产工艺对酒进行分类？
5. 如何按照配餐方式和饮用方式对酒进行分类？

葡萄酒服务

学习目标

知道葡萄酒的定义和作用

知道葡萄酒的命名、贮存、等级、酿造过程和分类等常识

知道世界著名葡萄酒的主要产地

知道法国葡萄酒、意大利葡萄酒和中国葡萄酒中的著名品牌

能力目标

会进行葡萄酒的赏鉴

会进行葡萄酒的服务

会根据不同的标准对葡萄酒进行分类

主要任务

- 任务一　葡萄酒常识
- 任务二　世界著名葡萄酒产地与名品认知
- 任务三　中国葡萄酒认知
- 任务四　葡萄酒服务概述

任务一　葡萄酒常识

一、葡萄酒的定义和作用

葡萄酒是以葡萄为原料，经过发酵酿制而成的酒，属于一种发酵酒。通常葡萄酒中的乙醇含量低，酒度为10°～14°，主要用于佐餐，所以也被称为佐餐酒。此外，以葡萄酒为主要原料，加入少量的白兰地或食用酒精而配制的酒也称为葡萄酒，但因制造过程中加入了少量的蒸馏酒，因此属于配制酒的范畴。葡萄酒含有丰富的营养素，主要包括维生素、矿物质和铁质，饮用后可帮助消化并有滋补强身的功能。常饮用少量的红葡萄酒能减少脂肪在动脉血管上的沉积，对预防风湿病、糖尿病、骨质疏松症等有一定的效果。

二、葡萄酒的起源与发展

探寻葡萄酒的起源，需追溯到远古时期。据史料记载，约公元前5 000年，古埃及人就开始饮用葡萄酒。当时，葡萄酒的产量非常稀少，只有少数的贵族才能享用，所以，品尝葡萄酒象征着拥有政治权力，在埃及法老图坦卡门的陪葬品中，就发现了数十个装有葡萄酒的双耳陶土瓶。由此可知，发展到这个阶段，葡萄酒已不仅仅是单纯的酒精饮料，而且具有了浓厚的宗教与政治意义。

葡萄酒被传入希腊后，获得了很大的发展。公元前300年，希腊的葡萄栽培已极为兴盛，葡萄酒也成为希腊文化中相当重要的一部分。公元前5世纪，罗马帝国慢慢兴起，不但控制了整个意大利，同时还掌握了希腊殖民者在当地建立的葡萄园。罗马人从希腊人手中学会了葡萄的栽培和葡萄酒的酿造技术后，很快地进行了推广。随着罗马帝国的扩张，葡萄的栽培和葡萄酒的酿造技术迅速传遍法国、西班牙、北非及德国莱茵河流域地区，并形成了很大的规模。

15世纪后，葡萄的栽培和葡萄酒的酿造技术传入了南非、澳大利亚、新西兰、日本、朝鲜和南北美洲等地。16世纪，西班牙殖民主义者将欧洲葡萄品种带入墨西哥和美国的加利福尼亚地区，英国殖民主义者将葡萄的栽培技术带到南北美洲大西洋沿岸地区。19世纪中叶，美国葡萄酒生产有了很大的发展，美国人从欧洲引进了葡萄苗木并在加利福尼亚地区建起了葡萄园。从此，美国的葡萄酒业逐渐发展起来。

现在，葡萄酒作为一种国际商品，其生产、消费量都比较大，在世界酒业中一直占有极其重要的地位。据不完全统计，世界各国用于酿造葡萄酒的葡萄园的面积达十几万平方公里，直接以酿造葡萄酒为生的人口有3 700万之多。

世界上生产的葡萄酒质量最好的国家是法国，除此之外，德国、意大利、西班牙、葡萄牙等欧洲国家及美国、澳大利亚等国家也可以生产出质量上乘的葡萄酒。

三、葡萄酒的命名

(一)区域命名法

欧洲古老的产酒区多以此种方式命名。例如法国波尔多区(Bordeaux)及其辖内著名的梅多克(Medoc),勃艮第区(Burgundy)及其辖内的夏伯力(Chablis),另有意大利的巴罗洛(Brolo)等。

(二)葡萄品种命名法

许多国家的葡萄酒均以葡萄品种来命名,如此较容易辨别。这种命名方式大多被新兴的产酒区如澳大利亚、加利福尼亚等地采用,例如白富美(Fume Blanc)、赤霞珠(Cabernet Sauvignon)、黑皮诺(Pinot Noir)、莎当妮(Chardonnay)。当然,欧洲产酒区也有用葡萄品种来命名的,例如:法国阿尔萨斯的葡萄酒就用葡萄品种来命名,如雷司令(Riesling)等。

(三)酒厂或酒商名称命名法

有的酒厂以自己的厂名为其葡萄酒命名,例如 Ch. Margaux、Ch. Lafite、Ch. Latour、Ch. Montelena、Niebaum Coppala Rubicon、Dominus、Opus one 等。

(四)商标(专属品牌)命名法

许多酒商以其商标及历史自创品牌命名,例如法国的碧加露(Pigalle)等。

(五)其他命名方式

附属类(Generic)葡萄酒,如澳大利亚、西班牙等地在酒标上用欧洲著名的产酒区来命名,例如 Burgundy、Chablis、Rhine 等,以及用颜色来命名,例如 Rose、Claret 等,此类葡萄酒均为平价、量大的日常餐酒。

四、葡萄酒的分类

(一)国际葡萄与葡萄酒组织分类

国际葡萄与葡萄酒组织(O. I. V.)将葡萄酒分为一般葡萄酒和特殊葡萄酒两大类。

1. 一般葡萄酒

一般葡萄酒有白葡萄酒、红葡萄酒、桃红葡萄酒(玫瑰红葡萄酒)等。

2. 特殊葡萄酒

特殊葡萄酒的原料为新鲜葡萄、葡萄汁或葡萄酒,包括:起泡葡萄酒、加汽葡萄酒、加强葡萄酒(强化葡萄酒)等。

除此之外,还可根据葡萄酒的酒度、糖分含量、二氧化碳含量、色泽、葡萄品种、产地来进行分类。

资料链接 **国际葡萄与葡萄酒组织**

国际葡萄与葡萄酒组织(简称 O. I. V.)是一个由符合一定标准的葡萄及葡萄酒生

产国组成的政府间的国际组织，主要任务是协调各成员国之间的葡萄酒贸易、讨论科研成果、制定符合国际葡萄酒发展潮流的技术标准等。1924 年 11 月 29 日，国际葡萄与葡萄酒组织创建于法国巴黎，原名国际葡萄·葡萄酒局，当时的法国、英国、意大利、美国等 33 个主要葡萄酒生产国成为葡萄酒局成员国。该组织是国际葡萄酒业的权威机构，在业内被称为“国际标准提供商”，是 ISO 确认并公布的国际组织之一，O. I. V. 标准亦是世界贸易组织（WTO）在葡萄酒方面采用的标准。世界产葡萄国家 95% 以上都参加了该组织。

（二）按照葡萄生长来源分类

1. 山葡萄酒（野葡萄酒）

山葡萄酒（野葡萄酒）是以野生葡萄为原料酿成的葡萄酒。

2. 家葡萄酒

家葡萄酒是以人工培植的酿酒葡萄品种为原料酿成的葡萄酒。国内葡萄酒生产厂家大都以生产家葡萄酒为主。

（三）按照葡萄酒含汁量分类

1. 全汁葡萄酒

全汁葡萄酒中葡萄原汁的含量为 100%，不另外加糖、酒精与其他成分，如干葡萄酒。

2. 半汁葡萄酒

半汁葡萄酒中葡萄原汁的含量达 50%，另一半可加入糖、酒精、水等其他辅料，如半干葡萄酒。

（四）按照葡萄酒的颜色分类

微课

葡萄酒的不同颜色是怎样形成的?

1. 白葡萄酒

白葡萄酒是以白葡萄或浅色果皮的酿酒葡萄为原料，经过皮汁分离，取其果汁进行发酵酿制而成的葡萄酒，这类酒的色泽由金黄至无色不等。白葡萄酒的外观清澈透明，果香芬芳，优雅细腻，滋味微酸，爽口，是食用鱼虾、贝类等海鲜时的最佳拍档。

2. 红葡萄酒

红葡萄酒是选择皮红肉白或皮肉皆红的酿酒葡萄进行皮汁混合发酵，使果皮或果肉的色素被浸出后，再将发酵的原酒与皮渣分离，陈酿而成的葡萄酒。这类酒的色泽呈天然红宝石色，酒体丰满醇厚，略带涩味，适合与口味浓重的菜肴搭配饮用。

3. 桃红葡萄酒（玫瑰红葡萄酒）

桃红葡萄酒（玫瑰红葡萄酒）介于红、白葡萄酒之间。选用皮红肉白的酿酒葡萄，进行葡萄皮与葡萄汁短时间的混合发酵，达到色泽要求后进行皮渣分离，然后继续发酵，陈酿成为桃红葡萄酒（玫瑰红葡萄酒）。这类酒的色泽呈桃红色、玫瑰红或淡红色。

（五）按照葡萄酒中糖分含量分类

1. 干葡萄酒

干葡萄酒中的糖分几乎已发酵完，每升酒中的糖分含量小于 4 克。饮用时，酸味明显，如干白葡萄酒、干红葡萄酒、干桃红葡萄酒。

2. 半干葡萄酒

每升半干葡萄酒中的糖分含量为 4～12 克，最多不超过 12 克，最少不低于 4 克，饮用时有微甜感，如半干白葡萄酒、半干红葡萄酒、半干桃红葡萄酒。

3. 半甜葡萄酒

每升半甜葡萄酒中的糖分含量为 12～50 克，饮用时有甘甜、爽顺感。

4. 甜葡萄酒

每升甜葡萄酒中的糖分含量在 50 克以上，饮用时有明显的甜醉感。

（六）按照酿造方式分类

1. 静态葡萄酒

静态葡萄酒排除了发酵后产生的二氧化碳，故又称为无气泡酒。这类酒是葡萄酒的主流产品，如白葡萄酒、红葡萄酒和桃红葡萄酒。

2. 葡萄汽酒

葡萄汽酒开瓶后会产生气泡。葡萄汽酒又可分为加汽葡萄酒和香槟酒。

（1）加汽葡萄酒是一种将二氧化碳以人工方法加入葡萄酒中的葡萄酒。

（2）香槟酒是以地区命名，经自然发酵方法制成的含有二氧化碳的葡萄酒。

3. 加强葡萄酒（强化葡萄酒）

加强葡萄酒（强化葡萄酒）是在葡萄酒的发酵过程中或发酵后，添加白兰地或酒精。此类酒的酒精含量较高，为 15%～22%。这类酒通常要经历较长的培养期，而且混合不同年份及产区的酒酿制而成，酒性比较稳定，可保存较久。葡萄牙的波特酒和西班牙的雪利酒都是此类酒中的佼佼者。

4. 加香葡萄酒（加味葡萄酒）

加香葡萄酒（加味葡萄酒）是在葡萄酒中加入果汁、草药、甜味剂等制成，有的还加入酒精或砂糖，代表者为味美思酒等。

五、葡萄酒的生产原料与酿造过程

（一）葡萄的构成

1. 葡萄梗

连接葡萄粒成串的葡萄梗含有丰富的单宁，因单宁收敛性强且粗糙，常带有刺鼻的草

味。通常，酿造葡萄酒之前会先经过去梗的工序将梗去掉。

2. 葡萄籽

葡萄籽内部含有许多单宁和油脂，但单宁收敛性强，不够细腻，而且油脂会破坏酒的品质，所以酿酒时应避免弄破葡萄籽而影响酒的品质。

3. 葡萄皮

葡萄皮虽然比例上仅占全体的十分之一，但对酒的品质影响相当大。除了含有丰富的纤维和果胶，还含有单宁和香味物质；另外，黑葡萄的皮里还含有红色素，是红葡萄酒颜色的主要来源。葡萄皮中的单宁较为细腻，是构成葡萄酒结构的主要元素，其香味物质存于皮的下方，分为挥发性香和非挥发性香，后者需待发酵后慢慢散发出来。

4. 果肉

果肉占葡萄80%左右的重量，一般食用葡萄较多肉，酿酒葡萄较多汁，主要含水分、糖分、有机酸和矿物质。其糖分是发酵的物质基础；有机酸包括酒石酸、乳酸和柠檬酸；矿物质主要是钾。

（二）主要酿酒葡萄品种

红葡萄主要有以下品种可以酿酒：

1. 赤霞珠（Cabernet Sauvignon）

赤霞珠原产于法国波尔多产区，是全世界最受欢迎的酿酒葡萄。赤霞珠所酿的葡萄酒比较容易辨认，酒香以黑色水果香及烘醅香为主，酚类物质、单宁含量多，颜色深，酒体强健浑厚，需经过多年陈酿才能饮用。其中，上梅多克产区（Haut Medoc）是赤霞珠的著名产区。

2. 西拉（Syrah）

法国隆河河谷产区北部是西拉的原产地，也是最佳产地。西拉所酿葡萄酒酒色深红近黑，酒香浓郁且丰富多变，开始时以紫罗兰香为主，随时间慢慢发展成为胡椒及皮革等成熟香。

3. 黑皮诺（Pinot Noir）

黑皮诺原产于法国的勃艮第，为该区唯一的红葡萄酒酿酒品种。黑皮诺属早熟型葡萄，产量少且不稳定，适合较寒冷气候，对成长环境的要求较高，易随环境而变化。黑皮诺所酿葡萄酒酒香在开始时为红色水果香，陈年后则变化丰富。

除红葡萄酒外，黑皮诺经直接榨汁也适合酿制白葡萄酒或玫瑰红葡萄酒。勃艮第的金丘是黑皮诺的最佳产区。

4. 美露（Merlot）

美露原产于法国波尔多产区，为该区种植面积最广的品种，早熟且产量大。和赤霞珠相比，美露以果香著称，酒精含量高，单宁质地柔顺，口感以圆润厚实为主，酸度也较低。

波尔多的玻梅络和圣艾美浓产区适合种植美露。

白葡萄主要有以下品种可以酿酒：

1. 莎当妮(Chardonnay)

原产于勃艮第产区的莎当妮是目前最受欢迎的酿酒葡萄，属于早熟品种。由于适合各类型气候，产量高且稳定，容易栽培，莎当妮是各种酿制白葡萄酒的葡萄中最适合橡木桶培养的品种，以制干白葡萄酒和气泡酒为主。随产区环境的改变，莎当妮的特性也发生变化。若莎当妮产于气候寒冷的石灰岩产区，所酿制葡萄酒的酸度高，酒清淡，以苹果等绿色水果香为主。若莎当妮产于较温和的产区，所酿制葡萄酒的口感柔顺，以热带水果香为主。

2. 雷司令(Riesling)

雷司令是德国和阿尔萨斯产区最优良细致的酿酒葡萄品种，属于晚熟型，适合于大陆性气候，耐冷，多种植于向阳斜坡的沙质黏土中。用该葡萄酿制的葡萄酒具有淡雅的花香及混合植物香，也常伴有蜂蜜和矿物质香味。目前，此种葡萄在乌克兰种植面积最大，以莱茵河流域最为著名。

(三)影响葡萄酒品质的因素

影响葡萄酒味道的要素多样且复杂，要酿造出色美味香、风格独特的葡萄酒离不开优良的葡萄品种、适宜的自然条件、高超的酿造技术，三者缺一不可。

1. 葡萄品种

影响葡萄酒味道的最重要的因素是葡萄的品种。因为葡萄酒是用新鲜的葡萄为原料，通过发酵酿成的果实酒，所以葡萄的品种就自然成为影响葡萄酒味道的最重要的因素。

用含有大量单宁的赤霞珠酿造葡萄酒会得到味道苦涩的葡萄酒；用香味浓郁的琼浆液为原料酿造葡萄酒会得到香味浓厚的白葡萄酒。不同的葡萄品种所酿造出的葡萄酒的味道与特性是不同的。

2. 自然条件

自然条件不仅指葡萄种植的土壤，还指一个由土壤、气候、葡萄园所构成的生态系统。自然条件是影响葡萄酒味道的最重要的因素之一。具有出众品质的优质葡萄酒都与其产地的气候、土壤、年份等得天独厚的自然条件是分不开的。

(1)气候。葡萄个性的展现受到诸多因素的影响，气候因素在诸多因素中排第一位，葡萄产地的日照时数、有效积温、降雨量等气候特点会影响葡萄的糖分含量和成熟度，进而影响葡萄酒的品质。只有在适宜的气候中培养出来的葡萄，才能酿造出具有优良风味的好酒。

(2)土壤。葡萄的生长需要排水良好、能够保持一定湿度且不含太多水分的土壤。沙砾石、山岭砾石、壤质砾石为主的土壤能保持一定的热量，会促进葡萄的成熟。土壤中的

矿物质成分也对葡萄酒的风味产生一定的影响。

(3)年份。葡萄酒的年份指的是葡萄的采收及酿造年份。葡萄的生长会随着每年气候的变化而不同，对于大多数地区，每一年的气候条件，特别是日照、温度、降水量会发生一定范围的变化，这些年份特征必然会影响葡萄原料的质量，最终在酿造的葡萄酒的质量上表现出来，因而葡萄酒的年份也有好坏之分。但这并不是说差的年份就没有好的葡萄酒产生，在年份差的情况下，葡萄酒的生产者可以借助小地块的小气候优势、科学的葡萄园管理及合适的工艺弥补其年份的缺陷，生产出相对良好的葡萄酒。

3. 酿造技术

决定葡萄酒味道的另一个很重要的因素是酿酒师的技术。要获得品质优良的葡萄酒，无论是葡萄的混合调配，还是调配比例、陈年时间与方法都需要技术。所以说，酿酒师的酿造技术是决定葡萄酒味道的另一个特别重要的因素。

(四)葡萄酒的酿造过程

1. 去梗

去梗就是把葡萄果粒从梳子状的枝梗上取下来。因其枝梗含有特别多的单宁，在酒液中会形成一股令人不快的味道。

2. 压榨

如果酿制白葡萄酒，则榨汁的过程要迅速一点，因为酿制白葡萄酒所用的葡萄浆若放置太久，即使葡萄已经去梗，余下的果皮和果核仍然会释放出大量的单宁。反之如果打算酿制红葡萄酒，则葡萄浆发酵的过程是绝对必要的。因果酸中所含的红色素就是在这段时间释放出来的，所以红葡萄酒的色泽才是红的。

3. 发酵

榨汁后，就可得到酿酒的原料——葡萄汁。葡萄酒是通过发酵作用而得的产物，由此可见发酵在葡萄酒酿制过程中扮演极为重要的角色。发酵是一种化学过程，它通过酵母发挥作用。经过此化学作用，葡萄中所含的糖分会逐渐转化成酒精和二氧化碳。因此，在发酵过程中，糖分越来越少，而酒度则越来越高。缓慢的发酵过程可使葡萄酒口味芳香细致。

4. 添加二氧化硫

要想保持葡萄酒的果味和鲜度，就必须在发酵过程后立刻添加二氧化硫进行处理。二氧化硫可以阻止由于空气中的氧气引起的葡萄酒的氧化作用。

5. 沉淀与换桶

新酒在发酵后 3 周左右，必须进行第一次沉淀与换桶。第二次沉淀要在 4 至 6 周后。沉淀的次数和时间上的顺序，完全决定着葡萄酒所能达到的口味。

6. 装瓶

葡萄酒在桶中存了 3 至 9 个月以后，就要装瓶了。

红葡萄酒与白葡萄酒生产工艺方面的主要区别：对于红葡萄酒来说，压榨是在发酵以

后进行；而对于白葡萄酒，压榨是在发酵以前进行。在红葡萄酒的发酵过程中，酒精发酵作用和固体物质的浸渍作用同时存在，前者将糖转化为酒精，后者将固体物质中的单宁、色素等溶解于葡萄酒中。

红葡萄酒、白葡萄酒、葡萄汽酒的酿造工艺流程如下：

1. 红葡萄酒的酿造工艺流程

精选葡萄—破碎—浸皮和发酵—压榨—熟成—装瓶

2. 白葡萄酒的酿造工艺流程

精选葡萄—破碎—压榨—发酵—熟成—装瓶

3. 葡萄汽酒的酿造工艺流程

精选葡萄—榨汁—发酵—去除沉淀杂质—添加二次酒精发酵溶液—二次发酵—摇瓶去除酒渣—开瓶去除酒渣—补充和加糖—装瓶

六、葡萄酒的质量鉴别

葡萄酒是一种特殊的商品，它是有生命的，因此很多人对葡萄酒的评价结合了自己的爱好及产品的特点，这种鉴别需要细细品尝。

以干红葡萄酒为例：品酒时，首先将酒注入郁金香形的透明高脚杯中，约 1/3 或 1/4 杯，对着光线看，酒色澄清透明，干红葡萄酒因不同品种会呈现紫红、深红、宝石红等绚丽色彩，而变质酒则是黯然无色的；其后，闻香味，酒的香气能令行家分辨出种类及质量，优质葡萄酒应具有果香、醇香、发酵酒香、清香，变质的酒则会有酸味、硫黄味和其他异味；第三步，轻轻晃动酒杯后，仔细观察，如果发现酒液如油脂一样，有沿杯壁下滑的痕迹，则说明这种干红葡萄酒很醇厚；最后，品尝，酒液在口中含一含，靠舌尖、舌两侧与舌根去体会，这才能尝到葡萄酒的真正滋味。不过，在做这些步骤之前，应先将干红葡萄酒开瓶后放置半小时或一小时，让酒与空气接触一下，以挥发掉其中的一些令人不愉快味道的气体。

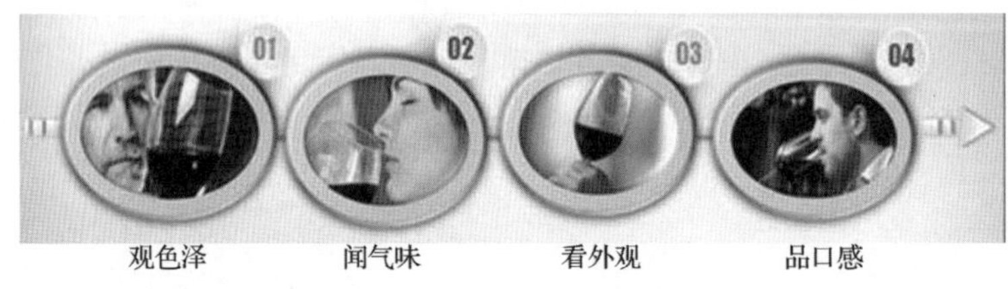

观色泽　　闻气味　　看外观　　品口感

七、葡萄酒的贮存

在罗马时代，人们就知道久藏的葡萄酒拥有上佳的口感和香味。但在 18 世纪，玻璃瓶还是稀有昂贵的容器，软木塞（用栎树的树皮制造）也没有得到广泛应用。

当用软木塞密封的玻璃瓶容器得到广泛应用之后，酿酒人就开始探索在什么样的环境下储存才能酿造上乘的葡萄酒。

（一）温度

极端的温度和波动的温度是储藏葡萄酒的大敌。10～14℃（50～57℉）是葡萄酒陈化

的理想温度。温度上下小幅浮动不会对葡萄酒造成太大影响，但必须防止短期内温度出现大幅震荡。应该把葡萄酒储藏在什么地方呢？葡萄酒窖是最好的选择，人工挖掘或天然的地下洞穴内常年温度恒定，其他的条件也很理想。当代使用的葡萄酒冰库，就是用科学的方法模拟天然酒窖内的储存条件来建造的。

（二）黑暗

酒中的单宁遇光会迅速氧化，从而不可逆转地降低葡萄酒的品质。紫外线对葡萄酒的破坏作用最大，甚至可以穿透很多墨绿色的葡萄酒瓶。白葡萄酒和葡萄汽酒一般储藏在浅色的玻璃瓶中，因此更容易受到光线的损害。储藏葡萄酒的原则很简单：葡萄酒应储藏在完全黑暗的地方。

（三）湿度

储藏环境中的湿度如果太低，软木塞会因脱水而收缩，空气则会乘隙进入酒瓶而造成葡萄酒的氧化（瓶装酒一般会倾斜放置，以保证软木塞的湿润）。葡萄酒储藏环境的湿度约为70%，不能低于50%。湿度如果高于80%对瓶装酒并无不妥，但会腐蚀酒瓶上的标签，影响酒瓶的外观并且给酒的辨识带来麻烦。

（四）通风

为了防止难闻的气味影响储藏的葡萄酒，应保证酒窖的通风良好。储藏的葡萄酒会时刻通过软木塞进行“呼吸”，所以要用流动的新鲜空气驱赶酒窖中的霉味和腐烂的气味。在大型的葡萄酒储存设施中，空气的过滤是必不可少的环节，这样可以防止有害细菌和难闻气味的侵入。

（五）震动

震动会干扰葡萄酒在酒瓶内缓慢进行的生化过程。若非必要，不要随意移动酒瓶。

任务二　世界著名葡萄酒产地与名品认知

世界上许多国家都生产葡萄酒，但从葡萄的种植面积、葡萄酒的产量以及葡萄品种来讲，以欧洲最为著名。欧洲著名的葡萄酒产地有法国、意大利、德国、葡萄牙等国。这些葡萄酒生产国又被称为“旧世界葡萄酒生产国”。而一些新兴的葡萄酒生产国，如美国、澳大利亚、智利等被称为“新世界葡萄酒生产国”。

微课

世界葡萄酒的主要产地

旧世界葡萄酒生产国一般都有上千年的酿酒历史；新世界葡萄酒生产国种植酿酒葡萄和酿制葡萄酒的历史大都在几百年左右。

葡萄酒“新旧世界”的区别可以从以下几个方面进行简单的归纳：

1. 规模：旧世界以传统经营模式为主，相对规模较小；新世界公司和葡萄种植的规模都比较大。

2. 工艺：旧世界比较注重传统酿造工艺；新世界相对更注重科技与管理。

3. 口味：旧世界以优雅为主，较为注重多种葡萄的混合与平衡；新世界以果香型以及突出单一葡萄品种风味为主，风格开放。

4. 葡萄品种：旧世界一般采用世代相传的葡萄品种，不轻易改变；新世界葡萄品种的选择相对较自由。

5. 包装和酒标：旧世界注重标识产地，包装风格也较典雅传统；新世界注重标识葡萄品种，酒标很多都比较鲜明和活跃。

6. 法律上的管理制度：旧世界各个葡萄酒产酒国都有严格的法定分级制度；新世界一般没有法定分级制度，部分国家有简单的约定俗成的分级标识方式，一般著名的酒质产区名称就是品质的标志。

一、法国葡萄酒

法国是世界著名的葡萄酒生产国。法国千变万化的地质条件和得天独厚的温和气候，为葡萄的生长提供了所需的最佳条件；再加上传统与现代并陈的技术，以及严格的品质管制系统，共同建立了这个最令人向往的葡萄酒天堂。

（一）法国葡萄酒的级别

法国有“葡萄酒王国”的美誉。法国葡萄酒是经过几个世纪的努力才达到如今的境界。法国葡萄酒的品质管制与分级系统非常完善，从 1936 年就已经开始运作，被许多葡萄酒生产国用来当作品质管制与分级的典范。

法国鉴别和规定葡萄酒产区的体系叫原产地控制命名，大多数法国葡萄酒是根据地名命名，而不是按葡萄的种类命名。每个葡萄酒产区都有各自的组织，各组织有权规定并执行试验标准，此标准因葡萄园不同而有所变化。这种体系的运作能确保基本的质量水平，也为划分不同质量等级提供了分类法。

依据欧洲共同体（EC）的规定，葡萄酒可分为两大类：日常餐酒（Vin de Table）和特定地区的葡萄酒（简称 VQPRD）。在法国，这两大类各再分为两小类，所以法国葡萄酒共分为四个等级，即日常餐酒（Vin de Table）、地区餐酒（Vin de Pays）、优良产区餐酒（VDQS）和法定产区葡萄酒（AOC）。

法国葡萄酒的生产可以用一个金字塔来表示，在基部的是普通的日常餐酒，而法定产区葡萄酒则位于顶端。法国葡萄酒金字塔形等级图如图 2-1 所示，每年各类酒所占的比例不同，可以上网查找官方数据。

图 2-1　法国葡萄酒金字塔形等级图

1. 日常餐酒

依产区的不同，此类酒最低酒精含量不得低于 8.5%或 9.0%，最高则不超过 15%。凡是产于法国，不论是用来自单一产区，还是来自数个产区的酒调配

而成，都可以称为法国日常餐酒。若是由欧盟市场的酒调配而酿造，则标签上会出现“来自……的葡萄酒在法国酿造的葡萄酒”的字样。调配欧盟以外国家的葡萄酒是被禁止的。日常餐酒通常被冠上商标名称推广，而各商标葡萄酒的特性和品质并不一样，通过调配技术，各酒厂希望生产出品质每年都一致，且风格能迎合市场的葡萄酒。

日常餐酒

——是最普通的葡萄酒，日常饮用。

——可以由不同地区的葡萄酒勾兑而成，如果葡萄酒限于法国各产区，可称法国日常餐酒。

——不得用欧盟以外国家的葡萄酒。

——产量约占法国葡萄酒总产量的38%。

——酒瓶标签标示为Vin de Table，如图2-2所示。

图2-2　日常餐酒酒瓶标签

2. 地区餐酒

地区餐酒是由最好的日常餐酒升级而成的。地区餐酒的标签上可以标示产区。要定级为地区餐酒，必须符合以下品质标准：

(1)只能使用被认可的葡萄品种，而且必须产自标签上所标示的特定产区。

(2)在地中海地区必须有10%的天然酒精含量；其他地区则要有9%或9.5%。

(3)经分析后，必须有符合该类葡萄酒的相关特性，同时，要有令人满意的口味和香味，并且必须经过政府的品酒委员会品尝、检验。

图2-3　地区餐酒酒瓶标签

地区餐酒

——由最好的日常餐酒升级而成的。

——标签上可以标明产区。

——可以用标明产区内的葡萄酒勾兑，但仅限于该产区内的葡萄。

——产量约占法国葡萄酒总产量的15%。

——法国绝大部分的地区餐酒产自南部地中海沿岸。

——酒瓶标签标示为Vin de Pays+产区名，如图2-3所示。

3. 优良产区餐酒

这类葡萄酒是那些在不太出名的产区生产的，在升级为AOC等级之前的过渡等级葡萄酒。

优良产区餐酒

——是普通地区餐酒向AOC级别过渡所必须经历的级别。如果在VDQS时期酒质表现良好，则会升级为AOC。

——产量只占法国葡萄酒总产量的2%。

——酒瓶标签标示为Vin Délimité de Qualité Supérieure，如图2-4所示。

图2-4　优良产区餐酒酒瓶标签

4. 法定产区葡萄酒

这是法国最高级的葡萄酒。一个葡萄酒产区除了必须是传统产区外，还需具备优越的天然条件，如土质、日照、雨量、坡度、地下土层等，以及严格的生产规定，如葡萄品种的选择、剪枝方式、公顷种植密度、产量、酿造方式、酒精含量等，具备这些优良条件才能具备AOC的资格。法定产区内的葡萄园必须通过委员会核定才能成为AOC级的葡萄酒产区，否则只能生产其他等级较低的葡萄酒。法定产区每年酿造出来的葡萄酒也必须通过品酒委员会的品尝和检验，确定符合AOC标准之后才可上市。同一地区内的各种AOC之间也可能有等级的差别，通常产地范围越小，葡萄园位置越详细，AOC的等级越高。

法定产区葡萄酒

——原产地的葡萄品种、种植数量、酿造过程、酒精含量等都要得到专家认证。

——只能用原产地种植的葡萄酿制，绝对不可与别地葡萄酒勾兑。

——产量约占法国葡萄酒总产量的35%。

——酒瓶标签标示为Appellation＋产区名＋Contrôlé，如图2-5所示。

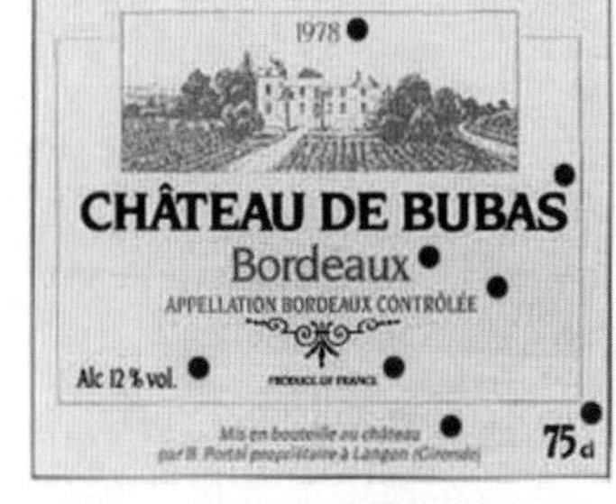

图2-5 法定产区葡萄酒酒瓶标签

（二）法国葡萄酒的主要产区

1. 波尔多(Bordeaux)

谈到葡萄酒总是让人立即想到法国，而谈到法国葡萄酒又不得不让人联想到波尔多。波尔多是法国最大的酒乡，也是全世界高级葡萄酒最为集中及产量最多的地区，其区内的葡萄庄园多达近万座。如果说法国已成为葡萄酒的代名词，那么波尔多便是法国葡萄酒的象征。

波尔多位于法国的西南方，地处多尔多涅河和加仑河的交汇处，而波尔多的原意即"水边"。波尔多年平均气温约12.5℃，年降水量900毫米，气候十分稳定，非常适合酿酒葡萄的种植。波尔多葡萄酒现在的年产量高达6亿升，几乎占法国AOC级葡萄酒产量的25%。

波尔多葡萄酒的起源相当早，公元1世纪的时候，罗马商人就已经在此地开辟了葡萄园。当时引进的葡萄品种称为"Biturica"，非常适合本地区的气候。但随着罗马帝国的衰亡，波尔多葡萄酒也随之沉寂了10个多世纪，直到12世纪，由于北海商业的繁荣，促使国际贸易复兴及都市生活复苏，新兴城市迅速发展，葡萄酒业才慢慢发展起来。1152年，波尔多所属的亚奎丹公国女继承人伊莲娜与英国的亨利二世(于1154年成为英国国王)结婚，波尔多的葡萄酒因而在英国享有特权而大举发展起来，成为当时全球最大的葡萄酒出口地。波尔多葡萄酒自古即以出口为主，因此其发展一直操纵在葡萄酒商手中，这和以教会、修道院为中坚的勃艮第葡萄酒发展历史正好形成对比。这一时期，波尔多地区的葡萄园主要分布在多尔多涅河畔的圣·艾美浓(St. Emilion)与较下游的布拉伊(Blaye)和布尔格(Bourg)以及加仑河的格拉夫(Graves)产区。目前波尔多最著名的梅多克(Medoc)产区，在此时期以出产玉米为主，葡萄的种植直到17世纪才慢慢发展起来。当时生产的葡萄酒，是混合红、白葡萄酒酿成的淡红葡萄酒(Claret)，这也是英文中将波尔多葡萄酒称为“Claret”的由来。这些酒通常在出厂八九个月内就要喝掉，以免变质，这和现今波尔多葡萄酒耐久保存的特性相差甚远。

(1)气候

波尔多属于温带海洋性气候区，非常适合葡萄的种植，经常危害葡萄园的春霜和冰雹也并不多见。温和潮湿的气候，有利于葡萄叶芽的成长。波尔多地区夏季气候炎热，偶有短暂阵雨，十分有利于葡萄生长。秋季意外的大雨虽会给葡萄的丰收造成不良的影响，但因波尔多葡萄酒通常混合多种葡萄品种酿造而成，每种葡萄的成熟期有早晚，因此，可以减少意外气候变化所造成的损失。

(2)土壤条件及地形

波尔多产区的葡萄园主要分布在吉隆特河、加仑河、多尔多涅河流域的河岸附近成条状分布的小圆丘上。这些葡萄园主要是由从上游冲积下来的各类砾石堆积而成，具有使葡萄苗木容易向下扎根且排水性佳等多重优点，有利于生产浓厚、耐久保存的优质葡萄酒。

(3)水

波尔多的葡萄园依河流大致可分成三部分：吉隆特河、加仑河的左岸是梅多克、格拉夫等地区；吉隆特河及多尔多涅河右岸是圣·艾美浓、庞梅洛等产区；加仑河和多尔多涅河之间即 Entre-Deux-Mers(法文的意思是“两海之间”)产区。

(4)葡萄的品种

波尔多葡萄酒的知名度高，因此成为许多新兴葡萄酒产区效仿的对象，所以本区主要的葡萄品种，同时也在世界许多地区大量种植。波尔多所产葡萄酒以红葡萄酒占绝大多数，白葡萄酒仅占总产量的15%，所以以黑色葡萄品种种植为主，目前以梅洛葡萄种植最为普遍。在波尔多，不论红葡萄酒或白葡萄酒，大部分都是由多种品种混合而成，彼此互补不足或互添风采，以酿造出最丰富的香味和最佳的均衡口感，各葡萄品种混合的比例因各产区土质和气候的不同而有差别。波尔多地区用于酿酒的葡萄主要有以下品种：

①红葡萄品种：赤霞珠、梅洛、卡本内·弗朗、马尔贝克。

②白葡萄品种：白苏维翁、塞米雍、白维尼、可伦巴。

(5)波尔多的五大著名葡萄酒产区

波尔多的五大著名葡萄酒产区：梅多克(Medoc)、格拉夫(Graves)、圣·艾美浓(St. Emillion)、苏玳(Sauternes)、庞梅洛(Pomerol)。详细介绍以下三大产区。

① 梅多克

虽然在波尔多葡萄酒发展史上，梅多克的葡萄酒发迹相当晚，但却因出产优质的红葡萄酒，在波尔多地区的知名度最高。梅多克的红葡萄酒颜色近似红宝石，味道柔和，芳香细腻，且便于长期保存。

② 格拉夫

“格拉夫”法文的意思是“砾石”。从中世纪开始，就以该地区的砾石土质而著名。这里几个世纪以来都是波尔多葡萄酒最重要的产区之一，并且是波尔多唯一同时生产高级

红、白葡萄酒的产区，红葡萄酒占 60%，葡萄品种以赤霞珠为主，但比例较梅多克低。这里所产的红葡萄酒比梅多克葡萄酒多了一份圆润口感，成熟也较快一点，但仍相当耐久保存。格拉夫的干白葡萄酒主要以白苏维翁和塞米雍两个品种为主。

③ 圣·艾美浓

该区虽然和梅多克同属波尔多产区，但人文和自然条件却非常不同。本产区的葡萄品种主要以梅洛和卡本内·弗朗为主，口感比较圆润，成熟的速度也较快。用此产区葡萄所酿制的葡萄酒，不像梅多克葡萄酒的收敛性那么强，难以入口。区内较有名的酒庄有白马庄和奥松庄。

2. 勃艮第(Burgundy)

勃艮第产区是由位于法国东部的一系列小葡萄园组成，它是法国古老的葡萄酒产地之一，也是唯一可以与波尔多产区抗衡的产区。人们曾经这样比喻这两地的葡萄酒：勃艮第葡萄酒是葡萄酒之王，因为它具有男子汉的粗犷、阳刚的气概；波尔多葡萄酒是酒中之后，因为它具有女性的柔顺、芳醇。该产区的葡萄品种较少，主要有生产白葡萄酒的莎当妮和阿丽高特；生产红葡萄酒的黑皮诺；专用于生产薄酒莱的佳美葡萄。勃艮第的红葡萄酒不如波尔多红葡萄酒细腻，但味浓，单宁成分少，且含有少许糖而有淡淡的甜味。勃艮第葡萄酒成熟期比波尔多葡萄酒早，但也容易较早退化。

与波尔多地区相比，勃艮第葡萄酒的生产有些不同之处。首先勃艮第使用的葡萄品种较少，此外，在波尔多地区，葡萄园如同财产一样属于个人或某公司所有，而在勃艮第地区，葡萄园只是一个地籍注册单位，它可以属于很多人共同所有，如香百丹葡萄园就属于50 多个业主。

根据法国 AOC 的规定，勃艮第红葡萄酒必须要用黑皮诺葡萄作为原料，如果以别的葡萄品种为原料，或在酿制时渗入了别的品种，那么这些厂商有义务在商标上说明，同时不能以勃艮第葡萄酒的名义出售，只能以葡萄品种为其酒名。因此，在勃艮第产区会有这种情况出现，同一个葡萄园所出产的几瓶葡萄酒可能是由不同厂家制成的，包装和口味也不相同。勃艮第葡萄酒主要产区有以下几个：

(1)夏布利(Chablis)

夏布利位于奥克斯勒镇附近，该产区生产的葡萄酒十分著名，其特点是色泽金黄带绿，清亮晶莹，带有辛辣味，香气优雅而轻盈，精细而淡雅，纯洁雅致而富有风度，尤其适合佐食生蚝，故有“生蚝葡萄酒”的美称。

(2)科多尔(Cote D'or)

科多尔又称为“金黄色的丘陵”。科多尔产区绵延约 50 公里，分布在向阳的丘陵山坡上，占地 6 379 公顷，平均年产 2 300 多万升红、白葡萄酒。

(3)南勃艮第

南勃艮第产区包括科·夏龙、玛孔和保祖利三区，葡萄酒品种丰富，风格多变，名酒很多。

科·夏龙区生产勃艮第气泡酒，而保祖利是南勃艮第最大的葡萄酒产地，该区以佳美葡萄为原料生产的红葡萄酒，清淡爽口，颇受世界各地饮酒者的好评。

3. 香槟(Champagne)

香槟酒是以它的原产地,即法国的一个叫香槟的地区而命名的。香槟地区是采用传统的香槟酿造法来酿造香槟酒的。传统上,香槟是以红白两种葡萄经独自发酵后,进行调配混合,在酒瓶内经第二次发酵而成,并形成天然气泡。“香槟”一词的含义极其丰富,根据国际法例规定:唯有在香槟区采用香槟酿造法来酿造的气泡酒才能称为“香槟”,不符合这个规定的,一概只能称为气泡酒。例如,西班牙的气泡酒叫作“Cave”,德国的叫作“Sekt”,意大利的叫作“Spumante”,甚至在法国香槟以外的地区所酿造的气泡酒也只能叫作“Vin Mousseax”,而不能以“Champagne”来命名。

关于香槟酒的来历,还有这样一个传说。据说在18世纪初叶,Dom Perignon 修道院葡萄园的负责人,因为某一年葡萄产量减少,于是就把还没有完全成熟的葡萄榨汁后装入瓶中贮藏。其间,因为葡萄汁受到不断发酵所产生的二氧化碳的影响,于是就变成了发泡性的酒。由于瓶中充满了气体,所以在拔除瓶塞时会发出悦耳的声响。香槟酒也因此成为圣诞节等节庆宴会上所不可或缺的酒类之一。

(1)香槟酒的生产工序

①收获

收获即指葡萄的采摘。

②压榨

第1次压榨,用葡萄汁液酿成的酒作为基酒,称为“Vin de Cuvee”,它就是葡萄气泡酒的原酒。

第2次压榨,用葡萄汁液酿成的酒被称为“首尾酒”。

第3次压榨,用葡萄汁液酿成的酒被称为“二尾酒”。

第4次压榨,用葡萄汁液酿成的酒被称为“Rebeches”,用来生产“马尔”,一种白兰地酒。

③净化工序(10至12小时)

基酒中的所有不纯净物质(果核、葡萄皮等),经过一定时间后,沉到桶底。

④第1次发酵或称“Boiling up”(3周)

发酵完毕之后,酒被装瓶,并要求是澄清的,最后所获得的产品称之为“无泡葡萄酒”。

⑤配制基酒

这个工序就是将所有的无泡葡萄酒进行混合,即使在丰年,混合也是必需的工序。

⑥第2次发酵

这次发酵是要获得泡沫(此工序通常在春天进行)。

⑦排出

瓶颈被浸泡在−2℃的冰冷的盐水溶液中,瓶颈中就形成了一个小冰块,这个小冰块冻住了在瓶颈里的所有的沉淀物,随着酒中压力的增强,冰块被瓶中的气体推出瓶外,这时瓶颈部的沉淀物就随着冰块被清除了。

⑧配料和添酒

添酒用甜酒(由蔗糖和无气泡的老香槟酒构成),需加满每一个瓶子,以补充所损失的酒。有时还会放入极少量的白兰地,以此来终止其更进一步的发酵。由所加入的糖来确

定所需要的相应的香槟酒的级别：极干（Brut）、干（Sec）、半干（Demi Sec）、甜（Sweet or Doux）。

⑨塞软木塞

上述工序后，香槟酒瓶会被加上特制的香槟软木塞及铁线圈，然后准备付运。深色的玻璃酒瓶可以阻挡最强烈的日晒。

（2）香槟酒的饮用

①香槟酒的开启

先解开瓶塞上的铁丝封口，把瓶口向无人的方向向上略偏45°。一只手按住瓶塞，另一只手从瓶底将酒瓶托住，然后慢慢地旋转酒瓶，酒瓶转动时瓶塞会自动弹出。在每个酒杯里先倒入一点酒，然后加至酒杯的2/3即可。

②酒杯的选用

在18世纪初，香槟酒是用锥形高脚杯饮用的。19世纪时，流行用大扁酒杯。现在则普遍使用高脚的郁金香型酒杯。这种酒杯有更多的空间，任气泡翻滚升腾，酒的香气也可以充分得以释放。

③香槟酒的饮用温度

香槟酒是清凉饮品，但不可加冰块稀释，在冰桶里放20分钟或在冰箱内平放3小时，就可以达到理想温度（8～10℃），但切勿用冰柜存放香槟酒。

④香槟酒的饮用时间

香槟酒一直是法国乃至全世界名流显贵餐桌上的佳酿。无论何时，香槟酒都可以作为既得体又令人满意的礼物来馈赠他人。

资料链接　**波尔多地区八大名庄**

在红酒之乡，法国波尔多地区有八大酒庄赫赫有名，它们分别是拉斐庄、拉图庄、奥比安庄、玛歌庄（又叫玛高庄）、木桐庄（或牧童庄，或武当庄）、白马庄、奥松庄和柏翠庄，法国波尔多地区顶级的红酒都产自其中。

1. 拉斐庄（Chateau Lafite Rothschild）

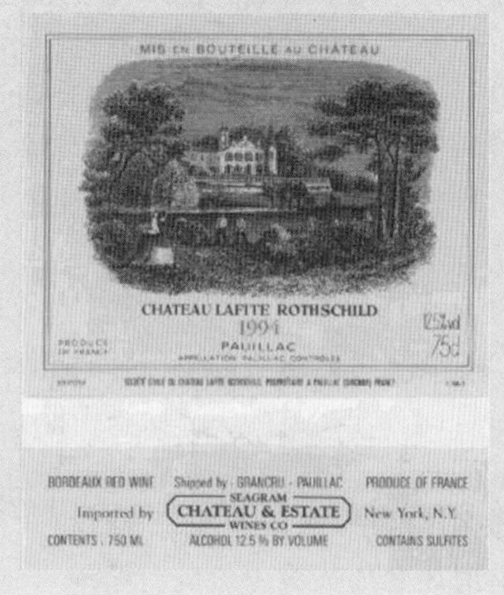

一谈到波尔多红酒，相信最为大众所熟悉的就是拉斐庄。早在1855年万国博览会上，拉斐庄就已是排名第一的酒庄（当年把参展酒庄按酒质、售价、名气及历史分为五个级别）。成熟的Lafite红酒特性是平衡、柔顺，入口有浓烈的橡木味道，十分独特。除了招牌红酒Lafite外，酒庄还在智利创立了Los Vasco的副牌，大量生产价格低廉的红、白葡萄酒，积极拓展大众市场。

2. 拉图庄(Chateau Latour)

在法文中，Latour的意思是指“塔”，因酒庄之中有一座历史久远的塔而得名。不要取笑这个名字老土，在不少波尔多红酒客的心目之中，它可是酒皇之中的酒皇！因为Latuor的风格雄浑刚劲、绝不妥协，一些原本喜爱烈酒的酒客，因为健康原因要改喝红酒，Latour便成了他们的首选。拉图庄也因为有众多酒客捧场，而成为酒价最昂贵的一级酒庄之一。

3. 奥比安庄(Chateau Haut-Brion)

早在1855年，奥比安庄就已赫赫有名，一级酒庄的排行榜上如果少了它，权威性就要受到质疑。奥比安庄于1935年因经营不善被转卖给统购统销的美国狄龙家族，为美国人所拥有。庄园出产的红酒有属于格拉夫区的特殊泥土及矿石香气，口感浓烈而回味无穷。

4. 玛歌庄(Chateau Margaux)

Margaux是波尔多红酒产区之一,也是酒庄的名称。能够使用产区作为酒庄名称,酒石酸质自然有其过人之处,历史也非常悠久。Chateau Margaux是法国国宴指定用酒。Chateau Margux出产的葡萄酒口感比较柔顺,有复杂的香味,如果碰到上佳年份,会有紫罗兰的花香。

5. 木桐庄(Chateau Mouton)

Mouton意为土坡,即"木桐"的词源。在1973年,法国才破例让木桐庄升格为一级酒庄,到目前为止也是唯一一座获此殊荣的酒庄。木桐庄庄主非常有商业头脑,不但普通餐酒Mouton Cadet的年出产量达数百万瓶,酒庄每年还会邀请一位世界知名的艺术家,替"招牌酒"Mouton Rothschild设计当年的标签。因为酒的标签本身就颇有艺术价值,所以就算那年的酒不好喝,单是瓶子已是珍贵的藏品。据悉要集齐由1945年至今全套的Mouton酒,需人民币50万元以上。而Mouton红酒的特性,就是开瓶之后,酒质与香味变化多端,通常带有咖啡及朱古力香。

6. 白马庄(Chateau Cheval Blanc)

1947年的Cheval Blanc,在不少专业品酒家的心目之中,是近100年来波尔多最好的酒!在1996年的圣·艾美浓区的等级排名表之中,Cheval Blanc位列"超特级一级酒"。Cheval Blanc标签是白底金,十分优雅,与酒的品质非常相符。Cheval Blanc在幼年的时候,会带点青草的味道,但当它成熟以后,便会散发独特的花香，酒质平衡而优雅。

7. 奥松庄(Chateau Ausone)

在1996年的圣·艾美浓区酒庄排名之中，与白马庄同级的只有奥松庄。而奥松庄也是八大酒庄里最少人认识的酒庄。因新任酒庄主人在20世纪90年代中后期，对酒庄进行大幅革新，从严要求酒的品质。凡是不符合规格的葡萄都用来酿造副牌酒Second Labet，或都卖给其他酿造商酿造低级餐酒，因此，招牌酒Ausone的年产量都在2000箱以下，变得异常珍贵。Ausone的特性就是耐藏，要陈放很长一段时间才能饮用，酒质浑厚，带有咖啡与木桶香味，非常大气。

8. 柏翠庄(Petrus)

通常酒庄名字之前会冠上Chateau一词，而Chateau的意思是“古堡”——因为法国酒庄大多有一座美丽的大屋或古堡。在波尔多八大酒庄之中，只有柏翠庄没有冠以Chateau，而酒庄也没有漂亮大屋或古堡，只有小屋，Petrus红酒的产量也少得可怜，因此其售价也是八大酒庄之中最贵的。因柏翠庄的地质特别优越，蕴藏大量矿物质，因此柏翠庄的酒兼具早饮及耐储藏的特色。虽然柏翠庄没有排名，但在酒客心目中，它是红酒王中王。

二、意大利葡萄酒

位于地中海的意大利，天然条件非常适合葡萄的生长。意大利因北方有高耸的阿尔卑斯山阻挡北风的侵袭，气候不是很冷。状如长靴的国土夹于地中海与亚得里亚海之间，又使得湿度恰到好处。而纵贯南北的亚平宁山脉，造成地形上的诸多变化，产生了许多条件独特的葡萄酒产区。良好的气候和优越的地理条件，使整个意大利宛若一座大葡萄园。在意大利半岛，葡萄园几乎随处可见。国土面积不大的意大利，葡萄酒产量位居世界榜首，出产全球近1/5的葡萄酒，这一直是意大利人引以为骄傲的。当然，意大利不仅是在产量方面有骄人的成绩，其葡萄酒历史也十分悠远，而且酿酒葡萄的种类繁多，每个产区都有其浓厚地方特色的葡萄酒，葡萄酒种类的繁多，大概只有法国能在这方面可与之比拟。

(一)意大利葡萄酒的分级制度

意大利葡萄酒的分级制度从1963年开始建立，多少有一点法国制度的影子，一共分为4个等级。其中，DOCG和DOC属于特定产地出产的优质葡萄酒，而IGT和VDT则属于比较普通的餐酒。

1. DOCG

这一等级的葡萄酒是意大利葡萄酒分级制度中最高等级的。DOCG 这一等级的葡萄酒，不论在产区土地的选择、品种的采用，还是单位公顷的产量等诸多方面的规定都非常严格，而且必须具有相仿的历史条件。

2. DOC

目前，意大利有数百个葡萄酒产区属于 DOC 等级葡萄酒产区，大部分都是传统的产区，依据当地的传统特色制定生产的条件，略等同于法国的 AOC 等级葡萄酒产区。

3. IGT

IGT 等级的葡萄酒相当于法国 Vin de Pays 等级的葡萄酒，可以标示产区以及品种等细节，相关的生产规定比 DOC 及以上等级宽松，弹性较大。这一等级的葡萄酒在意大利并不普遍。

4. VDT

VDT 等级的葡萄酒是意大利最普通等级的葡萄酒，限制和规定不很严格，目前此等级的葡萄酒依旧是意大利葡萄酒的主力。

虽然近几年意大利新增了许多 DOC 或 DOCG 等级葡萄酒产区，但是这两个等级的葡萄酒在意大利葡萄酒总产量中所占比例还是很低，产量大的普通餐酒依旧是最主要的。但值得一提的是意大利有不少产区也出产品质卓越的 VDT 等级葡萄酒，这些葡萄酒虽然有绝佳的表现，但因为品种或其他生产条件不符 DOC 等级的规定，只能以 VDT 等级出售。

(二)意大利葡萄酒的主要产区

1. 皮蒙区

皮蒙区是意大利最大的葡萄酒产区，不仅历史悠久，而且产区内许多品质已达极致的葡萄酒，更让意大利葡萄酒酿造业引以为自豪，而皮蒙区独特的意大利美食更和这里的葡萄美酒相映生辉。皮蒙区几乎有一半以上的面积是山区，所以这里有许多葡萄园就位于日照效果良好的斜坡。皮蒙区的气候属于大陆性气候区，冬季长而且寒冷，夏季炎热，秋季常有潮湿的细雨。

(1)皮蒙区特有的葡萄品种

单一品种葡萄酒是皮蒙区的主流，先认识这里的主要品种后，就比较容易掌握区内葡萄酒的特性。内比欧露(Nebbiolo)是皮蒙区历史最久、适应性最好，同时也最负盛名的葡萄品种。皮蒙区内最著名的红葡萄酒产区，如巴罗洛(Barolo)、巴巴瑞斯克(Barbaresco)以及加替那拉(Gattinara)等 DOCG 等级葡萄酒的产区都采用内比欧露作为主要或唯一的品种。强劲的单宁是内比欧露红葡萄酒最明显的特性，同时颜色深黑，常有紫罗兰或黑色浆果的香味，成熟后更有巧克力甚至松露等酒香；酸度高，酒龄浅时常常酸涩难以入口，必须经过长时间的瓶中培养、陈化，才能逐渐让单宁柔化，并展现浓郁丰富的酒香。

除了内比欧露，多切托(Dolcetto)和巴贝拉(Barbera)也是皮蒙区的重要葡萄品种。

(2)皮蒙区的重要产区

① 巴罗洛

在整个皮蒙区有不少内比欧露产区,各有各的特色,但如果要选出颜色最深黑、香味最强劲细腻、变化最丰富、口感最殷实浓厚,而且最经得起时间考验的内比欧露,则非巴罗洛产区莫属了。巴罗洛产区位于阿尔巴市南部的山区,接近皮蒙区的南端。因为内比欧露是相当晚熟的品种,所以这里的葡萄农通常会把日照效果最好的南坡地留给内比欧露,好让它缓慢地成熟,整个巴罗洛产区内只有 1 200 公顷是属于 DOCG 产区。

②巴巴瑞斯克

位于阿尔巴市东北部的巴巴瑞斯克也是一个内比欧露红葡萄酒的 DOCG 产区。巴巴瑞斯克邻近巴罗洛产区,所产的葡萄酒口味比较淡一点。巴巴瑞斯克所产葡萄酒的精彩之处就在于它较巴罗洛所产葡萄酒在口感上更婉约细腻,香味更浓郁多变。

③阿士提

皮蒙区内阿士提的特产是气泡酒,是除法国香槟酒外最著名的气泡酒之一。由于是采用香味独特的蜜思嘉葡萄品种酿成,口味和其他葡萄品种(如以莎当妮及黑皮诺为主的葡萄品种)酿成的气泡酒全然不同。蜜思嘉葡萄通常被酿成甜性或半甜性葡萄酒,非常可口,最好趁新鲜果香还未消失时饮用。

2. 托斯卡尼区

托斯卡尼区是古老的艺术之地,位于意大利中部,西面临海。该区主要生产红、白葡萄酒,著名的红葡萄酒——干蒂是意大利具有代表性的酒品之一,它享誉国内外,以稻草编织的套子包装在圆锥形酒瓶外,这种独特的包装器皿称为"菲亚斯(Fiashi)"。干蒂葡萄酒呈红宝石色,清亮晶莹,富有光泽。优质干蒂葡萄酒通常使用波尔多形状的酒瓶包装。

3. 伦巴第区

伦巴第区位于意大利北部,与瑞士交界。该区崎岖不平,但却十分美丽。葡萄园一般位于海拔 400 米的山区,9 月中旬到 10 月开始收获葡萄,生产的葡萄酒品种主要有:红、白、玫瑰红和白气泡葡萄酒。

伦巴第区产 DOC 葡萄酒较多,但一般都在酒龄年轻时饮用,著名的红葡萄酒有波提西奴、沙赛拉、英菲奴、格鲁米罗,白葡萄酒有鲁加那、巴巴卡罗、客拉斯笛迪奥等。

4. 威尼托区

威尼托区位于意大利东北部,该区有著名城市威尼斯和维罗纳。威尼托区生产的葡萄酒品种有:优质干红、干白葡萄酒,以及甜型红葡萄酒等,其中以优质干红、干白葡萄酒较为著名,如瓦尔波利赛拉、巴多里奴、索阿威等。索阿威是意大利著名的干白葡萄酒,它色泽金黄,酸味和香味较淡,口味十分清爽。

三、西班牙的葡萄酒

西班牙的葡萄酒历史悠久,早在罗马时代即已盛行葡萄酒的酿造,葡萄树的种植到处可见。后因伊斯兰教势力的扩张,葡萄酒的酿造一度受到严重打击,但仍然延续了下来。一直到了 15 世纪,伊斯兰教的势力衰弱后,葡萄酒产业再度兴盛。西班牙在地理位置上,

三面环海，气候形态主要为地中海式气候及海洋性气候，配合当地的石灰质熟土，所生产的葡萄酒以口感细致闻名，酒精浓度高、酒力强劲为其特色。西班牙生产各种类型的葡萄酒，以雪利酒（加强葡萄酒的一种）驰名世界，堪称国宝酒。知名的玛拉加酒也是加强葡萄酒的一种，但口味较甜。西班牙葡萄酒从浓郁复杂到淡雅细致的风味都有。西班牙至今仍采用传统方式酿造气泡酒，气泡绵长，香气优雅，带有一种淡的柑橘口味。另外，西班牙也生产白葡萄酒和玫瑰红葡萄酒，但在国际上较不具有知名度。

四、葡萄牙的葡萄酒

葡萄牙由于地处大西洋沿岸，因此离海的远近是各地气候差异的主要原因。大西洋沿岸地区雨量充沛，普遍潮湿凉爽，气候稳定且温和。离海岸愈远的地区，气候愈是严酷，干燥且温差大。气候的因素使得大西洋沿岸地区较适合葡萄的生长，种植面积也较内陆地区广大。

葡萄牙是古老的产酒国，所产的葡萄酒以波特酒和马德拉酒最为驰名。波特酒的原产区位于多瑙河上游，“波特”一名则来自多瑙河下游出海口的货运港波特市。波特酒的配制，至今仍采用传统的脚踩法进行榨汁，以保持葡萄核的完整无缺。新酿的酒在经过初步的存放后，到了春天即用船运到波特港，在这里装入木桶内进行陈酿，再经混合酿制和装瓶的程序，著名的波特酒就诞生了。

马德拉酒产自摩洛哥外海的马德拉岛。制法非常特殊，酿好的酒里添加一点白兰地以提高酒精浓度，再放进水泥槽中，以 30～50℃ 存放 3 个月以上，加速成熟和老化，这使得马德拉酒拥有一种略呈氧化的特殊香味。

五、德国的葡萄酒

德国不仅啤酒举世闻名，葡萄酒也在世界酒坛占有一席之地，其葡萄种植面积约 10 万公顷，是法国和意大利葡萄种植面积的 1/10。德国葡萄酒年产量约 1 亿升，以白葡萄酒为主，约占总产量的 87%。德国葡萄酒类型非常丰富，从一般清淡半甜型的甜白酒到浓厚圆润的贵腐甜酒都有，另外还有制法独特的冰酒。

德国是世界著名的葡萄酒生产国之一，葡萄种植园较偏北，气候较寒冷。德国主要生产世界著名的白葡萄酒，德国的白葡萄酒因为甜酸度控制得好，故品种极佳，堪称世界一流。与法国勃艮第白葡萄酒相比，甜味稍重，酸味稍强，但口味新鲜、清爽，带有一种苹果的清香，酒度比法国的白葡萄酒酒度低，因而，德国的白葡萄酒适合在新鲜时饮用。

1. 德国的葡萄品种

德国的葡萄品种以白葡萄为主，主要有墨勒·图尔高、雷司令、西尔凡纳等，红葡萄只占 14%，主要有黑皮诺。

2. 德国的葡萄酒酒标

德国的葡萄酒酒标取得程序极为严格，通常的做法是：不以出产地作为质量检测对象，而是以瓶中盛装的成品酒为检测对象；所有成品酒装瓶后，生产者必须将样品和有关材料送往官方主管机构进行全面理化分析和感官测定；每种酒按照检查后所获评分方能

得到相应的可使用酒标。

酒标内容主要包括：特定产区；葡萄采摘酿造年份；生产商的葡萄庄园或所在村镇名称；葡萄品种类别；酒的类型和味道（如干、半干，不作标明的一般为甜酒）；质量的类/级别；官方检测号及装瓶人等信息。

六、美国的葡萄酒

美国是世界第四大葡萄酒生产国，最早酿酒始于16世纪中叶。美国各州或多或少都生产葡萄酒，但真正较有规模的只有加利福尼亚州、俄勒冈州、华盛顿州、纽约州等地区。其中，加利福尼亚州葡萄酒产量占美国葡萄酒总产量的80%，因此被称为“美国葡萄酒的故乡”。美国葡萄酒业是一个较新的行业，直到20世纪70年代，美国葡萄酒业才得到全面快速的发展。美国作为新兴葡萄酒大国，近些年来发展迅速，已成为优良葡萄酒的生产国。

1. 加利福尼亚州

加利福尼亚州是美国葡萄酒生产最集中的地区，位于美国西南部、太平洋东海岸的狭长地带，四周为山脉，中央为谷地，具有夏干冬湿的独特气候类型，为优质葡萄的理想产区。根据品种区域化和土壤气候条件，加利福尼亚州被划分为5个各具特色的葡萄产区，从南往北为：

(1)考施拉(Coachelia)产区，以鲜食葡萄为主，占加利福尼亚州葡萄产区总面积的2%。

(2)蒙特瑞(Monterey)产区，以鲜食葡萄为主，占加利福尼亚州葡萄产区总面积的9%。

(3)弗瑞斯诺(Fresno)产区，是加利福尼亚州最大的葡萄产区，70%的加利福尼亚州葡萄集中在该地区，鲜食、酿酒和制干葡萄都有。

(4)洛蒂(Lodi)产区，占加利福尼亚州葡萄产区总面积的6%。

(5)那帕(Napa)产区，以酿酒葡萄为主，占加利福尼亚州葡萄产区总面积的13%。区内有十多个大中型葡萄酒厂和数以百计的葡萄酒庄。

位于加利福尼亚州北部的纳帕山谷是美国所有地区中第一个跻身于葡萄酒世界的庄园，至今为止仍然保持领先的地位。此地区酿制的莎当妮白葡萄酒味道丰富、润滑而又口味多样。所生产的一些黑皮诺葡萄酒是除了法国勃艮第地区之外最好的同类葡萄酒。此地区酿制的加本力苏维翁以及梅洛红可以陈酿长达10年仍然保持圆润而又果香浓郁的口感。至于仙芬黛葡萄酒，在加利福尼亚州，它不仅仅是一种时尚，更是促使该地区在葡萄酒业中成功的主要原因。利用仙芬黛葡萄品种可以酿制出味道稍甜的红、白葡萄酒。

2. 华盛顿州

华盛顿州是太平洋西北部的葡萄生长区域，处于加利福尼亚州北海岸的正上方，包括了华盛顿州以及奥罗根地区。此地区与波尔多地区处于同一纬度，相比奥罗根地区而言，华盛顿州更为多产，酿制更多系列的高质量的葡萄酒。芳香的水果口感是此地区葡萄酒的特点，其中最为人所称道的有加本力苏维翁、梅洛红、莎当妮、白苏维翁以及薏丝琳葡萄酒。层峦叠嶂的山峰使哥伦比亚山谷与太平洋相隔，因此当地的夏季气候温和，温度适

中，白昼较长，夜晚凉风习习，如此温和的天气中产生了一些杰出的华盛顿州葡萄品种。

华盛顿州葡萄酒品种非常多样化，从日常饮用的餐酒到高级葡萄酒都有。

七、澳大利亚的葡萄酒

澳大利亚的葡萄酒厂早先建立在悉尼附近，但产区内的葡萄经常遭受病虫害的侵扰，最早种植成功的产区是位于悉尼北面的猎人谷。在19世纪后逐步向西部的西澳大利亚州、南部的维多利亚州发展，目前葡萄种植最广的南澳大利亚州反而是最晚开发的产区。新式的技术以及现代化设备，配合国际知名的葡萄品种和大型的酒厂，澳大利亚的葡萄酒以平实的价格供应全球市场，使澳大利亚葡萄酒受到普遍肯定。

在澳大利亚产酒州中，以南澳大利亚州最为重要，拥有澳大利亚半数以上的葡萄酒。

1. 新南威尔士州

新南威尔士州是澳大利亚最早的葡萄酒产区，气候相当炎热，这里出产耐久保存的塞米雍白葡萄酒和希哈红葡萄酒，受到全球瞩目。塞米雍白葡萄酒通常发酵后就直接装瓶，经过数年的瓶中陈酿，有非常独特的口感。

2. 维多利亚州

维多利亚州是澳大利亚葡萄酒的第三大产区，是近年来颇受瞩目的葡萄酒产区。莎当妮和黑皮诺是这里的主要葡萄品种。

3. 南澳大利亚州

虽然南澳大利亚州的葡萄种植较晚，但却以得天独厚的环境成为澳大利亚最重要的葡萄酒产区。比较著名的产地有克雷谷、芭罗莎谷等。这里出产的葡萄酒品种较为齐全。

八、智利的葡萄酒

智利的葡萄酒是在20世纪90年代以后才逐渐走向世界的，由于低税、口味独特等优点，深受大众喜爱。智利气候独特，其生产的葡萄别有风味，为其产出优质葡萄酒奠定了基础，再加上欧洲古老的酿酒方法，使得酿制出的葡萄酒既有欧洲传统味道，又不失南美风味，给人一种新旧交叠的感觉，这是智利葡萄酒的独到之处。

酿造手法上传承了波尔多体系。在根瘤蚜病还未席卷欧洲的时候，智利的有钱人就开始将法国葡萄引种到智利。随后法国开始爆发根瘤蚜灾难，很多法国的酿酒世家不甘眼看自己的葡萄园被毁，来到南美寻找新的契机，同时也带来了丰富的经验和先进的技术。

进入20世纪之后，智利政局动荡，官僚苛政和高税收使得一度火爆的智利酿酒业进入降温时期。20世纪80年代之前，国际上对于智利葡萄酒的印象是在本土销售的“平庸之辈”。但是由于智利得天独厚的地理环境和农业现状，国际上有眼光的酿酒人士一直在支持智利葡萄酒业的发展。一些进入国际市场的智利顶尖品牌在持续保持高度品质的同时还拥有其公道的价格，逐渐获得人们的注意，时至今日，智利的葡萄酒已经跃居世界前列，在英国和日本非常受欢迎。

（一）智利的葡萄品种

1. 赤霞珠（Cabernet Sauvignon）

赤霞珠颜色较深，果味浓郁，单宁结实，尤加利和薄荷气息是智利赤霞珠的明显特点，不同山谷的赤霞珠各有特色，有的红色浆果味浓郁、有的带有果酱味、有的胡椒味明显，还有的具有香草味道。

2. 卡曼尼（Carmenere）

智利的卡曼尼颜色浓，糖分高，酸度较低，单宁柔和，酒体较为丰满。如果成熟度好，酒体圆润柔顺，经常带有红色浆果、黑巧克力和胡椒般的辛辣口味。

3. 梅洛（美乐）（Merlot）

梅洛肉软多汁，呈蓝黑色，酿造出的葡萄酒色泽美丽。智利的这一品种葡萄果香丰富，酿造的葡萄酒具有李子、樱桃、蓝莓、黑莓的果味以及黑胡椒的辛辣感，此外在醇和的红葡萄酒中还充溢着薄荷香。

4. 白苏维翁（长相思）（Sauvignon Blanc）

白苏维翁（长相思）是智利非常重要的白葡萄品种，果实含汁量多，味道酸甜，因种植条件不同呈现出多样风格，通常带有柠檬和柚子的水果香。

5. 霞名丽（Chardonnay）

霞多丽祖籍法国勃艮第，又名夏多利、夏多内、莎当妮等，是全球最知名的白葡萄品种之一。所酿葡萄酒的酸度高，酒精淡，以青苹果等绿色水果香为主，不同产地，霞多丽的香气差别较大。智利的霞多丽，酸度明显高于白苏维翁。

6. 席拉（Syrah）

席拉被认为是最古老的葡萄品种之一。席拉果粒小，皮厚色深，中等偏晚熟，果穗紧密。席拉酿成的酒颜色深，单宁重，丰满浓厚，带有从浆果到核果、从浅嫩的红色果香到成熟的黑色果香的完整果香，及胡椒般的香料香气，陈年后也可以发展出多种多样的香气。

（二）智利的葡萄酒庄

1. 干露酒庄（Concha Y toro）

干露酒庄（Concha Y toro）是智利最大的葡萄酒生产商之一，他们生产的葡萄酒销往世界各地一百多个国家。在智利酒业中，干露酒庄酿造的葡萄酒品种最为丰富多样。

2. 桑塔丽塔酒庄（Santa Rita）

桑塔丽塔酒庄（Santa Rita）在智利很有历史渊源，它坐落于迈波山谷，是智利第三大葡萄酒厂，不仅产量大、性价比佳，同时也是出产顶级智利佳酿的酒厂之一。

3. 碧桃丝酒庄（Balduzzi Wines）

碧桃丝酒庄（Balduzzi Wines）位于智利莫莱谷（Maule Valley）核心地带的圣哈维尔（San Javier）。碧桃丝酒庄酿造葡萄酒的历史在这一家族可以追溯至1700年。其家族成员中最早在马乌莱山谷种植葡萄的是唐·阿尔巴诺·碧桃丝，他在周游了意大利、阿根廷

和智利之后，发现这里非常适宜种植葡萄，于是迁居来到此地，建立了碧桃丝酒庄，并在这里一直延续着家族的酿酒传统。

4. 蒙特斯酒庄(Montes)

蒙特斯酒庄(Montes)是坐落于智利中部的葡萄酒产区，1988 年由四位酿酒与销售经验丰富的酒界人士所创立。只生产高质量的智利酒是他们成立的宗旨，经过多年的努力，他们成功推出的一系列高质量葡萄酒，95%销售至全球五大洲 75 个以上国家，是智利前五大的葡萄酒出口酒厂之一。

5. 卡丽德拉酒庄(Caliterra)

卡丽德拉酒庄(Caliterra)坐落于科尔查瓜山谷的中心地带，始终致力于酿造出新鲜、能突出每一品种自然特征的智利葡萄酒。智利炎热干旱的夏季多发草原大火，而焚烧草地虽会降低危险但也会产生大量浓烟。卡丽德拉酒庄采用了在草原上放养马群的环保方式，既为马群提供了充足的食源，又自然地控制了草的数量，使庄园得以远离火灾的威胁。

6. 卡奇拉酒庄(Catrala)

卡奇拉酒庄(Catrala)坐落在智利卡萨布兰卡山谷，周围被约 70 公顷的原始植被覆盖的群山环绕。卡奇拉葡萄酒就是在这样美丽的环境及优良气候下生产的。这里有着轻柔的微风，符合葡萄酒产区标准的气候，温暖的气温，雨量适中的冬季和日照较长的夏季，凡此种种都是一个地区成为优秀的葡萄酒产地的优厚条件。生长在这里的葡萄被纯净自然的水冲洗过，在生长过程中获得了均衡恰当的滋养，经这样的原料酿造成的酒，具有酸甜度适中，芳香和色泽俱佳的特点。

7. 卡萨诺瓦酒庄(Cavas Submarinas)

卡萨诺瓦酒庄(Cavas Submarinas)地处智利中部地区南面的伊塔塔山谷。该山谷位于伊塔塔河与纽布雷河的交汇处，两河汇合后，经滨海山区流入太平洋，葡萄园顺山势和风向而建，此处独一无二的气候条件成就了这里独一无二的葡萄酒口味。卡萨诺瓦酒庄的葡萄酒是世界唯一在海底贮藏的葡萄酒。

8. 卡门酒庄(Carmen)

卡门酒庄(Carmen)创始于 1850 年，是智利最古老的葡萄酒庄园，以无公害葡萄酒而闻名，是智利最早实施无公害种植葡萄的酒厂之一，基本采取不施肥的种植法。

9. 大玛雅酒庄(Tamaya)

大玛雅酒庄(Tamaya)位于智利北部产区的利马里山谷——一个既古老又年轻的葡萄酒产区。16 世纪中叶，葡萄就被种植在这里，而新技术又让挑剔的酿酒人重新审视这片神奇的土地。利马里河穿过产区中心，带来安第斯山融化的雪水。大玛雅酒庄距太平洋仅 20 公里，年降雨量不超过 10 厘米，让葡萄的根茎深深扎入富含矿物质的泥土中。阳光、沙砾地和大海造就了不可逾越的葡萄品质。

(三)智利葡萄酒品牌

1. 安第斯神鹰(Mancura)

该品牌系列拥有者为智利的 BELEN 集团，其控股方是智利最主要的经济集团之一

Empresas Juan Yarur。该集团拥有智利第三大私人银行 Banco Crédito e Inversiones (BCI)，在金融业中占有强势地位。旗下的葡萄酒集团拥有多个品牌系列，遍布全球 40 多个国家和地区，如美国、英国、巴西、日本、中国等。

2. 比卡(Vicar)

Vicar 的全称是 Vina Carta Vieja，19 世纪初，卡洛斯·阿道夫·德·派卓哥尔从西班牙横渡大西洋来到智利，并定居于穆勒山谷的隆科米纳区域。1825 年，他在这里建立了第一个葡萄园，建立起比卡酒庄。近两个世纪以来，德·派卓哥尔家族传承七代，一直延续家族风格，但他们又紧跟时代潮流，把握最新的酿酒技术，励精图治，终于造就了一个强大的葡萄酒王国。比卡酒庄生产的葡萄酒有 95%出口到全世界 60 多个国家。

3. 普埃洛(Puelo)

普埃洛葡萄酒是位于智利中央山谷区库里科山谷中部索拉纳酒庄酿制的。索拉纳酒庄起源于 19 世纪中叶，现已由私人小庄园发展成畅销 40 多个国家的现代化酒庄。普埃洛取名源于智利第二大河流的名字，它横穿智利中央山谷，灌溉了山谷中的葡萄园。

任务三　中国葡萄酒认知

一、中国葡萄酒的起源

中国葡萄酒的起源很早，最早对葡萄的文字记载见于《诗经》。古代原生葡萄，统称山葡萄、刺葡萄等，也叫野葡萄。葡萄在《史记》中写作“蒲陶”，在《汉书》中写作“蒲桃”，在《后代书》中写作“蒲萄”。早在周代，就已经有了人工种植的葡萄园了。我国古代西域(现新疆一带)，盛产葡萄和葡萄酒，当时葡萄酒酿造技术已十分发达。西汉时期，汉武帝派遣张骞出使西域，将西域的葡萄种植及葡萄酒酿造技术引入中原，促进了中原地区葡萄种植和葡萄酒酿造技术的发展。唐朝是我国葡萄酒酿造史上很辉煌的时期，葡萄酒的酿造已经从宫廷走向民间。我国葡萄酒酿造虽有漫长的历史，但生产规模不大，产量不多。直到清光绪十八年，华侨张弼士先生在山东省烟台市成立了张裕酿酒公司(现名为张裕集团有限公司)，这是我国第一个近代葡萄酒厂，公司引进了 120 多个酿酒葡萄品种、国外的酿酒工艺和酿酒设备，使我国的葡萄酒生产走上工业化生产的道路。1915 年，张裕酿酒公司的葡萄酒和白兰地，在美国旧金山举行的万国博览会上，获得金质奖章和最优等奖状。在张裕酿酒公司之后，青岛、北京、通化等地相继建立了葡萄酿酒厂，这些工厂规模虽然不大，但标志着我国葡萄酒工业已初步形成。改革开放以后，经过广大葡萄和葡萄酒工作者的努力，我国葡萄酒工业已具规模，形成了华东、王朝、长城等国际知名品牌。

资料链接　张裕集团有限公司介绍

集团介绍

张裕集团有限公司(以下简称张裕集团)由一个单一的葡萄酒生产经营企业发展成了以葡萄酒酿造为主,集保健酒与中成药研制开发、粮食白酒与酒精加工、进出口贸易、包装装潢、机械加工、交通运输、玻璃制瓶、矿泉水生产等于一体的大型综合性企业集团,拥有一个控股上市公司、一个控股子公司、四个全资子公司和一个分公司,拥有职工4 000余人,总资产21亿元,净资产14.8亿元。张裕集团作为独家发起人,将集团下属的白兰地、葡萄酒、香槟酒、保健酒四个酒业公司及五个辅助配套公司的资产重组,折14 000万股国家股,同时发行8 800万股境内上市外资股(B股),募集成立了"烟台张裕葡萄酿酒股份有限公司",并在深圳证券交易所上市,成为中国葡萄酒行业第一家股票上市公司。2000年10月,股份公司又成功发行3 200万A股,并于26日在深交所上市。

张裕产品畅销国内外。销售网络覆盖全国,在各省市设有24个分公司,170多个经销处,9个职能管理部门,建立起了以信息技术、计算机网络为平台的现代化的管理系统。公司于1993年获得外贸出口权,出口的主要品种有保健酒、葡萄酒、保健药品等。主要销往东南亚、荷兰、美国、比利时、日本、韩国、巴拿马等30多个国家和地区。

自1915年,张裕的可雅白兰地、红玫瑰葡萄酒、琼瑶浆、雷司令白葡萄酒一举荣获巴拿马太平洋万国博览会四枚金质奖章和最优等奖状以来,尤其是新中国成立以后历届全国乃至世界名酒评比中,张裕产品一直榜上有名,先后获得16枚国际金银奖和20枚国家金银奖。

鉴于张裕集团对国际葡萄酒事业的杰出贡献,1987年,国际葡萄·葡萄酒局正式授予烟台市"国际葡萄·葡萄酒城"的荣誉称号,烟台市被纳为国际葡萄·葡萄酒局的观察员。

1993年,"张裕"商标被国家工商局认定为中国驰名商标。公司积极实施国际化品牌战略,现已发展成为亚洲葡萄酒第一品牌。

百年张裕

1892年　张裕酿酒公司创立,开创了中国工业化生产葡萄酒之先河。

1896年　从欧洲大批引进优质葡萄苗木,创建葡萄园,酿造出中国第一批葡萄酒。

1905年　亚洲最大的地下大酒窖竣工。

1912年　孙中山先生到张裕酿酒公司参观,并题赠"品重醴泉"四字。

1914年　张裕"双麒麟"商标注册成功,公司正式对外营业。

1915年　参加巴拿马太平洋万国博览会,张裕的四种酒——可雅白兰地、红玫瑰葡萄酒、琼瑶浆和雷司令白葡萄酒,获四枚金质奖章和最优等奖状。

1917年　张裕酿酒公司正式营业四周年庆典,张学良、康有为、黎元洪等社会名流前来祝贺并留下诸多宝贵手迹。

1929年　张裕酿酒公司结束自营阶段,转为租赁阶段。

1934 年　进入中国银行接管时期。
1941 年　被日军强行接管。
1949 年　烟台解放,濒临破产的张裕酿酒公司得以重生。
1952 年　张裕三种产品名列中国八大名酒之列。
1958 年　创办张裕酿酒大学,为中国葡萄酒业培养了大批人才。
1981 年　烟 73、烟 74 优质色素葡萄品种培育成功。
1982 年　恢复“张裕”名号,定名为“烟台张裕葡萄酿酒公司”。
1987 年　烟台被命名为“国际葡萄·葡萄酒城”,这是亚洲第一个葡萄酒城。
1989 年　受计划经济影响,销售困难。
1990 年　成立销售公司,开始以市场为导向强化销售管理。
1992 年　张裕百年庆典。
1993 年　“张裕”商标被国家工商局认定为“中国驰名商标”。
1994 年　烟台张裕集团有限公司成立。
1996 年　公司利税首次突破亿元。
1997 年　收购烟台福山葡萄酒公司和烟台第二酿酒厂,烟台张裕葡萄酒股份有限公司成立,张裕 B 股发行,成为国内同行业首家股票上市公司。
1998 年　利税突破 2 亿大关。
1999 年　北京中华世纪坛把张裕公司的创建记载为中国 1892 年所发生的四件大事之一。
张裕解百纳干红在法国巴黎“中国文化周”上被誉为“经典的东方美酒”,在上海全球 500 强财富论坛年会上,张裕解百纳干红被认定为唯一专用葡萄酒。
2000 年　张裕矿泉水公司投产。
张裕增发 3 200 万股 A 股,成为国内首家 B 股增发 A 股的企业及同行业中唯一同时拥有 A、B 股的上市公司。
利税突破 3 亿元大关,荣获“全国质量管理先进企业”称号。
2002 年　张裕与法国顶级葡萄酒企业卡斯特集团进行战略合作,建立中国第一座专业化酒庄——烟台张裕卡斯特酒庄。
2005 年　张裕完成股权多元化改革。
2006 年　张裕与加拿大冰酒出口最大的奥罗丝公司合资建立辽宁张裕黄金冰谷冰酒酒庄。
2007 年　张裕融合中、美、意、葡四国资本,建立北京张裕爱斐堡国际酒庄。
2010 年　据全球饮料权威调研机构英国佳纳地亚(Canadean)调研数据:张裕成为“全球第四大葡萄酒企业”。
2012 年　投资 60 亿的张裕国际葡萄酒城破土动工。
2013 年　新疆张裕巴保男爵酒庄开业。
陕西张裕瑞那城堡酒庄开业。
宁夏张裕摩塞尔十五世酒庄开业。

2015 年　张裕收购法国密合花酒庄。

张裕收购西班牙百年葡萄酒名企爱欧公爵葡萄酒公司。

2016 年　烟台张裕国际葡萄酒城生产中心投产。

2017 年　新设立烟台张裕葡萄酒销售有限公司。

烟台张裕葡萄酿酒股份有限公司与 LAMBO SpA 合资设立智利魔狮葡萄酒简式股份公司。魔狮葡萄酒成立后作为受让方,取得了对智利贝斯酒庄下属的三家公司控制权。

2018 年　张裕收购"全球五大顶级酒庄"之一歌浓酒庄。

2019 年　中国第一个白兰地专业酒庄——张裕可雅(KOYA)酒庄正式开庄。

张裕与京东达成战略合作。

二、中国葡萄酒发展现状

据有关资料统计,自 1990 年到 2011 年中国从世界葡萄酒生产国的第 16 位提高到第 6 位,中国城镇的葡萄酒消费量显著增加,年增长速度达到 15%至 20%。在 2003 年至 2004 年我国葡萄酒产量分别达到 34.3 万千升和 37 万千升,同比增长分别达到 15.1%和 7.9%。2004 年销售收入达 74.34 亿元,同比增长 17.06%,实现利润 8.45 亿元;而在 2005 年我国葡萄酒产量达 43.43 万千升,同比增长达 17.4%,实现利润 12.56 亿元;2011 年我国葡萄酒产量达 115.7 万千升,同比增长 13.0%,葡萄酒产业发展呈现出快速发展的趋势。2011 年中国已成为全球第五大葡萄酒消费国、第六大葡萄酒生产国、第八大葡萄酒进口国。

2002～2012 年,我国葡萄酒行业经历了快速成长的十年,葡萄酒产量由 2002 年的 28.79 万千升增长至 2012 年的 138.16 万千升,年均复合增长率(CAGR)达到 16.98%。受宏观经济发展放缓以及限制"三公"消费等因素影响,2013 年我国葡萄酒制造业的营收和利润总额增速双双触底,同时我国葡萄酒行业进入调整期。

根据国家统计局数据,2020 年 1～12 月,我国规模以上葡萄酒企业累计完成销售收入 100.21 亿元,同比下降 29.82%;累计实现利润总额 2.59 亿元,同比下降 74.48%。

随着人均收入水平的提高、消费结构升级,以及人们对营养健康的重视,越来越多的消费者会选择低酒精度的酒类产品。在众多酒类产品中,葡萄酒以低酒度、健康、时尚的特点,顺应消费趋势,需求量有望持续增长。

目前我国葡萄酒消费市场主要集中在东部地区,近年来,消费者对葡萄酒的认知度逐渐提高,消费者范围逐渐扩大,我国中西部城市的葡萄酒销量开始增长,随着中部的崛起和西部大开发战略的深度推进,中西部地区的葡萄酒市场需求也将会面临良好的发展前景。

资料链接　中国长城葡萄酒有限公司

中国长城葡萄酒有限公司是我国葡萄酒生产与销售的大型企业,隶属中国粮油食品进出口集团公司(简称中粮集团)。

最早使用“长城”牌的葡萄酒的是民权五丰葡萄酒有限公司，在 1963 年启用“长城”商标两次代表中国参加莱比锡、新加坡国际酒类鉴评会，1979 年被评为“中国名酒”，1982 年被评为“国家优质酒”，1987 年被评为“中国出口名特产品金奖”，为国内重要葡萄酒品牌，但该厂品牌观念淡薄，未正式注册“长城”商标，1988 年该品牌被中粮酒业有限公司获得。“长城”牌葡萄酒为世界 500 强企业中粮集团旗下的驰名品牌，被誉为中国葡萄酒第一品牌，同时是国宴用酒，连续多年产销量居全国第一。

中粮酒业旗下长城葡萄酒是中国最早按照国际标准酿造的葡萄酒，并拥有“中国出口名牌”称号，是国家免检产品。长城葡萄酒在中国最好的葡萄产区河北沙城、河北昌黎和山东蓬莱拥有三大生产基地，其旗下著名产品——长城桑干酒庄系列、华夏葡园小产区系列、星级干红系列、海岸葡萄酒系列等产品多次在巴黎、布鲁塞尔、伦敦等多个国际专业评酒会上捧得最高奖项，远销法国等 20 多个国家和地区，以独具个性的风格和品味带给消费者丰富多彩的葡萄酒体验。长城葡萄酒亦是唯一荣登全球知名的民意测验和商业调查/咨询公司——盖洛普“21 世纪奢华品牌榜之顶级品牌榜”的中国葡萄酒。

长城葡萄酒凭借着绝佳的品质和独特的风味让越来越多的国内外爱酒人士陶然迷醉——不仅是 APEC 财长会议晚宴专用酒、亚洲博鳌论坛唯一指定用酒、人民大会堂国宴用酒，还屡次因其卓越品质被用作“国家级礼物”赠予国际政要、商业巨子和学界巨擘。

中粮酒业有限公司是中粮集团的全资子公司，代表中粮集团对旗下酒业板块从原材料采购、生产、销售、品牌推广、营销策划各环节进行专业化管理。中国第一瓶干白葡萄酒、第一瓶干红葡萄酒以及第一瓶气泡酒均在中粮酒业诞生。

三、中国主要酿酒葡萄产地及著名葡萄酒公司

(一)东北产地

东北产地包括北纬 45°以南的长白山麓和东北平原。这里冬季严寒，温度为－40～－30℃，年降水量 635～679 毫米，土壤为黑钙土，较肥沃。在冬季寒冷条件下，欧洲品种葡萄不能生存，而野生的山葡萄因抗寒能力极强，已成为这里栽培的主要品种。据 1960 年的资料统计，当时东北采摘野生山葡萄的总量已达 1.5 万吨，主要用于酿酒。该地区著名的酿酒公司有通化葡萄酒股份有限公司和长白山葡萄酒业集团有限公司等。

(二)渤海湾产地

渤海湾产地包括华北北半部的昌黎、蓟县丘陵山地、天津滨海区、山东半岛北部丘陵和大泽山。这里由于靠近渤海湾，热量丰富，雨量充沛，年降水量 560～670 毫米，土壤类型复杂，有沙壤、海滨盐碱土和棕壤。优越的自然条件使这里成为我国最著名的酿酒葡萄产地，其中昌黎的赤霞珠，天津滨海区的玫瑰香，山东半岛的霞多丽、贵人香、

赤霞珠、品丽珠等葡萄，都在国内负有盛名。渤海湾产地是我国目前酿酒葡萄种植面积最大、品种最优良的产地。渤海湾产地葡萄酒的产量占全国总产量的1/2。该地区著名的酿酒公司有中国长城葡萄酒有限公司、天津王朝葡萄酒有限公司、青岛华东葡萄酒有限公司、青岛东尼葡萄酒有限公司、烟台蓬莱阁葡萄酒有限公司、青岛葡萄酿酒有限公司、烟台中粮葡萄酿酒有限公司、烟台张裕葡萄酒有限公司、烟台威龙葡萄酒有限公司等。

（三）沙城产地（河北地区）

沙城产地（河北地区）包括宣化、涿鹿、怀来。这里地处长城以北，光照充足，热量适中，昼夜温差大，夏季凉爽，气候干燥，雨量偏少，年平均降水量413毫米，土壤为褐土，质地偏沙，多丘陵山地，十分适于葡萄的生长。龙眼和牛奶葡萄是这里的特产，近年来已推广赤霞珠和甘美等世界酿酒名种。该地区著名的酿酒公司有北京葡萄酒厂、北京红星酿酒集团公司、秦皇岛酿酒有限公司和中化河北地王集团公司等。

（四）山西产地

山西产地包括汾阳、榆次和清徐的西北山区。这里气候温凉，光照充足，年平均降水量445毫米，土壤为砂壤土，含砾石。此产地葡萄在山区栽培，着色极深。清徐的龙眼是当地的特产。该地区著名的酿酒公司有山西杏花村葡萄酒有限公司、山西太极葡萄酿酒公司等。

（五）宁夏产地

宁夏产地包括沿贺兰山东麓广阔的冲积平原。这里天气干旱，昼夜温差大，年平均降水量180～200毫米，土壤为砂壤土，含砾石，土层30～100毫米。这里是西北新开发的最大的酿酒葡萄栽培基地，主栽世界酿酒品种赤霞珠和美露葡萄。该地区著名的酿酒公司有宁夏玉泉葡萄酒厂等。

（六）甘肃产地

甘肃产地包括武威、民勤、古浪、张掖等地，是中国丝绸之路上的一个新兴的葡萄酒产地。这里气候冷凉干燥，年平均降水量110毫米，由于热量不足，冬季寒冷，适于早、中成熟葡萄品种的生长，近年来已发展种植黑皮诺、霞多丽等品种。该地区著名的酿酒公司有甘肃凉州葡萄酒有限公司等。

（七）新疆产区

新疆产区主要指新疆吐鲁番盆地周围地区，这里四面环山，热风频繁，夏季温度极高，达45℃以上，雨量稀少。这里是我国无核白葡萄生产和制干基地。该地区种植的葡萄含糖度高，但酸度低，香味不足，生产的干葡萄酒品质欠佳，而生产的甜葡萄酒具有西域特色，品质尚好。该地区著名的酿酒公司有新天国际葡萄酒业股份有限公司、新疆西域酒业有限公司、新疆楼兰酒业有限公司、新疆伊犁葡萄酒厂等。

（八）河南与安徽产区

河南与安徽产区包括黄河故道的安徽萧县、河南兰考县和民权县等地，这里气候偏热，年活动积温4 000～4 590℃。年降水量800毫米以上，并集中在夏季，因此葡萄生产

旺盛，病害严重，品质降低。近年来一些葡萄酒厂新开发的酿酒基地，通过引进赤霞珠等晚熟品种，改进栽培技术，基本控制了病害的流行，葡萄品质有望获得改善。该地区著名的酿酒公司有民权五丰葡萄酒有限公司、安徽古井双喜葡萄酒有限责任公司等。

(九)云南产区

云南产区包括云南高原海拔 1 500 米的弥勒、东川、永仁和川滇交界处金沙江畔的攀枝花，土壤多为红壤和棕壤。这里的气候特点是光照充足，热量丰富，降水适时，适合酿酒葡萄的生长和成熟。利用旱季这一独特气候的自然优势，栽培欧亚品种葡萄已成为西南葡萄栽培的一大特色。该地区著名的酿酒公司有云南高原葡萄酒有限公司等。

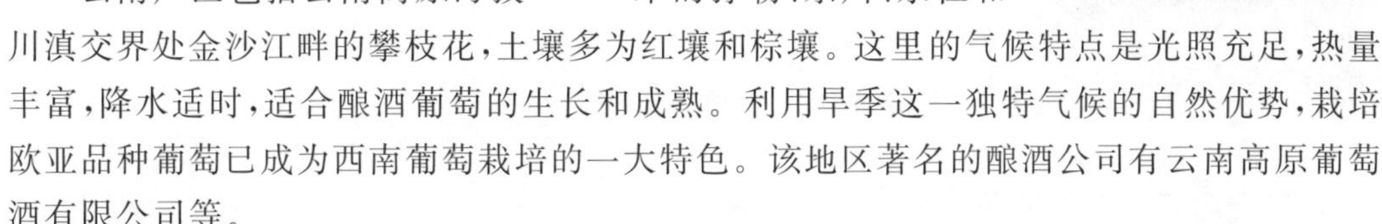

以上九个产地是经历了几十年发展才逐步形成的，它们构筑了 21 世纪我国酿酒葡萄产地的基本框架。

资料链接　**中国葡萄酒十大品牌**

1. 长城——“地道好酒，天赋灵犀”。由中粮酒业有限公司出品的长城葡萄酒是全球 500 强企业中粮集团旗下的驰名品牌，被誉为中国葡萄酒第一品牌，连续多年产销量居全国第一。“长城”系列葡萄酒是中国最早按照国际标准酿造的地道葡萄酒，中国第一瓶干白、第一瓶干红葡萄酒以及第一瓶起泡酒均在中粮酒业诞生。

2. 张裕——“传奇品质，百年张裕”。1892 年，著名的爱国侨领张弼士先生为了实现“实业兴邦”的梦想，先后投资 300 万两白银在烟台创办了“张裕酿酒公司”，中国葡萄酒工业化的序幕由此拉开。经过一百多年的发展，张裕已经发展成为中国乃至亚洲最大的葡萄酒生产经营企业。

3. 王朝 Dynasty——“酒的王朝，王朝的酒”。中法合营王朝葡萄酿酒有限公司始建于 1980 年，是我国第二家、天津市第一家中外合资企业，合资的外方为法国人头马亚太有限公司和香港国际贸易与技术研究社。现生产具有中国地域风格的三大系列 80 多个品种具有欧洲风格的葡萄酒，生产能力为 4 万吨/年，是亚洲地区规模最大的全汁高档葡萄酒生产企业之一。

4. 通化——通化葡萄酒的原料是生长在长白山区，一种叫“阿木鲁“(满语)的山葡萄。这种葡萄生存在摄氏零下 40 度的严寒环境中，皮和汁均为浓紫红色，酸甜适度，口味纯正，是天然的优良酿酒原料。采用传统工艺和最新技术酿造的通化葡萄酒呈宝石红色，色泽艳丽，清澈明亮，芳香浓郁，醇厚爽口，具有较高的营养价值。

5. 威龙——烟台威龙葡萄酒股份有限公司位于胶东半岛的烟台市，这里被国际葡萄与葡萄酒局授予“国际葡萄 · 葡萄酒城”的荣誉称号。公司主要产品有干酒、香槟工艺酒、白兰地以及桃红、甜红、甜白等四大系列 60 余个品种。威龙公司地处中国最理想的葡萄产区烟台地区，当地出产的葡萄与世界上著名的“波尔多”地区葡萄品种相近，是生产优质葡萄酒必不可少的原料。

6. 新天——“葡萄故乡，四季阳光”。新天国际葡萄酒业有限公司成立于1998年，公司全套引进了法国、意大利等国的先进工艺与设备，完成了玛纳斯酒厂一期工程和霍尔果斯发酵站的建设，目前公司已具备年产4.5万吨优质葡萄酒的生产能力。产品获得了国家绿色食品中心颁发的绿色食品证书，是新疆葡萄酒行业中首家获得两证的企业。

7. 丰收——北京丰收葡萄酒有限公司的前身，北京南郊葡萄酒厂，建于1980年，经过13年的发展，成为总资产两亿多元的股份制现代化生产企业，被连续评为“全国质量效益型先进企业”“外商投资双优企业”“农业产业化龙头企业”等，被推荐为中国酿酒协会副主任厂家，成为国内葡萄酒行业中屈指可数的佼佼者。

8. 云南红——“云南人喝云南红”。云南红葡萄酒产业集团从1997年创立品牌“云南红”，高原产区独特的芳香口感和具有地方特色的品牌是云南红得天独厚的优势，目前云南红品牌在全国葡萄酒市场位于品牌前列，在众多的葡萄酒品牌中脱颖而出，已获得“中国名牌”及“中国驰名商标”等殊荣。

9. 香格里拉——“世界的香格里拉”。香格里拉酒业股份有限公司是香港金六福投资控股企业，是华泽集团红酒业务的核心平台。2000年1月，香格里拉酒业股份有限公司在云南创立，作为国家商务部批准设立的外商投资股份制企业，以生产销售“香格里拉葡萄酒”和“大藏秘青稞干酒”为主。

10. 华夏——五千年华夏长城庄园位于秦皇岛市昌黎县城北，这里东临渤海，背靠碣石，风景秀丽，气候宜人。凭借得天独厚的自然地理优势，华夏首家引进国际名种赤霞珠、梅鹿辄、霞多丽、黑比诺等脱毒苗木，最早建成了国内最大的酿酒葡萄基地，实现了“原料基地化、基地良种化、良种区域化”，使天赐好产地、好年份与最适合这里生长的好品种完美结合。

任务四　葡萄酒服务概述

一瓶优质的葡萄酒可能会由于服务问题，而没有表现出其风格和质量，甚至会使葡萄和葡萄酒生产者数年的努力在几秒钟之内化为乌有。良好的葡萄酒服务是鉴赏葡萄酒的重要部分。

一、葡萄酒与菜肴的搭配

白葡萄酒与白色的肉类食物搭配，如鸡、鱼、壳类海产等；红葡萄酒与红色的肉类食物搭配，如牛肉、猪肉、鸭肉、野味等。菜肴越是味浓，所搭配的葡萄酒也应越浓烈。通常调味汁中带有醋的沙拉是不能与葡萄酒搭配的，同样，带有咖喱和巧克力的甜品也不适合与葡萄酒搭配。因为带醋的调味汁与葡萄酒相抵触会产生很不柔和的味道；咖喱的辣味会抹杀酒的细腻口感；巧克力很甜并带有特殊的味道，任何酒的味道都会被巧克力的味道覆盖。

甜型葡萄酒会使食欲减退，所以不应在餐前饮用，而要在餐后与甜品一起饮用。香槟酒几乎可以和任何食物搭配，并可在整个进餐过程中饮用。

葡萄酒与西餐菜肴的搭配规律如下：

清汤、牛尾汤——干或半干雪利酒

甲鱼汤——干玛德拉酒

蔬菜汤——干白葡萄酒

壳类海鲜——夏布丽酒、干雷司令酒、干白葡萄酒、波尔多淡红葡萄酒

鸡、水牛肉——波尔多干白葡萄酒、干白葡萄酒、波尔多淡红葡萄酒

白汁鱼类、冷食肉、羊肉、牛肉、烤鸭——干阿尔萨斯酒、淡红波尔多酒、半干葡萄酒

野味、浓汁猪肉——干红葡萄酒

鸡、清淡肉类——干玫瑰红葡萄酒

牡蛎——夏布丽酒、波尔多干葡萄酒、干白葡萄酒

牛排、鹿肉、野鸡——勃艮第红葡萄酒、意大利红酒

清淡甜品——甜白波尔多酒、法国甜酒

冷、热河虾——白勃艮第酒、干白葡萄酒

烟熏鳗鱼——夏布丽酒、法国或西班牙干白葡萄酒

烟熏火腿——红波尔多酒、博若莱斯葡萄酒

乳酪——香味浓烈的白葡萄酒

东南亚菜式——甜白葡萄酒

二、葡萄酒的服务

不同的葡萄酒，其服务方法和过程也不尽相同，但有一些基本原则是相同的：不同的葡萄酒应使用相应的杯具；不同的葡萄酒需要不同的饮用温度；不同的葡萄酒需要与相应的菜肴进行搭配。

1. 杯具

葡萄酒杯应无色晶莹透明，杯身无气泡，通常情况下应是高脚杯，这样不至于因手温较高而影响杯中葡萄酒的温度。红葡萄酒杯开口较大，有利于红葡萄酒在酒杯中充分展示其酒香。白葡萄酒杯开口较小，是为了保持酒的香味。香槟酒或汽酒应用笛型或郁金香型的杯具，这样可以较好地保持酒中的气泡，浅碟形香槟杯不是理想的杯具，因为这样的杯具会使酒中的二氧化碳气体迅速挥发，而在杯中留下平淡无味的酒液。

2. 温度

葡萄酒只有在合适的温度下才能充分发挥出自身的特色。白葡萄酒和汽酒要冰镇后才能饮用，但温度不宜太低。红葡萄酒要在室温下饮用，温度过高则枯燥无味。

微课

葡萄酒是怎样服务的?

干白葡萄酒——10℃

甜白葡萄酒——12～13℃

白葡萄酒——15℃

红葡萄酒——20～22℃

香槟酒——7.7℃

三、服务要求及服务程序

葡萄酒服务具有很强的表演性，是整个酒品服务中最引人注目的工作。调酒师运用正确、迅速、简便、优美的动作，为客人营造就餐的气氛，满足客人精神上的享受。

葡萄酒的服务程序包括：递酒单、接订单、客人验酒、开瓶、倒酒等。

1. 递酒单

递酒单的顺序是先女后男，先主后客，有时应根据客人的要求，直接递给客人酒单。此外，酒单最好打开至第一页递给客人。

2. 接订单

接受客人订单时要迅速记下客人点的酒水。如客人无所适从，服务人员应予以善意的推荐，客人点完酒后，应清楚地重复一遍客人点的酒水。

3. 客人验酒

接受客人的订单后，取出客人点的葡萄酒然后示瓶，以表示对客人的尊重，核实有无错误，并向客人证明葡萄酒品质的可靠性。客人点白葡萄酒、香槟、玫瑰红葡萄酒时，应将酒放入冰桶内，把干净整洁的餐巾折叠后横放在冰桶上，并将冰桶连同冰桶架放在客人的右侧，把酒取出。左手用餐巾托住酒瓶以防滴水，右手握瓶颈，标签面向客人，经客人确认后放回冰桶。客人点红葡萄酒时，调酒师取出红葡萄酒摆放在精美的酒篮中或酒架上，站立于客人右侧，商标面向客人，客人认可后放于餐台上。

4. 开瓶

开瓶要当着客人的面，先将酒的位置摆好，用左手扶正，右手取出酒刀，切入金属箔纸，轻轻旋转两周，然后用手拿走削断的金属箔纸，关上酒刀。用餐巾擦净瓶口，再打开螺丝钻，轻轻旋转而入，运用杠杆原理取出木塞，再一次擦净瓶口。取出木塞后，要给客人嗅味，查看瓶塞上标示的年份、酒名等资料。

香槟酒开瓶时应特别注意必须左手大拇指压住瓶塞，右手先拧开铁丝罩，然后用右手大拇指替换左手大拇指压住瓶塞并取下铁丝罩，用左手轻轻转动酒瓶，瓶内产生压力将瓶塞推出，注意不要将瓶口对着自己或客人，以免发生意外，开瓶时声音不宜过大。为防止开瓶时瓶内压力过大，在拿香槟时不应晃动。

5. 倒酒

倒白葡萄酒和香槟时，要用餐巾包住酒瓶以防滴水；倒红葡萄酒时，要把酒瓶放在酒篮中，如果沉淀物过多，要进行滗酒的程序，开瓶的葡萄酒要先斟 1/6 杯给主人，让其验酒。得到主人认可后，按先女士后男士、先客人后主人的顺序进行斟倒，红葡萄酒要斟倒

1/2 杯，白葡萄酒要斟倒 2/3 杯。

此外，葡萄酒在服务过程中应注意以下方面：

(1)用右手拿瓶给客人斟酒，右手应牢牢握住瓶下部，不要捏住瓶颈。

(2)倒酒后应后转一下酒瓶，让瓶口最后一滴滴入杯中。

(3)给客人添酒时应征求客人的意见。

(4)按标准斟酒，不要斟得太满。

资料链接　**侍酒师职业定义**

侍酒师，国际通用名称叫 Sommelier。Sommelier 源于法语，专指在宾馆、餐厅里负责酒水饮料的侍者，指酒店里有专业酒水知识和技能，为客人提供酒类服务和咨询，负责菜单的设计、酒的鉴别、品评、采购、销售以及酒窖管理的专业人士。侍酒师要有基本的美学修养，拥有敏感的时尚感知、高尚的品位和鉴赏力。一个合格的侍酒师的成长期至少要四五年，修炼成硕士品酒师还要差不多五年。侍酒礼仪包括以下方面：

1. 侍酒师呈递礼仪

(1)酒单呈递

葡萄酒酒单会详细列出葡萄酒产地、酒庄、等级、年份及价格等，有些也会将葡萄酒的特色、食物搭配建议等也列在酒单上，目前大多数餐厅都以提供葡萄酒酒单的方式让客人做选择，而酒单只呈送给主人或主人指定的其他人。

(2)酒瓶展示

侍酒师会将葡萄酒瓶放置在口布上，左手握住瓶身下方，右手握住瓶颈，将卷标朝上，保证客人能清楚地阅读酒标。

2. 侍酒师验酒礼仪

(1)客人验酒

开葡萄酒前需经过客人验酒后，才能开启葡萄酒，需要确认的内容包括产地、酒庄、年份和温度等，只有等客人确认后才可以准备开瓶。

(2)开瓶醒酒

白葡萄酒要在冰桶内开瓶，红葡萄酒可在客人的餐桌上或餐厅推车上进行开瓶。用开瓶器在软木塞中心点位置插入，并以拇指导引方向，开瓶器从中心点徐徐地旋转进入，尽可能使开瓶器深入软木塞，但是也要避免穿透。拔出软木塞时，应保持朝正上方的方向拔除，切勿往前上方或其他方向拔除，以避免木塞断裂。瓶塞拔除后要用清洁的口布小心地擦拭瓶口，尽量避免木屑掉入瓶内。

开瓶后非常重要的一点就是醒酒，即将瓶中的葡萄酒倒入另一个容器中，主要有两种类型：

①老酒换新瓶，这样可以将沉淀物质去除，饮用时是否需要使用醒酒器视具体情况而定，因为有些老酒同空气大面积接触后会迅速氧化，香气会马上散去；

②年轻的葡萄酒在醒酒器中通过与空气大面积地接触来加速香气的挥发，另外也可以起到软化单宁的作用。

四、葡萄酒品鉴

品鉴葡萄酒需要我们用眼睛来观察酒的颜色，用鼻子来分辨酒的香气，用舌头来品尝酒的味道。

1. 颜色

葡萄酒的颜色好比葡萄酒的容貌，从中可以观察出它的年龄和个性。葡萄酒的颜色主要由葡萄的品种、收获期的气温和酒龄决定，随着陈酿的时间长短而变化。品酒时，首先用食指和拇指轻轻握住酒杯的高脚部，放于胸前，低头观察酒液是否有光感。然后，再将酒杯举至双眼同高，观察是否澄清，有无悬浮物。最后将酒杯倾斜或摇动，杯壁上会留下一条条酒迹，以此来了解酒的浓稠度。如果是气泡酒，要观察气泡是否细小、产生速度快慢以及气泡是否持久等。观察酒的颜色可以从颜色浓度和色调差别两个方面来着手。

2. 香气

葡萄酒香气的丰富变化是葡萄酒最吸引人的地方。葡萄酒的香气分为果香、发酵香和陈年香三种。葡萄酒香气品鉴的重点是香气的种类、浓度、品质三个方面。

3. 味道

舌头对葡萄酒的味道感受最全面，味蕾可以感受酸甜苦辣四种味道。甜味味蕾主要分布在舌尖，咸味味蕾主要分布在舌缘，酸味味蕾主要分布在舌头后缘两侧，苦味味蕾则主要分布在舌根。

品尝葡萄酒的味道可以遵循以下步骤：喝入 6～10 毫升酒液，使酒均匀地分布在舌头表面，并轻轻地向口中吸气，使酒香扩散到整个口腔。此时可以感受到单宁的涩味以及酒精的灼热感。口中的触觉还可以感受到酒的浓稠度和圆润感，以及气泡的刺激。葡萄酒在口腔中流动停留 10 秒左右，在口味品尝结束后，咽下少量的葡萄酒，将其余部分吐出。然后通过舌头和口腔内表面来鉴别尾气。品酒的最后步骤是对感官刚刚收集到的各类信息进行综合性分析，判断颜色、香气、味道是否配合。

品酒的顺序是：酒精度低的酒在酒精度高的酒之前，有气泡的酒在无气泡的酒之前，新酒在旧酒之前。

项目小结

本项目介绍了葡萄酒的特点和种类，总结了葡萄酒等级、制作工艺及世界著名的葡萄酒生产国。学生学习本项目可了解以下内容：葡萄酒是以葡萄为原料，经发酵制作而成的发酵酒；葡萄酒有不同的分类方法，通常按照糖分、酒精度、颜色、出产地等分类；葡萄酒通常有四种命名方式：区域命名法、葡萄品名法、公司名称、商标命名法；世界上许多国家都在生产葡萄酒，最著名的生产国有：法国、意大利、德国、美国、西班牙、澳大利亚等；中国的主要葡萄酒生产地及著名葡萄酒公司等。通过实际操作，学生可以区别菜肴与酒水的不同搭配，并能进行红葡萄酒、白葡萄酒的服务。

实验实训

分组品评各种类型的葡萄酒，掌握其名称、商标、产地、口感等知识，分组练习斟倒红葡萄酒、白葡萄酒。

思考与练习题

1. 试述葡萄酒的种类和特点。
2. 简述葡萄酒的命名方法。
3. 试述葡萄酒的鉴别。
4. 简述法国葡萄酒的等级制度。
5. 简述法国葡萄酒的著名产区及名品。
6. 简述意大利葡萄酒的著名产区及名品。
7. 简述中国葡萄酒的主要产区及名品。

啤酒、黄酒与清酒服务

学习目标

能知道啤酒的起源、制作原料、生产工艺
能熟知多种中外著名啤酒名牌
能知道中国黄酒的起源、功效、产地及其特点
能熟知多种中国名优黄酒

能力目标

会对啤酒进行分类
会对黄酒进行分类
会进行啤酒的服务
会进行黄酒的服务

主要任务

- 任务一　啤酒认知与服务
- 任务二　黄酒认知与服务
- 任务三　清酒认知与服务

任务一　啤酒认知与服务

一、什么是啤酒

啤酒(Beer)是用麦芽、啤酒花、水、酵母发酵而成的含二氧化碳的低酒精饮料的总称。

我国啤酒国家标准(GB/T 4927—2008)规定:啤酒是以大麦芽为主要原料,加啤酒花,经酵母发酵酿制而成的、含二氧化碳的、起泡的低度酒。

啤酒具有很高的营养价值,含有17种人体所需的氨基酸和12种维生素。啤酒像葡萄酒一样,是一种原汁酒,它不但含有原料谷物所有的营养成分,而且经过糖化、发酵以后,营养价值还会有所增加。据测算,1升普通的啤酒能产生大约425卡的热量,相当于5～6个鸡蛋、350克瘦肉、150克面包或700毫升牛奶所产生的热量,因此,啤酒又有“液体面包”的美称。

二、啤酒的起源和发展

啤酒是世界上最古老的含酒精饮料之一。

关于啤酒的起源,说法颇多。有文献记载,啤酒的起源可追溯到9 000年前,中亚的亚述(今叙利亚)人向女神尼哈罗献贡酒,就是用大麦酿制的酒。也有人说,大约4 000多年前居住在两河流域地区的苏美尔人已懂得酿制啤酒,而且当时啤酒的消耗量很大,苏美尔人收藏粮食的一半都用来酿制啤酒。

大约公元前3 000年,现伊朗附近的苏美尔人不但会酿制啤酒,而且将制作方法刻在黏土板上,奉献给农耕女神,至今还保存着这种记载制酒法的文物。根据记载考究,当时以麦芽粉发酵制酒的过程是十分普遍的。

巴黎卢浮宫竖立着一块两米多高的墨绿色石柱,上面刻着3 700年以前著名的《汉谟拉比法典》。在这部世界最早的成文法典里,巴比伦国王汉谟拉比制定了关于啤酒酿造和饮用的法规。由此可知,在当时的巴比伦,啤酒已经在人们的日常生活中占有很重要的地位了。公元前600年左右(新巴比伦时代),啤酒已大规模生产,并出现了使用蛇麻草(啤酒花)的迹象。

另一方面,古埃及人也开始大量生产啤酒供人饮用。公元前3 000年左右的《死者之书》里,曾提到酿制啤酒这件事,而金字塔的壁画上也可看到大麦的栽培及酿造情景。

当然,啤酒并不是西方国家的专利产品,很早之前,印度和中国同样也开始用稻米、大麦和小麦等酿制啤酒。

后来,啤酒酿制技术又传到了古埃及,古埃及人改进了啤酒的酿制技术,并在酿制过程中添加了蜂蜜等其他原料,酿成了风味各异的啤酒。随着战争及贸易往来,罗马人、希腊人、犹太人都从埃及学会了啤酒酿造技术,并把它传到欧洲。到中世纪,欧洲领主或修

道院已经拥有大规模的啤酒酿造厂，利用燕麦、大麦、小麦，借助各自独特的酿造方法进行啤酒生产。

公元768年，德国人首次将蛇麻草作为啤酒酿造时麦芽汁的稳定剂加入啤酒酿制配方中，使啤酒具有了令人爽快的苦味，并更加醇香，自此现代意义的啤酒便诞生了。1040年，在德国诞生了世界第一家生产啤酒的工厂——Weihenstephan。1516年，德国公布了《纯酿法》，规定啤酒的原料至少要有水、麦芽、酵母和啤酒花。1810年，德国慕尼黑举办了闻名世界的首届慕尼黑啤酒节。1837年，在丹麦的哥本哈根城里诞生了世界上第一个工业化生产瓶装啤酒的工厂。从此啤酒进入工业化生产，逐渐成为一种大众饮品，在世界各地风行起来，受到越来越多的人的喜爱。

1900年，俄国人在我国的哈尔滨建立了中国境内第一座啤酒厂，中国啤酒工业由此肇始。但在此后的近80年里，中国啤酒工业发展十分缓慢。20世纪80年代，改革开放使我国的啤酒工业得到迅猛发展，啤酒厂如雨后春笋般不断涌现，遍及神州大地。

如今的啤酒品种已有上百种之多，世界各地人民都有自己喜爱的风味啤酒。例如，英国人最喜欢喝苦啤酒，非洲人善于用香蕉酿制啤酒，比利时人爱喝酸啤酒，俄罗斯人离不开用黑麦酿制的格瓦斯佐餐，美国人则喜欢在啤酒中兑上番茄汁，制成另一种颇具特色的鸡尾酒。

三、啤酒的原料与生产

构成啤酒生产的主要原料有四大类，即可发酵谷物、啤酒花、酵母和水。酿酒原料以大麦为主，麦芽是啤酒的核心，啤酒花是啤酒的灵魂，它形成了啤酒特有的清新的苦味。

（一）啤酒的原料

1. 大麦

大麦是酿造啤酒的主要原料。大麦的选用很讲究，一般要求颗粒肥大、淀粉丰富且发芽力强，通常选用二棱或六棱大麦，品种单一，不含杂质，表皮光亮，新鲜干燥，水分含量在12%左右，麦粒具有新鲜的麦秆香，咀嚼时有淀粉味，淀粉含量在60%以上，含量越多越好，但蛋白质含量不宜太高。

2. 啤酒花

啤酒花是啤酒生产中不可缺少的重要原料，在我国被称为蛇麻花，又译为“忽布”或“酒花”，是一种多年生缠绕草本植物。

啤酒花能给予啤酒特殊的香气和爽口的苦味，增加啤酒泡沫的持久性，抑制杂菌的繁殖，同时使啤酒具有健胃、利尿、镇静等医药效果。啤酒花具有这些功能，主要是因为啤酒花脂腺含有苦味质、单宁及酒花油，其中苦味质含量占4%左右，酒液中清爽的淡苦就是它的杰作，苦味质可防止啤酒酒液中腐败菌的繁殖，还能杀死啤酒制作发酵过程中产生的乳酸菌和醋酸菌。酒花油则是芳香油的混合物，虽然在啤酒花中含量只有0.3%～1%，但它足以使啤酒香气扑鼻。此外，啤酒花中含有的酒花树脂还可以增加啤酒的稳定性。

3. 酵母

啤酒发酵时使用专用的啤酒酵母。啤酒酵母分上发酵酵母和下发酵酵母两种。上发

酵酵母应用于上发酵啤酒的发酵，发酵时产生的二氧化碳和泡沫使酵母漂浮于液面，最适宜的发酵温度为10～25℃，发酵期为5至7天；下发酵酵母在发酵时悬浮于发酵液中，发酵终了凝聚而沉于底部，最适宜的发酵温度为5～10℃，发酵期为6至12天。

4. 水

啤酒用水相对于其他酒类酿造来说要求高得多，特别是用于制麦芽和糖化的水与啤酒质量密切相关。啤酒酿造用水量很大，对水的要求是不含有妨碍糖化、发酵以及有害于色、香、味的物质，为此，很多酒厂通常采用深井水，或者采用离子交换剂和电渗析方法对用水进行处理。

（二）啤酒的生产

啤酒的生产必须经过以下程序：

1. 选麦

精选优质大麦，按颗粒大小分别清洗干净，然后在槽中浸泡3天，送发芽室，在低温潮湿的空气中发芽1周，接着再将这些嫩绿的麦芽在热风中风干24小时，这样，大麦芽就具备了啤酒所必备的颜色和风味。

2. 制浆

将风干的麦芽磨碎，加入适当温度的开水，制成麦芽浆。

3. 煮浆

将麦芽浆送进糖化槽，加入米淀粉煮成的糊，然后加温，这时麦芽糖化酵素会充分发挥作用，把淀粉转化为糖，产生麦芽糖般的汁液，过滤之后加入啤酒花煮沸，提炼出芳香和苦味。

4. 冷却

将煮沸的麦芽浆冷却至5℃，然后加入酵母进行发酵。

5. 发酵

麦芽浆在发酵槽内经过8天左右的发酵，大部分的糖和酒精都被二氧化碳分解，生涩的啤酒就诞生了。

6. 陈酿

经过发酵的生涩啤酒被送进调节罐中低温（0℃以下）陈酿2个月，陈酿期间，啤酒慢慢成熟，二氧化碳逐渐溶解成调和的味道和芳香，渣滓沉淀，酒色开始变得透明。

7. 过滤

成熟后的啤酒经过离心器去除杂质，使酒色完全透明呈琥珀色，这就是通常所说的生啤酒，然后在酒液中注入二氧化碳或少量的糖进行二次发酵。

8. 杀菌

酒液装入消毒、杀菌的瓶中，进行高温杀菌（俗称巴氏消毒），酵母停止作用后，瓶中酒液便能耐久贮藏。

9. 包装销售

装瓶或装桶的啤酒经过最后的检查，便可贴上标签，进行包装销售。一般包装形式有瓶装、罐装和桶装几种。

四、啤酒的分类

（一）根据颜色分类

1. 淡色啤酒

淡色啤酒外观呈淡黄色、金黄色或棕黄色。我国绝大部分啤酒均属此类。

2. 浓色啤酒

浓色啤酒外观呈红棕色或红褐色，产量比较少。这种啤酒麦芽香味突出，口味醇厚。上发酵浓色爱尔兰啤酒是典型产品，原料采用部分深色麦芽。

3. 黑色啤酒

黑色啤酒外观呈深红色或黑色，产量比较少。麦汁浓度较高，麦芽香味突出，口味醇厚，泡沫细腻，苦味有轻有重。典型产品有慕尼黑啤酒。

（二）根据工艺分类

1. 鲜啤酒

包装后不经过巴氏消毒的啤酒称为鲜啤酒，也称作生啤酒或扎啤。鲜啤酒不能长期保存，保质期在 7 天以内。

2. 熟啤酒

包装后经过巴氏消毒的啤酒称为熟啤酒。一般情况下，瓶装的熟啤酒可以保存 6 个月，罐装的可以保存 12 个月。

（三）根据麦汁分类

1. 低浓度啤酒

低浓度啤酒的麦汁浓度为 2.5～8 度，乙醇含量为 0.8%～2.2%。

2. 中浓度啤酒

中浓度啤酒的麦汁浓度为 9～12 度，乙醇含量为 2.5%～3.5%。淡色啤酒几乎都属于中浓度啤酒。

3. 高浓度啤酒

高浓度啤酒麦汁浓度 13～22 度，乙醇含量 3.6%～5.5%。高浓度啤酒多为深色啤酒。

五、中外著名啤酒认知

（一）青岛啤酒

1. 产地

青岛啤酒产自青岛啤酒股份有限公司。

2. 历史

青岛啤酒股份有限公司始建于1903年（清光绪二十九年）。当时青岛被德国占领，英德商人为适应占领军和侨民的需要开办了啤酒厂，生产设备和原料全部来自德国，产品品种有淡色啤酒和黑色啤酒。

3. 品种

青岛啤酒的主要品种有8度、10度、11度青岛啤酒，以及11度青岛纯生啤酒。

4. 特点

青岛啤酒属于淡色啤酒，酒液呈淡黄色，清澈透明，富有光泽。酒中二氧化碳充足，当酒液注入杯中时，泡沫细腻、洁白、持久而厚实，并有细小如珠的气泡从杯底连续不断上升，经久不息。饮时，酒质柔和，有明显的酒花香和麦芽香，具有啤酒特有的爽口苦味和杀口力。啤酒中含有多种人体不可缺少的碳水化合物、氨基酸、维生素等营养成分，常饮有开胃健脾、帮助消化的功能。

5. 工艺

青岛啤酒采用酿造工艺的"三固定"和严格的技术管理。"三固定"就是固定原料、固定配方和固定生产工艺。严格的技术管理指操作一丝不苟，凡是不合格的原料绝对不用，发酵过程要严格遵守卫生法规；对后发酵的二氧化碳，要严格保持规定的标准，过滤后啤酒中的二氧化碳要处于饱和状态；产品出厂前，要经过全面分析化验及感官鉴定，合格后方能出厂。

6. 荣誉

青岛啤酒在第二、第三届全国评酒会上均被评为全国名酒；1980年荣获国家优质产品金质奖章。青岛啤酒不仅在国内负有盛名，而且驰名全世界，远销30多个国家和地区。2006年1月，青岛啤酒中的8度、10度、11度青岛啤酒，以及11度青岛纯生啤酒首批通过国家酒类质量认证。

（二）嘉士伯啤酒

1. 产地

嘉士伯啤酒的原产地是丹麦。

2. 历史

嘉士伯啤酒创始人J.C.雅克布森在其父亲的酿酒厂工作，后于1847年在哥本哈根郊区自己设厂生产啤酒，并以其子卡尔的名字命名为嘉士伯啤酒。其子卡尔·雅克布森在丹麦和国外学习酿造技术后，于1882年创立了新嘉士伯酿酒公司。直至1970年嘉士伯酿酒公司与图堡公司合并，并命名为嘉士伯公共有限公司。

3. 特点

嘉士伯啤酒知名度较高，口味较大众化。

4. 工艺

1835 年 6 月，哥本哈根北郊成立了作坊式的啤酒酿造厂，采用木桶酿制啤酒。1876 年成立了著名的嘉士伯实验室。1906 年建成了嘉士伯酿酒公司。从此嘉士伯便成为啤酒行业的一匹黑马，由嘉士伯实验室汉逊博士培养的汉逊酵母至今仍被各国啤酒业界应用。嘉士伯啤酒工艺一直是啤酒业的典范之一，其重视原材料的选择，以严格的加工工艺保证其质量一流。

5. 荣誉

嘉士伯啤酒风行世界 130 多个国家。自 1904 年开始，嘉士伯啤酒被丹麦皇室许可作为指定的供应啤酒，其商标上自然也多了一个皇冠标志。嘉士伯公共有限公司自 1982 年始相继与中国广州、江门、上海等地啤酒厂合作生产中国的嘉士伯啤酒。

(三)喜力啤酒

1. 产地

喜力啤酒的原产地是荷兰。

2. 历史

喜力啤酒始于 1863 年。G. A. 赫尼肯从收购位于阿姆斯特丹的啤酒厂 De Hooiberg 之日开始，便关注啤酒行业的新发展。在德国，酿酒潮流从顶层发酵转向底层发酵时，他迅速意识到这一转变的重大意义。为寻求最佳的原材料，他踏遍了整个欧洲大陆，并引进了现场冷却系统。他甚至建立了自己的实验室来检查基础配料和成品的质量，这在当时的酿酒行业中是绝无仅有的。正是在这一时期，特殊的喜力 A 酵母研发成功。到 19 世纪末，啤酒厂已成为荷兰最大且最重要的产业之一。G. A. 赫尼肯的经营理念也被他的儿子 A. H. 赫尼肯传承下来。自 1950 年起，喜力成为享誉全球的商标，并拥有独特的形象。

3. 特点

喜力啤酒口味较苦。

4. 荣誉

喜力啤酒在 1889 年的巴黎世界博览会上荣获金奖，在全球 50 多个国家的 90 个啤酒厂生产啤酒。如今喜力啤酒已出口到 170 多个国家。

(四)比尔森啤酒

1. 产地

比尔森啤酒的原产地是捷克，已有 150 年的历史。

2. 工艺

比尔森啤酒啤酒花用量高，约 400 g/100 L，采用底部发酵法、多次煮沸法等工艺，发酵度高，熟化期为 3 个月。

3. 特点

原麦芽汁浓度为 11%～12%，色浅，泡沫洁白细腻且挂杯持久，酒花香味浓郁而清

爽，苦味重而不长，味道醇厚，杀口力强。

（五）慕尼黑啤酒

1. 产地

慕尼黑是德国南部的啤酒酿造中心，以酿造黑啤酒闻名。慕尼黑啤酒已成为世界深色啤酒效法的典范，因此，凡是采用慕尼黑啤酒工艺酿造的啤酒，都可以称为慕尼黑型啤酒。慕尼黑啤酒最大的生产厂家是罗汶啤酒厂。

2. 工艺

慕尼黑啤酒采用底部发酵的生产工艺。

3. 特点

慕尼黑啤酒外观呈红棕色或棕褐色，清亮透明，有光泽，泡沫细腻，挂杯持久，二氧化碳充足，杀口力强，具有浓郁的焦麦芽香味，口味醇厚而略甜，苦味轻。内销啤酒的原麦芽汁浓度为12%～13%，外销啤酒的原麦芽汁浓度为16%～18%。

此外，世界著名的啤酒品牌还有美国的百威、蓝带，菲律宾的生力，新加坡的虎牌，日本的朝日等。

资料链接　**中国十大啤酒品牌**

1. 青岛啤酒：青岛啤酒股份有限公司
2. 雪花啤酒：华润雪花啤酒（中国）有限公司
3. 燕京啤酒：北京燕京啤酒集团公司
4. 百威啤酒：美国百威啤酒（中国）集团有限公司
5. 山城啤酒：重庆啤酒（集团）有限责任公司
6. 珠江啤酒：广州珠江啤酒集团有限公司
7. 哈尔滨啤酒：哈尔滨啤酒集团有限公司
8. 金威啤酒：金威啤酒集团（中国）有限公司
9. 雪津啤酒：百威英博雪津啤酒有限公司
10. 金星啤酒：金星啤酒集团有限公司

六、啤酒的保存与服务

（一）啤酒的保存

啤酒是低酒精含量的谷物酿造酒，除含有少量的酒精外，更多的则是碳水化合物、蛋白质、氨基酸等营养物质，极易促成微生物的生长繁殖。因此，啤酒的稳定性较差，其贮存有特定的要求。

1. 光线

啤酒要避免阳光直射，更不宜暴晒，因为啤酒对阳光中的紫外线极其敏感。紫外线透过瓶壁，能加速啤酒的氧化，破坏啤酒的稳定性，产生浑浊、沉淀等现象。为了避免阳光中

紫外线的直射，啤酒要选用紫外线透过率较低的棕色啤酒瓶或铝质易拉罐来包装。

2. 温度

啤酒不宜在高温下贮存，也不能在过低的温度下存放。贮存温度过高或过低都会直接破坏啤酒的色、香、味、泡沫等酒品风格。不同种类的啤酒，对贮存的温度要求也不一样。桶装鲜啤酒贮存温度应严格控制在10℃以下，如果贮存温度为－1.5℃时，啤酒开始冻结，这样会严重破坏啤酒的酒品风格。瓶装或罐装啤酒的贮存温度应控制在5～25℃，15℃为最佳。

3. 贮存时间

桶中或瓶中的啤酒不会因贮存时间愈久而愈加醇香，必须在保质期内饮用。开瓶后的啤酒不宜长时间存放，应一次饮用完为好。桶装鲜啤酒在适宜温度下的保质期为5～7天，瓶装或罐装的熟啤酒在适宜温度下的保质期为6～12个月。

4. 酒库

贮存啤酒的酒库应清洁卫生、干燥通风、阴凉避光，不宜堆放其他杂物。啤酒必须按先进先出的原则贮存，堆放要合理，码放要整齐。除此之外，还要按啤酒的种类、品牌、出厂日期分类贮存，建立入库、领用、报损等账目。

（二）啤酒的服务

啤酒拥有丰富细腻持久的泡沫，含有充足的二氧化碳气体，杀口力强，麦香四溢，口味卓越，因此对服务有较高的要求。在西方，啤酒往往被视为是一种营养食品。在中国，越来越多的人会首选啤酒为佐餐饮品，特别是在吃辛辣菜肴时，啤酒更是最好的佐餐酒，因为辛辣调味品中的活性成分溶于酒精而不溶于水，且啤酒略带苦味，可缓冲食物的辣味，令人更能品尝出菜肴原汁原味的鲜美。

1. 杯具要求

不同的饮用场合，不同的啤酒种类和风味，都对啤酒杯有着各种各样的要求。饮用生啤用大容量带把的马克杯(Beer Mug)，容量有0.2 L、0.3 L、0.5 L、1 L等，而在正式餐饮场合饮用啤酒惯用平底直身喇叭口的比尔森系列啤酒杯。啤酒杯的清洁度要求极高，应绝对清除啤酒杯内外壁的油污，因为油脂类成分是啤酒泡沫的大敌，油脂会降低泡沫中的α-酸成分的表面张力，对泡沫形成的稳定性起销蚀作用，不干净的啤酒杯还会影响啤酒清爽纯净的口感。此外，啤酒杯在使用之前，应适度地冷冻挂霜，以保持啤酒的最佳饮用温度。

2. 饮用温度及服务操作

为了发挥啤酒的最佳酒品风格，保持丰富细腻的泡沫，并使啤酒既能够清新爽口又能够透出非凡的味道，必须确保啤酒的最佳饮用温度。酒温过高，则啤酒泡沫多，持久性弱，二氧化碳不足，缺乏杀口力，口感酸涩；酒温过低，则啤酒泡沫不够充盈，苦味突出，酒香丧失或降低。啤酒的最佳饮用温度与环境温度和贮存温度相互关联。啤酒适宜低温饮用，在为客人服务之前，要把啤酒冰镇，酒温在10℃时，啤酒的风味最佳。除此之外，还可根

据饮用地的气候和温度变化来适当调节啤酒的最佳饮用温度。室温条件下，啤酒的最佳饮用温度为10℃；春秋季啤酒的最佳饮用温度为10～15℃；而夏季气候炎热，啤酒的最佳饮用温度在6℃左右。酒吧和餐厅服务员必须熟练掌握斟倒瓶装和罐装啤酒的基本技能和技巧，方能使宾客充分享受啤酒的美妙之处。

啤酒服务的程序如下：

(1)将冰镇过的啤酒、啤酒杯和杯垫放于托盘上，送至宾客桌前，在宾客右侧服务。

(2)先将杯垫放于宾客的面前，杯垫微朝向客人，再将啤酒杯放于杯垫上。

(3)将啤酒顺着杯壁斟入杯中，啤酒的商标朝向宾客，斟倒时为了避免泡沫溢出杯口和控制泡沫的厚度，应分两次斟倒，泡沫的厚度宜占据杯口下沿1.5～2 cm，形状饱满呈冠状，较为标准的啤酒杯上都印有酒液和泡沫的分界刻度，以便服务员更好地掌握斟倒的啤酒量。

(4)将斟倒后的啤酒瓶放于另一个杯垫上，啤酒瓶的商标朝向宾客。

(5)及时为宾客斟倒啤酒，空瓶及时撤走。

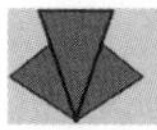

知识链接　**生啤酒的服务**

1. 生啤酒机的使用和保养

(1)生啤酒桶应置于冷藏柜中，冷藏温度保持5～8℃，如需要可设置测温器。

(2)二氧化碳气瓶应保持直立固定，调节气压阀门，压力仪上应显示出2～3个压力单位。

(3)营业前先放掉两杯左右输酒管内残留的啤酒，然后再服务于宾客。

(4)接生啤酒时，左手将啤酒杯倾斜约45°，生啤酒机酒嘴抵住杯口内壁下沿，右手握住酒嘴开关，打开开关，并控制啤酒的流量。

(5)当打至啤酒杯一半容量时，缓慢地将啤酒杯直立，开关打开至最大。

(6)根据啤酒杯的容量大小，生啤酒打至适宜的层数，泡沫的厚度可控制在3～4 cm，关闭酒嘴开关。如果泡沫不明显，可轻启开关，流出少量酒液，酒嘴和啤酒杯保持一定的高度。

(7)营业结束后应及时拆卸输气、输酒的连接装置，取下卡口。

(8)每周对啤酒冷藏柜进行除霜、除异味，并进行内外清洗，每周对输酒管道进行清洗，定期由啤酒供应商检查维护和保养生啤酒机系统。

2. 生啤酒的鉴别

(1)酒味异常

①啤酒杯清洗不洁，杯壁、杯底残留油污；②冷藏温度不足或啤酒桶长期暴露在空气中，啤酒桶内温度太高，常引起啤酒第二次发酵，啤酒味道变酸；③啤酒超过保质期饮用；④二氧化碳气瓶气压偏低或瓶中二氧化碳量不足，导致生啤酒杀口力变弱；⑤生啤酒机管道系统发生故障或酒液输送不通畅，卡口松动脱落，输酒管过长、打结或缠绕；⑥酒嘴或输酒管受污染。

(2)混浊沉淀

①未过滤的生啤酒产生混浊和沉淀现象是正常的;②啤酒桶在搬运和贮存过程中,温度过高或过低;③贮存期过长,超过了保质期;④桶中的阀门损坏,输酒管壁有污垢。

(3)泡沫不稳定

①啤酒变质引起二氧化碳气瓶气压控制不准或气瓶中二氧化碳量不足;②不正确的打生啤酒方法和步骤,酒杯受油垢等污秽物的污染。

任务二　黄酒认知与服务

一、什么是黄酒

黄酒是中国古老的酒精饮料之一,是中国的特色酒品。几千年来,广大劳动人民在黄酒的生产中积累了丰富的经验,使中国黄酒品质优良,风味独特。

黄酒是以粮食为原料,通过特定的加工过程,受到酒药、曲(麦曲、红曲)和浆水(浸米水)中不同种类的真菌、酵母和细菌的共同作用而酿成的一种低度压榨酒。黄酒酒液中主要有糖分、糊精、醇类、甘油、有机酸、氨基酸、脂类、维生素等成分,是一种营养价值很高的饮料。这些成分及其变化、配合,使黄酒具有香气浓郁、口味鲜美和酒体醇厚等特点。

二、黄酒的起源

黄酒是世界上最古老的一种酒,它源于中国,唯中国独有,与啤酒、葡萄酒并称世界三大古酒。在 3 000 多年前的商周时代,中国人独创酒曲复式发酵法,开始大量酿制黄酒。宋朝,烧酒开始生产。元朝,烧酒开始在北方得到普及,北方的黄酒生产逐渐萎缩。南方饮烧酒者不如北方普遍,在南方,黄酒生产得以保留。在清朝时期,南方绍兴一带的黄酒誉满天下。

三、黄酒的分类

在最新的国家标准中,黄酒的定义是:以稻米、粟米、黑米、玉米、小麦等为原料,拌以麦曲、米曲或酒药,进行糖化和发酵酿造而成的酒。

(一)按糖分含量分类

1. 干黄酒

干黄酒的糖分含量小于 1 g/100 mL(以葡萄糖计),如元红酒。

2. 半干黄酒

半干黄酒的糖分含量为 1～3 g/100 mL。我国大多数出口黄酒均属此种类型。

3. 半甜黄酒

半甜黄酒的糖分含量为 3～10 g/100 mL，是黄酒中的珍品。

4. 甜黄酒

甜黄酒的含糖量为 10～20 g/100 mL。由于加入了米白酒，酒度较高。

5. 浓甜黄酒

浓甜黄酒的含糖量大于或等于 20 g/100 mL。

(二)按酿造方法分类

1. 淋饭酒

淋饭酒是指将蒸熟的米饭用冷水淋凉，拌入酒药粉末，搭窝，糖化，最后加水发酵而成的酒。

2. 摊饭酒

摊饭酒是指将蒸熟的米饭摊在竹篦上，使米饭在空气中冷却，然后再加入麦曲、酒母(淋饭酒母)、浸米浆水等，混合后直接进行发酵而成的酒。

3. 喂饭酒

按这种方法酿酒时，米饭不是一次性加入，而是分批加入。

(三)按酿酒用曲的种类分类

按酿酒用曲不同，黄酒可分为麦曲黄酒、小曲黄酒、红曲黄酒、乌衣红曲黄酒、黄衣红曲黄酒等。

四、黄酒的功效及保存

(一)黄酒的功效

黄酒色泽鲜明、口味醇厚，酒性柔和，酒精含量低，含有 13 种以上的氨基酸(其中有人体自身不能合成但必需的 8 种氨基酸)和多种维生素及糖等多和浸出物。黄酒有相当高的热量，被称为液体蛋糕。

黄酒除作为饮料外，在日常生活中也可作为烹饪菜肴的调味剂或解腥剂。另外，在中药处方中常用黄酒浸泡、炒煮、蒸炙某种草药，又可调制某种中药丸和泡制各种药酒，是中药制剂中用途广泛的“药引子”。

(二)黄酒的保存

成品黄酒都用煎煮法灭菌，用陶坛盛装，既可直接饮用，也便于久藏。另外，酒坛用无菌荷叶和笋壳封口，并用糠和黏土等混合加封泥头，封口既严密又便于开启，酒液在陶坛中进行后熟，越陈越香，这就是黄酒被称为“老酒”的原因。

黄酒是原汁酒，很容易发生的病害是酸败腐变。病黄酒主要表现为：酒液明亮度降低、浑浊或有悬浮物质，有结成痂皮的薄膜，气味酸臭，有腐烂的刺鼻味，酸度超过 0.6 g/100 mL，不堪入口等。酸败的主要原因有：煎酒不足，坛口密封不好，光线长期直接照射，贮酒温度过高，夏季开坛后细菌侵入，用其他提酒用具提取黄酒或感染其他霉变物

质等。

五、中国名优黄酒认知

(一)绍兴酒

1. 产地

绍兴酒简称“绍酒”,产于浙江省绍兴市。

2. 历史

据《吕氏春秋》记载:“越王之栖于会稽也,有酒投江,民饮其流而战气百倍。”可见,在2 000多年前的春秋时期,绍兴已经产酒。到南北朝以后,绍兴酒有了更多的记载。南朝《金缕子》中说:银瓯贮山阴(绍兴古称)甜酒,时复进之。宋代的《北山酒经》中也认为:东浦(东浦为距绍兴市西北10余里的村子)酒最良。到了清代,有关黄酒的记载就更多了。20世纪30年代,绍兴境内有酿酒坊达2 000余家,年产酒6万多吨,产品畅销中外,称誉国际。

3. 特点

绍兴酒具有色泽橙黄清澈、香气馥郁芬芳、滋味鲜甜醇美的独特风格。绍兴酒有越陈越香、久藏不坏的优点,人们说它有“长者之风”。

4. 工艺

绍兴酒在工艺操作上一直恪守传统。冬季“小雪”淋饭(制酒母),至“大雪”摊饭(开始投料发酵),到翌年“立春”时开始柞就,然后将酒煮沸,用酒坛密封盛装,进行贮藏,一般三年后才投放市场。但是,不同的品种,其生产工艺又略有不同。

(1)元红酒

元红酒又称状元红酒,因在其酒坛外表涂朱红色而得名。元红酒酒度在15度以上,糖分为0.2%~0.5%,需贮藏1~3年才能上市。元红酒酒液橙黄透明,香气芬芳,口味甘爽微苦,有健脾作用。元红酒是绍兴酒家族的主要品种,产量最大,且价廉物美,素为广大消费者所乐于饮用。

(2)加饭酒

加饭酒在元红酒基础上精酿而成,其酒度在18度以上,糖分在2%以上。加饭酒酒液橙黄明亮,香气浓郁,口味醇厚,宜于久藏(越陈越香)。饮时加温,酒味尤为芳香,适当饮用可增进食欲,帮助消化,消除疲劳。

(3)善酿酒

善酿酒又称双套酒,始创于1891年,其酿制工艺独特,是用陈年绍兴元红酒代替部分水酿制的加工酒,新酒尚需陈酿1~3年才能上市。善酿酒酒度在14度左右,糖分在8%左右,酒色深黄,酒质醇厚,口味甜美,芳馥异常,是绍兴酒中的佳品。

(4)香雪酒

香雪酒为绍兴酒的高档品种,以淋饭酒拌入少量麦曲,再用绍兴酒糟蒸馏而得到的

50 度白酒勾兑而成。香雪酒酒度在 20 度左右，糖分含量在 20%左右，酒色金黄透明。经陈酿后，香雪酒上口、鲜甜、醇厚，既具有绍兴酒特有的浓郁芳香，又没有白酒的辛辣味，为广大国内外消费者所欢迎。

(5)花雕酒

民间有在贮存绍兴酒的酒坛外雕绘五色彩图的习俗。这些彩图多为花鸟鱼虫、民间故事及戏剧人物，具有民族风格，习惯上称为“花雕酒”或“远年花雕”。

(6)女儿酒

浙江地区有一个风俗：生子之年，选酒数坛，泥封窖藏。待子长大成人婚嫁之日，方开坛取酒宴请宾客。生女时相应称其为“女儿酒”或“女儿红”，生男称为“状元红”，因经过 20 余年的封藏，酒的风味更臻香醇。

(二)即墨老酒

1. 产地

即墨老酒产于山东省即墨地区。

2. 历史

公元前 722 年，即墨地区(包括崂山)已是一个人口众多、物产丰富的地方。这里土地肥沃，黍米(俗称大黄米)高产，米粒大且光圆，是酿造黄酒的上乘原料。当时，黄酒作为一种祭祀品和助兴饮料，酿造极为盛行。即墨老酒古称“醪酒”，在长期的实践中，“醪酒”风味之雅、营养之高，引起人们的关注。古时地方官员把“醪酒”当作珍品向皇室进贡。相传，春秋时齐国君齐景公朝拜崂山仙境，谓之“仙酒”；战国时齐将田单巧摆“火牛阵”大破燕军，谓之“牛酒”；秦始皇东赴崂山索取长生不老药，谓之“寿酒”；几代君王开怀畅饮此酒，谓之“珍浆”。唐代中期，“醪酒”又称“骷辘酒”。到了宋代，人们为了把酒史长、酿造好、价值高的“醪酒”同其他地区黄酒区别开来，以便于开展贸易往来，故又把“醪酒”改名为“即墨老酒”。此名沿用至今。清代道光年间，即墨老酒产销达到极盛时期。

3. 特点

即墨老酒酒液墨褐带红，浓厚挂杯，具有特殊的糜香气。饮用时醇厚爽口，微苦而余香不绝。据化验，即墨老酒含有 17 种氨基酸，16 种人体所需要的微量元素及酶类、维生素。每千克即墨老酒氨基酸含量比啤酒高 10 倍，比红葡萄酒高 12 倍，适量常饮能驱寒活血，舒筋止痛，增强体质，加快人体新陈代谢。

4. 成分

即墨老酒以当地龙眼黍米、麦曲为原料，崂山“九泉水”为酿造用水。

5. 工艺

即墨老酒在酿造工艺上继承和发扬了“古遗六法”，即“黍米必齐、曲蘖必时、水泉必香、陶器必良、火甚炽必洁、火剂必得”。所谓黍米必齐，即生产所用黍米必须颗粒饱满均匀，无杂质；曲蘖必时，即必须在每年中伏时，选择清洁、通风、透光、恒温的室内制曲，使之产生丰富的糖化发酵酶，陈放一年后，择优选用；水泉必香，即必须采用质好、含有多种矿物质的崂山水；陶器必良，即酿酒的容器必须是质地优良的陶器；火甚炽必洁，即酿酒用的工具必须加热烫洗，严格消毒；火剂必得，即讲究蒸米的火候，必须达到焦而不糊，红棕发亮，恰到好处。

中华人民共和国成立前，即墨老酒属作坊型生产，酿造设备为木、石和陶瓷制品，其工艺流程为：浸米、烫米、洗米、糊化、降温、加曲保温、糖化、冷却加酵母、入缸发酵、压榨、陈酿、勾兑等。中华人民共和国成立后，山东即墨黄酒厂对老酒的酿造设备和工艺进行了革新，逐步实现了工厂化、机械化生产。

（三）沉缸酒

1. 产地

沉缸酒产于福建省龙岩地区。因在酿造过程中，酒醅沉浮三次后沉于缸底，故而得名。

2. 历史

沉缸酒始于明末清初，距今已有170多年历史。传说，在距龙岩县城30余里的小池村，有位从上杭来的酿酒师傅，名叫五老官。他见这里有江南著名的“新罗第一泉”，便在此地开设酒坊。刚开始时按照传统方式酿制，以糯米制成酒醅，得酒后入坛，埋藏三年出酒，但酒度低、酒劲小、酒甜、口淡。于是他进行改进，在酒醅中加入低度米烧酒，压榨后得酒，人称“老酒”，但还是不醇厚。他又二次加入高度米烧酒使老酒陈化、增香，形成了如今的“沉缸酒”。

3. 特点

沉缸酒酒液鲜艳通透，呈红褐色，有琥珀光泽，酒味芳香扑鼻，醇厚馥郁，饮后回味绵长。此酒糖度高，没有一般甜型黄酒的黏稠感，但兼得糖的清甜、酒的醇香、酸的鲜美、曲的苦味，当酒液触舌时各味同时毕现，风味独具一格。

4. 成分

沉缸酒是上等糯米、福建红曲、小曲和米烧酒等经长期陈酿而成。酒内含有碳水化合物、氨基酸等富有营养价值的成分。

5. 工艺

沉缸酒的酿造法集我国黄酒酿造的各项传统精湛技术于一体。用曲多达四种：有当地祖传的药曲，其中加入冬虫夏草、当归、肉桂、沉香等30多种名贵药材；有散曲，这是我国最为传统的散曲，作为糖化用曲；有白曲，这是南方特有的米曲；有红曲，这是龙岩酒酿造必加之曲。酿造时，先加入药曲、散曲和白曲，酿成甜酒酿，再分别投入著名的古田红曲

及特制的米白酒陈酿。在酿制过程中，一不加水，二不加糖，三不加色，四不调香，完全靠自然形成。

资料链接 **中国十大黄酒品牌**

1. 古越龙山（始创于1664年，中国500最具有价值品牌，浙江古越龙山绍兴酒股份有限公司）

2. 会稽山（创建于1743年，中华老字号，国家地理标志产品，会稽山绍兴酒股份有限公司）

3. 石库门-和酒（中国黄酒十大品牌，上海金枫酒业股份有限公司）

4. 塔牌（中华老字号，中国十大黄酒品牌，浙江塔牌绍兴酒有限公司）

5. 女儿红（创建于1919年，中华老字号，浙江省高新技术企业，绍兴女儿红酿酒有限公司）

6. 即墨老酒（成立于1949年，中华老字号，中国黄酒十大品牌，山东即墨黄酒厂）

7. 西塘牌（创业于1618年，国家原产地标识，国家地理标志保护产品，浙江嘉善黄酒股份有限公司）

8. 沙洲优黄（始创于1886年，中华老字号，黄酒国家标准起草制定单位之一，江苏张家港酿酒有限公司）

9. 善好（始创于1958年，中国黄酒十大影响力品牌，中国十大黄酒品牌，浙江善好酒业集团有限公司）

10. 古越楼台（中国著名的黄酒之一，产于岳阳，岳阳是中西部地区最大的黄酒产业基地，湖南古越楼台生物科技发展有限公司）

六、黄酒的饮用与品评

（一）黄酒的饮用

黄酒传统的饮法是温饮，即将盛酒器放入热水中烫热或直接烧煮，以达到其最佳饮用温度。温饮可使黄酒酒香浓郁，酒味柔和。

黄酒也可在常温下饮用。除此之外，在我国香港和日本，流行在黄酒中加冰后饮用，即在玻璃杯中加入一些冰块，注入少量黄酒，最后加水稀释饮用，有的也可以放一片柠檬入杯。

（二）黄酒的品评

黄酒的品评基本上可分为色、香、味、体四方面。

1. 色

黄酒的颜色在酒的品评中一般占10%的影响程度。好的黄酒必须色正（橙黄、橙红、黄褐、红褐），通透，清亮有光泽。

2. 香

黄酒的香在酒的品评中一般占25%的影响程度。好的黄酒有一股强烈而优美的特

殊芳香。构成黄酒香气的主要成分有醛类、酮类、氨基酸类、酯类、高级醇类等。

3. 味

黄酒的味在酒的品评中占50%的影响程度。黄酒的基本口味有甜、酸、辛、苦、涩等。黄酒应在优美香气的前提下，具有糖、酒、酸调和的基本口味。如果突出了某种口味，就会使酒出现过甜、过酸或有苦涩等感觉，影响酒的质量。一般好的黄酒必须香味浓郁、质纯可口，尤其是糖的甘甜、酒的醇香、酸的鲜美、曲的苦味配合协调，余味绵长。

4. 体

黄酒的体在酒的品评中占15%的影响程度。体就是风格，是指黄酒的组成整体，它全面反映酒中所含基本物质（乙醇、水、糖）和香味物质（醇、酸、酯、醛等）。由于黄酒生产过程中，原料、曲和工艺条件不同，酒中组成物质的种类含量也不同，因而可形成黄酒不同特点的酒体。

任务三　清酒认知与服务

一、清酒的起源

清酒与我国黄酒是同一类型的低度米酒。清酒是借鉴中国黄酒的酿造法而发展起来的日本国酒。

清酒色泽呈淡黄色或无色，清亮透明，具有独特的酒香，口味酸度小，微苦，绵柔爽口，其酸、甜、苦、辣、涩味协调，酒度在16度左右，含多种氨基酸、维生素，是营养丰富的饮料酒。1000多年来，清酒一直是日本人最常喝的饮料酒。

据中国史料记载，古时候日本只有浊酒。后来有人在浊酒中加入石炭使其沉淀，取其清澈的酒液饮用，于是便有了清酒之名。7世纪时，百济（古朝鲜）与中国交流频繁，中国用曲种酿酒的技术由百济传到日本，使日本的酿酒业得到很大发展。14世纪，日本的酿酒技术已经成熟，人们用传统的酿造法可生产出上乘的清酒。

二、清酒的分类

清酒按照制作方法和口味等可分为以下几类：

（一）按制作方法分类

1. 纯酿造清酒

纯酿造清酒即为纯米酒，不添加食用酒精。此类产品多数外销。

2. 吟酿造清酒

制造吟酿造清酒时，要求所用的原料“精米率”在60%以下。日本酿造清酒很讲究糙米的精白度，以精米率衡量精白度，精白度越高，精米率就越低。精白后的米吸水快，容易

蒸熟、糊化，有利于提高酒的质量。吟酿造清酒被誉为“清酒之王”。

3. 增酿造酒

增酿造酒是一种浓而甜的清酒，在勾兑时添加食用酒精、糖类、酸类等原料调制而成。

（二）按口味分类

1. 甜口酒

甜口酒糖分含量高，酸度较低。

2. 辣口酒

辣口酒酸度高，糖分少。

3. 浓醇酒

浓醇酒糖分含量高，口味醇厚。

4. 淡丽酒

淡丽酒糖分含量高，爽口。

5. 高酸味酒

高酸味酒酸度高。

6. 原酒

原酒是制作后不加水稀释的清酒。

7. 市售酒

市售酒是原酒加水稀释后装瓶出售的清酒。

三、清酒的生产工艺

清酒以大米为原料，将其浸泡、蒸煮后，拌以米曲进行发酵，制出原酒，然后经过过滤、杀菌、贮存、勾兑等一系列工序酿制而成。

清酒的制作工艺十分考究。精选的大米要经过磨皮，使大米精白，浸泡时吸水十分快，而且容易蒸熟；发酵分成前后两个阶段；杀菌处理在装瓶前后各进行一次，以确保酒的保质期；勾兑酒液时注重规格和标准。

四、清酒名品

（一）浊酒

浊酒是与清酒相对的，清酒醪经压滤后所得的新酒，静置一周后，抽出上清部分，其留下的白浊部分即为浊酒。浊酒的特点是有生酵母存在，会连续发酵产生二氧化碳，因此应用特殊瓶塞和耐压瓶子盛装。装瓶后加热到 65 ℃灭菌或低温贮存，并尽快饮用。此酒被认为外观珍奇，口味独特。

（二）红酒

红酒是在清酒醪中添加红曲的酒精浸泡液，再加入糖类及谷氨酸钠，调配成具有鲜味

且糖度与酒度均较高的酒。由于红酒易褪色，在选用瓶子及库房存放时要注意避光，并尽快饮用。

(三)红色清酒

红色清酒是在清酒醪发酵结束后，加入 60 度以上的酒精红曲浸泡而成的酒。红曲用量以制曲原料的多少来计算，为总米量的 25%以下。

(四)赤酒

赤酒在第三次投料时，加入总米量 2%的麦芽以促进糖化。另外，在压榨前一天加入一定量的石灰，在弱碱性条件下，糖与氨基酸结合成氨基糖，呈红褐色，酿造时不使用红曲。此酒为日本熊本县特产，多在举行婚礼时饮用。

(五)贵酿酒

贵酿酒与我国黄酒类的善酿酒加工原理相同。制作时投料水的一部分用清酒代替，使醪的温度达 9～10 ℃，即抑制酵母的发酵速度，而糖化生成的浸出物则残留较多，制成浓醇而香甜型的清酒。此酒多以小瓶包装出售。

(六)高酸味清酒

高酸味清酒是利用白曲霉及葡萄酵母，采用高温糖化酵母，醪发酵最高温度 21 ℃，发酵 9 天制成类似于葡萄酒型的清酒。

(七)低酒度清酒

低酒度清酒酒度为 10～13 度，适合女士饮用。低酒度清酒市面上有三种：一是普通清酒(酒度在 12 度左右)加水；二是纯米酒加水；三是柔和型低度清酒，是在发酵后期追加水和曲，使醪继续糖化和发酵，等到最终酒度达 12 度时压榨制成。

(八)长期贮存酒

老酒型的长期贮存酒，是指添加少量食用酒精的本酿造酒或纯米清酒。长期贮存酒在贮存时应尽量避免光线和接触空气。贮存期五年以上的酒，被称为“秘藏酒”。

(九)发泡清酒

发泡清酒是将清酒醪发酵 10 天后进行压榨，滤液用糖化液调整至三个波美度，加入新鲜酵母再发酵的清酒。室温从 15 ℃逐渐降到 0 ℃以下，二氧化碳大量溶解在酒中，再用压滤机过滤，以原曲耐压罐贮存，在低温条件下装瓶，瓶口加软木塞，并用铁丝固定，60 ℃灭菌 15 分钟。发泡清酒在制法上兼具啤酒和清酒酿造工艺，在风味上兼备清酒及发泡性葡萄酒的风味。

(十)活性清酒

活性清酒是指酵母不杀死即出售的清酒。

(十一)着色清酒

将色米的食用酒精浸泡液加入清酒中，便形成了着色清酒。中国台湾地区和菲律宾的褐色米、日本的赤褐色米、泰国及印尼的紫红色米，表皮都含有花色素系的黑紫色或红色素成分，是生产着色清酒的首选色米。

五、清酒的饮用和服务

1. 清酒常作为佐餐酒或餐后酒。

2. 使用褐色或紫色玻璃杯，也可用浅平碗或小陶瓷杯。

3. 清酒在开瓶前应保存在低温黑暗的地方。

4. 清酒可常温饮用，以 16 ℃左右为宜。如需加温饮用，加温一般至 40～50 ℃，温度不可过高，也可以冷藏后饮用或加冰块和柠檬饮用。

5. 在调制马提尼酒时，清酒可作为干味美思的替代品。

6. 清酒陈酿并不能使其品质提高，开瓶后应放在冰箱里，6 周内饮完。

项目小结

本项目可使学生知道啤酒、黄酒和清酒的历史起源、制作工艺、特点、分类和著名品牌。通过认知学习，学生可以进行啤酒、黄酒的分类，会进行啤酒、黄酒及清酒的服务。

实验实训

分组品评各种类型的啤酒、黄酒、清酒，掌握其名称、商标、产地、口感和饮用服务等知识，分组练习斟倒啤酒和黄酒。

思考与练习题

1. 试述啤酒的质量如何鉴别。
2. 试述啤酒的分类及饮用服务。
3. 中外著名啤酒品牌有哪些？
4. 试述黄酒的品评饮用与服务。
5. 中国著名的黄酒品牌有哪些？
6. 试述中国黄酒与日本清酒的异同。
7. 试述清酒的饮用与服务。

项目四

世界著名的六大蒸馏酒服务

学习目标

能知道世界六大蒸馏酒的起源
能知道世界六大蒸馏酒的生产工艺
能熟知世界六大蒸馏酒的主要原料和主要产地
能熟知世界六大蒸馏酒的主要分类、名品

能力目标

会区分世界六大蒸馏酒
会进行世界六大蒸馏酒各自不同的饮用与服务

主要任务

- 任务一　白兰地服务
- 任务二　威士忌服务
- 任务三　金酒服务
- 任务四　伏特加服务
- 任务五　朗姆酒服务
- 任务六　特吉拉酒服务

蒸馏酒又称烈性酒(Spirits),是以谷物或水果等为原料,经发酵、蒸馏而成的酒精度较高的酒。蒸馏酒是所有酒类中酒精含量最高的一大类酒。与葡萄酒、啤酒等原汁酒相比,蒸馏酒是一种比较年轻的酒,大约诞生在中世纪初期,经过千年的演变,饮用蒸馏酒已为世界上大多数民族所接受,蒸馏酒成了十分畅销的酒精饮料。世界著名的六大蒸馏酒是白兰地、威士忌、金酒、伏特加、朗姆酒和特吉拉酒。

任务一　白兰地服务

一、白兰地的概念

白兰地"Brandy"一词源于荷兰语"Brandwijn",意思是燃烧的葡萄,这里的燃烧指加热蒸馏。通过以上解释,白兰地的意思就很明确了。但白兰地有广义和狭义之分:

(一)广义的白兰地

广义的白兰地是以水果为原料,经发酵、蒸馏制成的酒。如樱桃白兰地(Kirschwasser)、苹果白兰地(Calvados 或 Apple jack)、梅子白兰地(Slivovitz)以及其他水果白兰地等。

(二)狭义的白兰地

狭义的白兰地是指葡萄白兰地。按照国际惯例,白兰地专指葡萄白兰地,以其他水果为原料酿制的蒸馏酒,称呼时应冠以水果名,如苹果白兰地。

二、白兰地的起源

据说在 11 世纪时,意大利人就用蒸馏葡萄酒取得的酒精来制药。到 13 世纪,西班牙炼丹士把葡萄酒蒸馏,从而取得"生命之水",由此诞生了白兰地,并通过文艺复兴时期的推广,白兰地的生产方法在意大利和法国等葡萄酒产地流传开来。据记载,法国雅文邑地区在 1411 年就开始生产白兰地。到 18 世纪,白兰地已占法国酒类出口量的第一位。

最初的白兰地无颜色,如清水一般,变成现在这个样子实属偶然。1701 年,法国卷入西班牙的一场战争,战争使白兰地的销量大减,酒商积压了大量存货,不得不将白兰地装入橡木制成的桶内贮存,战争结束后,人们惊喜地发现:存在橡木桶内的白兰地不但有了晶莹的琥珀色,而且酒质更醇,芳香更浓。

三、白兰地的生产工艺

白兰地的生产过程是把原料发酵,然后蒸馏成无色透明的酒,采用橡木桶盛装。这些装有白兰地的桶根据地区、种植园的不同贴上标签,注明日期后进行贮存陈酿,并不断检查。在陈酿中,由于酒液与木桶接触,原来无色透明的酒液被酿成了琥珀色,同时橡木独特的气味也渗透到酒中,使白兰地更加芳香。

白兰地是一种勾兑产品,勾兑也是生产中极为重要的过程,将不同地区、不同酒龄的

白兰地勾兑到一起，用以勾兑的各种白兰地以其自身的特色相互影响、相得益彰，使勾兑出的白兰地味道更加丰满、更有价值。

四、白兰地的主要产地与名品

世界上几乎所有的葡萄酒生产国都出产白兰地，如法国、意大利、希腊、德国、西班牙、澳大利亚、美国等，但法国白兰地最好。无论是质量还是数量，法国白兰地都居世界领先地位，而在法国的白兰地中，以干邑(Cognac)和雅文邑(Armagnac)白兰地最负盛名，并且在产品上冠有地名。法国人基本不用白兰地来称呼这两种酒，而直接称为干邑和雅文邑。干邑和雅文邑代表着世界高品质的白兰地，二者中又以干邑尤为驰名。

(一)法国白兰地

1. 干邑白兰地

干邑又称科涅克，是法国南部的一个地区，位于夏朗德省(Charente)境内。干邑是法国白兰地最古老、最著名的产区，干邑地区生产白兰地有其悠久的历史和独特的加工酿造工艺。干邑之所以享有盛誉，与其原料、土壤、气候、蒸馏设备及方法、老熟方法密切相关，干邑白兰地被称为“白兰地之王”。

(1)特点

干邑白兰地酒度一般为43度，酒体呈琥珀色，清亮透明，口味芳香浓郁，风格优雅独特。

(2)生产工艺

干邑白兰地的原料选用的是白玉霓等三种著名的葡萄品种，使用夏朗德壶式蒸馏器，经两次蒸馏，再盛入新橡木桶内贮存，一年后，移至旧橡木桶，以避免吸收过多的单宁。贮存过程中，酒会挥发掉3%～4%，被挥发掉的部分称为“Angel Share”(天使所得)。调酒师根据各自的秘方和经验将不同酒龄、不同葡萄品种的多种白兰地勾兑，达到理想的颜色、味道和酒精度。

(3)产区

干邑白兰地是白兰地的极品，受到法国政府的严格限制和保护，依照法国政府1928年的法律规定，干邑白兰地的产地分为六个地区：

大香槟区　Grande Champagne
小香槟区　Petite Champagne
边林区　Borderies
优质林区　Fins Bois
良质林区　Bons Bois
普通林区　Bois Ordinaires

(4)酒龄和级别

干邑白兰地的酒标中不写具体的酒龄，因为干邑白兰地的每个品种都是由老年、中年

和幼年的白兰地勾兑而成的，而勾兑的比例属于技术秘密，各酒厂都会秘而不宣。法定的干邑白兰地酒龄，是以用于勾兑酒中酒龄最短的一种为准。

所有白兰地酒厂都用字母来分辨品质，如：

E 代表 ESPECIAL（特别的）

F 代表 FINE（好）

V 代表 VERY（很好）

O 代表 OLD（老的）

S 代表 SUPERIOR（上好的）

P 代表 PALE（淡色）

X 代表 EXTRA（格外的）

对干邑的级别，法国政府有着极为严格的规定，酒商是不能随意自称的，有下列类别：

3-STAR 或 V. S 干邑：酒龄不少于 2.5 年优质白兰地

V. S. O. P 干邑：酒龄不少于 4.5 年的佳酿酒

X. O 或 NAPOLONE 干邑：酒龄不少于 5.5 年优质特别陈酿

PARADIS(顶级) 或 LOUIS Ⅷ(路易十三)干邑：酒龄不低于 20 年的顶级白兰地

(5)名品

著名的干邑白兰地品牌包括：马爹利(Martell)、轩尼诗(Hennessy)、人头马(Remy Martin)、库瓦西埃(又称拿破仑)(Courvoisier)、百事吉(Bisquit)、金花(Camus)、御鹿(Hine)等，每个品牌再根据不同酒龄和等级分成不同的产品系列。

常见的有：

人头马 V. S. O. P (Remy Martin V. S. O. P)

人头马 X. O(Remy Martin X. O)

马爹利 V. S. O. P(Martell V. S. O. P)

马爹利 X. O(Martell X. O)

轩尼诗 V. S. O. P (Hennessy V. S. O. P)

轩尼诗 X. O(Hennessy X. O)

拿破仑 V. S. O. P (Courvoisier V. S. O. P)

拿破仑 X. O(Courvoisier X. O)

百事吉 V. S. O. P(Bisquit V. S. O. P)

长颈 F. O. V(F. O. V)

蓝带马爹利(Ribbion Martell)

人头马路易十三[Remy Mattin Louis Ⅷ(Par-adise)]

豪达 V. S. O. P(Otard V. S. O. P)

豪达 X. O(Otard X. O)

大将军拿破仑(Courvoisier Napolone)

金路易拿破仑(Louis P'or Napolone)

2. 雅文邑白兰地

名气仅次于干邑的是雅文邑产的白兰地。雅文邑位于干邑南部，即法国西南部的热

尔省(Gers)境内,以产深色白兰地驰名。干邑白兰地与雅文邑白兰地最主要的不同之处是蒸馏程序。前者初次蒸馏和第二次蒸馏是连续进行的,而后者则是分开进行的。另一个不同之处是,前者的储酒桶是用 Limousin oak(利穆赞橡木)制成的,后者的储酒桶是用 Black oak(黑橡木)制成的。

雅文邑酒体呈琥珀色,发黑发亮,口味烈,酒度一般为 43 度。陈年或远年的雅文邑白兰地酒香袭人,风格稳健沉着,醇厚浓郁,回味悠长。

雅文邑也是受法国法律保护的白兰地品种。只有雅文邑当地产的白兰地才可以在商标上冠以“Armagnac”字样。雅文邑白兰地的名品有:卡斯塔浓(Castagnon)、夏博(Chabot)、珍尼(Janneau)、索法尔(Sauval)、桑卜(Semp)。

法国除干邑、雅文邑以外的其他地区生产的白兰地,与其他国家的白兰地相比,品质也属上乘。

(二)其他国家的白兰地

1. 西班牙白兰地

很多人认为,西班牙白兰地是除法国白兰地以外最好的白兰地。有些西班牙白兰地是用雪利酒蒸馏而成的。目前许多西班牙白兰地是用各地产的葡萄酒蒸馏混合而成。西班牙白兰地在味道上与干邑白兰地和雅文邑白兰地有显著的不同,味较甜而带土壤味。

2. 意大利白兰地

意大利白兰地生产历史较长,最初主要是生产酒渣白兰地(Grappa),且以内销为主。意大利白兰地风味比较浓重,饮用时最好加冰或水冲调。

3. 希腊白兰地

希腊白兰地口味如同甜酒,具有独特的甜味和香味,用焦糖调色。梅塔莎(Metaxa)是希腊著名的陈年白兰地,有“古希腊猛将精力的源泉”之誉。

4. 美国白兰地

美国白兰地大部分产自于加利福尼亚州,它是以加利福尼亚州产的葡萄为原料,发酵蒸馏至 85 度,贮存在白色橡木桶中至少两年,有的加焦糖调色而成。

除此之外,葡萄牙、秘鲁、德国、澳大利亚、南非、以色列和日本也主产优质白兰地。

资料链接　白兰地(Brandy)十大品牌

马爹利(Martell)　(始于 1715 年的法国,其家族对于干邑的激情与精湛工艺自 1715 年传承至今,三个世纪以来一直致力于酿造为世人所珍享的优质干邑)

人头马(Remy Martin)　(始于 1724 年的法国,由法国夏朗德省科涅克地区拥有 270 多年历史的雷米·马丹公司所生产)

轩尼诗(Hennessy)　(法国路威酩轩集团旗下,世界十大洋酒品牌,始于 1765 年的法国,干邑特饮的时尚潮流引领者,以精湛制酒工艺而著称的优质干邑酿造者)

拿破仑(Courvoisier)　(始于1835年的法国,世界顶级的干邑品牌之一,因其创始人与拿破仑很熟悉,常将佳酿送至宫廷以供饮宴之用,因此这酒就有拿破仑之酒的称誉)

张裕(CHANGYU)　(始于1892年的中国,葡萄酒知名品牌,烟台张裕葡萄酿酒股份有限公司)

百事吉(Bisquit)　(始于1819年的法国,白兰地十大品牌,南非较大的葡萄酒及烈酒酿造商,世界著名干邑品牌,保乐力加贸易有限公司中国公司)

卡慕(CAMUS)　(始于1863年的法国,CAMUS酒业集团旗下,法国著名干邑白兰地酿造企业,世界干邑顶级品牌,干邑世家)

路易老爷(Louis Royer)　(始于1853年的法国,十大白兰地干邑品牌,一直精心于酿造上乘的干邑)

豪达(Otard)　(始于1862年的法国,百加得公司旗下,世界著名白兰地干邑品牌,专门出产高档干邑)

御鹿(HINE)　(始于1763年的法国,顶级年份干邑品牌,以稀有珍贵干邑的形象著称,行业顶尖品质)

五、白兰地的饮用与服务

(一)用杯与用量

饮用白兰地要用白兰地杯,杯子呈球形,大肚窄口。由于是窄口,所以当白兰地倒入后能起到抑制散味的作用,酒香能够长时间回留在杯内。白兰地每杯的标准饮用量为1盎司,即白兰地杯容量的1/3左右,从而留出空间使酒香环绕不散。杯子大肚的作用是温酒,因白兰地的酒度在40度左右,酒香散发较慢,喝酒时用手掌托杯,掌心与酒杯肚接触,使热量慢慢传入杯中,易于白兰地的酒香发散,同时还要摇晃酒杯以扩大酒与空气的接触面,使酒的芳香溢满杯内。边闻边喝,才能真正地享受饮用白兰地的奥妙。

(二)饮用方法

1. 净饮

白兰地的饮用方法一般是净饮。在杯中注入1盎司酒,用手掌托住杯身,同时还要轻轻晃动酒杯。

2. 加冰或加水

喝白兰地时,随客人的习惯或所好,可以加冰块或矿泉水兑饮。还可另外用水杯配一杯冰水,冰水的作用是:每喝完一小口白兰地,喝一口冰水,清新味觉能使下一口白兰地的味道更香醇。

对于陈年上佳的干邑白兰地来说,加冰、加水就浪费了几十年的陈化时间,丢失了香甜浓醇的味道。一般说来,X.O级白兰地,最好的饮用方法为净饮,能够充分体现白兰地

的真品质，V.O 和 V.S 级白兰地，只有 3～4 年的酒龄，若直接饮用，酒精的刺口辣喉感觉明显，夏天可加冰块或兑矿泉水饮用。

3. 调配其他饮料

白兰地有浓郁的香味，被广泛用作鸡尾酒的基酒。白兰地也可以与果汁、碳酸饮料、奶等其他软饮料混合在一起喝，例如，白兰地加可乐，其具体做法是：用一个柯林杯，放半杯冰块，量 28 毫升白兰地、168 毫升可乐，用吧匙搅拌一下，插入吸管即可饮用。

任务二　威士忌服务

一、威士忌的概念

威士忌是英文“Whisky”音译，源于爱尔兰语“Uisge beatha”，意为“生命之水”。出产威士忌的国家很多，在英语拼写上也有小小的区别：在苏格兰，被写作 Whisky；在美国，则被写作 Whiskey；在加拿大，其拼写与苏格兰的相同；在爱尔兰，其拼写则与美国的相同。

威士忌是以大麦、黑麦、燕麦、小麦等谷物为原料，经发酵、蒸馏后放入橡木桶中醇化而酿成的高酒精度饮料。酒度为 40～60 度。

二、威士忌的起源

据说在 15 世纪爱尔兰人就已会酿造威士忌，之后爱尔兰人将威士忌的生产技术传到苏格兰。到了 18—19 世纪，苏格兰人为逃避国家对威士忌生产和销售的苛税，许多威士忌制造者逃到了苏格兰高地继续酿造。在那里，他们发现了优质的水源和大麦原料，由于燃料缺乏，就用当地的泥炭代替，容器不足就用盛西班牙雪利酒的空橡木桶来装，暂时卖不出去，就贮存在高地的小屋内，谁知因祸得福，产生了风味独特的苏格兰威士忌。

三、威士忌的生产工艺

威士忌的制造过程一般是将大麦浸水，生成麦芽后，再加工磨碎，经淀粉酵素化后成为麦汁。在这个过程中需要将麦芽烘干，而后把酵母加入麦汁中，发酵完成后放入蒸馏器中蒸馏数次，装进橡木桶中贮藏，使其成熟。

四、威士忌的主要产地与名品

目前，世界上很多国家和地区生产威士忌，以苏格兰威士忌、爱尔兰威士忌、美国威士忌和加拿大威士忌最为著名。

(一)苏格兰威士忌

苏格兰威士忌(Scotch Whisky,或直接简称 Scotch),是一种只在苏格兰地区生产制造的威士忌。苏格兰威士忌与其他种类的威士忌最大的不同,是在制造过程中使用了泥炭这种物质,因此具有独特的风味。

1. 特点

苏格兰威士忌色泽棕黄带红,清澈透明,气味焦香,略有烟熏味,使人感到浓郁的苏格兰乡土气息,口感甘洌、醇厚。苏格兰威士忌是世界上最好的威士忌之一。

2. 产区

根据英国法律规定,只有在苏格兰境内蒸馏和醇化的威士忌才能称为苏格兰威士忌。所有苏格兰威士忌均以三种天然原料酿制而成:谷物、水和酵母,需经历最少 3 年的醇化过程。威士忌瓶上印有的年份,表明了酒液在橡木桶中醇化的时间。威士忌的价格与年份成正比。年份越是久远,越是醇化,售价也越高。

苏格兰威士忌主要产区有四个:

(1)高地(Highland):是世界公认的最高级的麦芽威士忌产地,主要生产纯麦芽威士忌。此地生产的威士忌口味淡雅,具有清爽的泥炭香味。

(2)低地(Lowland):是苏格兰第二个著名威士忌产区,此地生产的威士忌酒性温和,酒香清淡。

(3)伊莱(Islay):是位于大西洋中的一个岛,此地生产的威士忌是酒体十分完美的焦香威士忌。

(4)康贝尔镇(Campbel Town):位于苏格兰南部,此地生产的威士忌酒体完美,焦香浓郁,酒液有时给人一种油状的感觉。

3. 分类及名品

苏格兰威士忌按原料和制造方式的不同,分为三种:纯麦芽威士忌、谷物威士忌和调配威士忌。

(1)纯麦芽威士忌

纯麦芽威士忌是以发芽大麦、清纯的泉水和酵母为原料,经发酵后用铜制罐式蒸馏器两次蒸馏后装入特制木桶陈酿,陈酿 5 年以上的酒可以饮用,陈酿 7～8 年为成品酒,陈酿 15～20 年为最优质酒,贮存超过 20 年质量反而下降。

由于此类酒味道过于浓烈,所以只有 10%的产品直接销售,90%的产品都用于勾兑混合威士忌。

名品有格兰菲迪(Glenfiddich)、格兰特(Grant's)和麦克伦 (Macallan)。

(2)谷物威士忌

谷物威士忌是以多种谷物加不发芽大麦,用泉水和酵母酿制而成。由于大麦不发芽,不用泥煤烘烤,因此没有泥炭味。谷物威士忌主要用于勾兑其他威士忌,很少零售。

(3)调配威士忌

调配威士忌用一种或多种谷物威士忌为基底,混合多种纯麦芽威士忌后调制而成。调配威士忌口味多样,最为畅销,目前是苏格兰威士忌的主流。

调配威士忌主要有以下名品：

①芝华士威士忌(Chivas Regal Scotch Whisky)

芝华士是目前畅销全球的威士忌佳酿之一，尤其是芝华士12年和皇家礼炮21年。芝华士12年的特佳酒质，已成为举世公认的衡量优质苏格兰威士忌的标准。皇家礼炮21年是1953年特向英女皇伊丽莎白二世加冕典礼致意而创制，其名字来源于向到访皇室成员鸣礼炮21响的风俗。这珍贵的21年陈酿威士忌，分别被盛载在红、绿、蓝及棕色瓷樽内，更显雍容华贵。

②尊尼获加(Johnnie Walker)

早在1920年，尊尼获加就已向全球120个国家出口。常见的有红方(Johnnie Walker Red Label)、黑方(Johnnie Walker Black Label)和蓝方(Johnnie Walker Blue Label)三种。

红方威士忌混合了约40种不同的纯麦芽威士忌和谷物威士忌，调配技术考究。每一瓶红方都各具独特味道，因而享誉全球。

黑方威士忌是全球首屈一指的高级威士忌，采用40种优质威士忌调配而成。在严格控制环境的酒库中贮藏至少12年。黑方威士忌是全球免税店销量最高的高级威士忌，在国际上更屡获殊荣，芬芳醇和，值得细品。

蓝方威士忌是尊尼获加系列的顶级醇酿，精挑细选自苏格兰多处地方最陈年的威士忌调配而成，当中包含了年份高达60年的威士忌。蓝方酒质独特，醇厚芳香，是威士忌鉴赏家之首选。

③百龄坛(Ballantine's)

百龄坛是全球最知名的经典威士忌品牌之一，于1827年在苏格兰爱丁堡创立。1895年，百龄坛被维多利亚女王钦点为宫廷御用酒，口感圆润，并且伴有浓浓的香醇。

④白马威士忌(White Horse)

白马威士忌不仅饮誉全球，在苏格兰也有悠久历史。它是由40种以上的单一威士忌巧妙地混合调配而成，被誉为乡土气息最浓重的调配威士忌。由于价格相宜，白马威士忌深受广大饮家欢迎。

⑤护照威士忌(Passport Scotch Whisky)

护照威士忌是优质的苏格兰威士忌，以精选的麦芽及谷物威士忌悉心调配而成，经多年在橡木桶里醇化后，酒味清香持久，在任何场合都带给饮者极高的享受。

微课

威士忌的四大产地与名品

⑥珍宝威士忌(J&B Scotch Whisky)

珍宝威士忌始创于1749年。珍宝威士忌品质优良，主要由42种苏格兰威士忌混制而成，80%以上的麦芽威士忌是来自著名产区斯佩赛德(Speyside)，50%以上的麦芽有8年历史。

⑦顺风威士忌 (Cutty Sark)

顺风威士忌诞生于1923年，是具有现代风味的清淡型威士忌，酒性比较柔和。黄牌顺风是普及型酒，Berry's Best 是陈酿10年的豪华品，顺风12年是用12年以上的原酒调配而成的高级品。

此外，比较有名的还有老伯(Old Parr)、威雀(The Famous Grouse Finest)、龙津(Long John)等。

(二)爱尔兰威士忌

1. 特点

爱尔兰威士忌是以大麦为主要原料,混以小麦、黑麦、燕麦、玉米等为配料酿造而成,经过三次蒸馏后入桶陈酿,一般需酿 8～15 年。此外,装瓶时还需要掺水稀释。爱尔兰威士忌的制作程序与苏格兰威士忌大致相同,但因原料不用泥炭熏焙,所以没有焦香味,酒度在 40 度左右,口味比较绵柔长润。

由于爱尔兰威士忌口味比较醇和、适中,所以人们很少用于净饮,一般用来作鸡尾酒的基酒。比较著名的爱尔兰咖啡,就是以爱尔兰威士忌为基酒的一款热饮。

2. 名品

爱尔兰威士忌著名的品牌有:尊占臣 (John Jameson)、老布什米尔(Old Bushmills)、约翰波厄斯父子(John Power&Sons)等。

(三)美国威士忌

美国是世界上最大的威士忌生产国和消费国,美国成年人平均每年饮用 16 瓶威士忌。

美国威士忌与苏格兰威士忌在制法上大致相似,但所用的谷物不同,蒸馏出的酒精纯度也较苏格兰威士忌低。

美国西部的宾夕法尼亚、肯塔基和田纳西地区,水中含有石灰质成分,这是制造威士忌最重要的条件,所以这几个地区是美国制造威士忌的中心。

1. 分类

(1)单纯威士忌(Straight Whiskey)

单纯威士忌是指不混合其他威士忌或谷类制成的中性酒精,以玉米、黑麦、大麦或小麦为原料,制成后贮存在炭化的橡木桶中至少两年。单纯威士忌又分为以下几类:

①波本威士忌:波本是美国肯塔基州的一个地名。原在波本生产的威士忌被称为波本威士忌。1964 年,美国国会特别通过立法严格制定了波本威士忌的制造标准,并且规定,仅在美国境内制造的符合以下三个条件的产品,才有资格冠上波本威士忌之名:第一,酿造原料中,玉米至少占 51%;第二,蒸馏出的酒液度数应为 40～80 度;第三,酒度为 40～62.5 度时贮存在新制烧焦的橡木桶中,贮存期在 2 年以上。虽然在美国各地都有波本威士忌的生产,但主要的产地还是以肯塔基州为主,价格也最高。

波本威士忌的特征是酒液呈琥珀色,口感清甜爽快,特别适用于调制鸡尾酒。

②黑麦威士忌:用不少于 51%的黑麦及其他谷物制成。

③玉米威士忌:用不少于 80%的玉米和其他谷物制成。

④保税威士忌:通常是波本或黑麦威士忌,政府要求至少陈放 4 年,酒精纯度在装瓶时为 100 proof,必须是同一个酒厂所造,装瓶也为政府所监管。

(2)混合威士忌(Blended Whiskey)

混合威士忌是用一种以上的单一威士忌以及 20%的中性谷物类酒精混合而成的。装瓶时酒度为 40 度,常用来作为混合饮料的基酒。

(3)淡质威士忌(Light Whiskey)

淡质威士忌是美国政府认可的一种新威士忌,口味清淡,用旧桶陈酿。淡质威士忌所加的 100 proof 的纯威士忌用量不得超过 20%。

2. 名品

美国威士忌的著名品牌有:杰克丹尼(Jack Daniel)、四玫瑰(Four Roses)、占边(Jim Beam)、老祖父(Old Grand Dad)、野火鸡(Wild Turkey)等。

(四)加拿大威士忌

加拿大威士忌的主要酿制原料为玉米、黑麦,再掺入其他一些谷物原料。但没有一种谷物超过 50%的,并且各个酒厂都有自己的配方,比例都保密。加拿大威士忌在酿制过程中需两次蒸馏,然后在橡木桶中陈酿 2 年以上,再与各种烈酒混合后装瓶,装瓶时酒度为 45 度。一般上市的酒都要陈酿 6 年以上,如果少于 4 年,必须在瓶盖上注明。

加拿大威士忌酒色棕黄,酒香芬芳,口感轻快爽适,酒体丰满,以淡雅的风格著称。

加拿大威士忌的名品有:加拿大俱乐部(Canadian Club)、施格兰特醇(Seagram's V. O)、米·盖伊尼斯(Me Guinness)等。

加拿大威士忌在餐前或餐后饮用,可纯饮也可兑入可口可乐或七喜汽水饮用。

资料链接　**十大著名威士忌品牌**

1. Chivas 芝华士(源于 1801 年,苏格兰)
2. Johnnie Walker 尊尼获加(源于 1820 年,苏格兰)
3. Jack Daniels 杰克丹尼(源于 1866 年,美国)
4. Dewar's 帝王(源于 1846 年,苏格兰)
5. Ballantine's 百龄坛(源于 1827 年,苏格兰)
6. Jim Beam 占边(源于 1795 年,美国)
7. Macallan 麦卡伦(源于 1824 年,苏格兰)
8. Royal Salute 皇家礼炮(源于 1953 年,苏格兰)
9. J&B 珍宝(源于 1749 年,苏格兰)
10. Famous Grouse 威雀(源于 1800 年,苏格兰)

五、威士忌的饮用与服务

(一)用杯与用量

饮用威士忌时使用 6～8 盎司的古典杯,又称老式杯,用这种宽大、短矮、杯底厚的平底杯,一是能表现出粗犷和豪放的风格;二是为了适应饮酒时喜欢碰杯的人。威士忌每杯的标准用量为 40 毫升。

(二)饮用方法

1. 净饮

酒吧中常用 straight 或↑表示,一般用古典杯。

2. 加水或冰块

一般加冰水。加冰的饮法是在古典杯中放2～3块小冰块，再加入40毫升威士忌。

3. 调配混合饮料

威士忌大部分用作鸡尾酒的基酒，如威士忌酸(Whisky Sour)、曼哈顿(Manhattan)等，还可加汽水、果汁混合。

目前，一些新的威士忌饮用方式越来越显现出强劲的发展势头，威士忌勾兑可乐或绿茶等饮料的喝法，成为风靡一时的新潮流。

任务三　金酒服务

一、金酒的概念

金酒是以谷物为原料，加入杜松子等香料，经发酵、蒸馏得到的烈性酒，所以又称为杜松子酒。

金酒为调配蒸馏酒，其最大特点是散发着令人愉快的香气。

二、金酒的起源

金酒是人类第一种为特殊目的而制造的烈酒。17世纪，荷兰莱登大学医学院的西尔维亚斯教授发现杜松子有利尿的作用，就将其浸泡于食用酒精中，再蒸馏成含有杜松子成分的药用酒，经临床试验证明，这种酒还有健胃、解热等功效。于是，他将这种酒推向市场，受到消费者的普遍喜爱，并称之为“Geniever”(法语有“杜松”之意)。不久，杜松子酒被英国海军将带回伦敦，也受到了人们的喜爱，为了符合英语发音的要求，称之为“Gin”。随着技术的不断改进，英国金酒成为与荷兰金酒风味不同的干型烈性酒。

三、金酒的主要产地与名品

金酒的主要产地有荷兰、英国、美国、德国、法国、比利时等国家，最著名的是荷兰和英国所产的金酒，因此通常将金酒分为荷式金酒(Dutch Gin)和英式金酒(又称伦敦干金酒，London Dry Gin)两大类。

(一)荷式金酒

荷式金酒产于荷兰，主要产区为阿姆斯特丹的斯希丹(Schiedam)一带，金酒是荷兰的国酒。

1. 生产工艺

荷式金酒是以大麦、黑麦、玉米、杜松子和其他香料制成。生产方法是先提取谷物原

酒，经连续蒸馏，再加入杜松子等香料进行第三次蒸馏，最后将得到的酒贮存于玻璃槽中待其成熟，包装时再稀释装瓶。

2. 特点

荷式金酒色泽透明清亮，香味突出，辣中带甜，风格独特。无论是净饮或加冰都很爽口，酒度为50度左右。荷式金酒不宜作混合酒的基酒，因为它有浓郁的松子香、麦芽香，会掩没其他成分的味道。

3. 名品

著名的品牌有：波尔斯（Bols）、波克马（Bokma）、亨克斯（Henkes）、帮斯马（Bomsma）、哈琴坎坡（Hasekamp）等。

（二）英式金酒

英式金酒最初是指在伦敦周围地区生产的金酒，目前已没有任何地理意义。

1. 特点

英式金酒的生产过程较荷式金酒简单，是用谷物酿制的中性酒精和杜松子及其他香料共同蒸馏而得到的干金酒。英式金酒的特点是无色透明，口感甘洌、醇美，不甜，气味奇异清香。所以，英式金酒既可单饮，又可与其他酒调配或作鸡尾酒的基酒。

2. 名品

英式金酒的著名品牌有：哥顿（又名狗头金，Gordon's）、必发达（又名御林军，Beefeater）、布斯（又名红狮，Booth's）、伯内茨（Burnett's）等。

四、金酒的饮用与服务

（一）用杯与用量

净饮时一般用利口杯或古典杯。标准用量为25毫升。

（二）饮用方式

1. 净饮

荷式金酒一般净饮，英式金酒也可以净饮。通常先要冰镇降温。

2. 加水或加冰

荷式金酒加冰块，再配一片柠檬。

3. 调配混合饮料

英式金酒大部分加碳酸饮料饮用，或用作调制鸡尾酒的基酒，如金汤尼（Gin Tonic）、金菲士（Gin Fizz）、红粉佳人（Pine Lady）等。

在东印度群岛，荷式金酒流行一种喝法：在饮用前用苦精（Bitter）洗杯，然后注入荷兰金酒，大口快饮，饮后再饮一杯冰水，更是美不胜言。

十大著名金酒品牌

1. 植物学家金酒(The Botanist)

植物学家金酒产自苏格兰,它是通过直接蒸馏9种植物的精油加入到酒精蒸汽中,然后这股蒸汽会穿过一个装有22种植物香料的篮子;这样,最后得到的酒精溶液就包含了31种植物的气息。植物学家金酒拥有无与伦比的独特芳香,是全球为数不多采用天然香料、不添加人工香料的金酒之一。

2. 添加利金酒(Tanqueray)

添加利金酒产自英国,是一种干型伦敦金酒。这种金酒通过二次蒸馏获得,在第二次蒸馏时加入植物香料。添加利金酒最早于1830年在英格兰生产,二战后酒厂搬到苏格兰。添加利金酒的创始人是查理斯·添加利(Charles Tanqueray),他通过多次试验,采用不同的蒸馏方法和植物香料,最终摸索出一种使用简单的4种植物作为基础香料的酿酒方法,这种方法至今得到保留和传承。

3. 麦哲伦金酒(Magellan)

“麦哲伦”是法国的一个金酒品牌,这个品牌的名字来源于率领船队首次环航地球的著名航海家斐迪南·麦哲伦(Ferdinand de Magellan)。斐迪南·麦哲伦在1519年开始环球航行的过程中发现了丁香这种植物,而丁香正是麦哲伦金酒所使用的独特香料,这也是麦哲伦金酒与众不同之处。麦哲伦金酒在酿造过程中经过三重蒸馏,添加了11种植物香料;此外,由于加入了鸢尾花根,麦哲伦金酒呈现出一种鲜美独特的蓝色。

4. 亨利爵士金酒(Hendrick's)

亨利爵士金酒产自苏格兰,由两种通过不同蒸馏方法得到的风格迥异的烈酒调配混合而成。这种金酒的独到之处在于,它在混合两种酒液过程中所获得的独特风味,以及黄瓜和玫瑰香精的芬芳。在享用这款金酒的时候,配上黄瓜作为装饰是非常流行的做法。

5. 蓝宝石金酒(Bombay Sapphire)

蓝宝石金酒来自英国,在酿造过程中经过三重蒸馏,酒精蒸汽会通过一个装有10种植物香料的篮子,从而获取植物独特的风味。这个品牌最初是由百加得集团(Bacardi)于1987年创建的,旗下的金酒酒精度有40度和46度。蓝宝石金酒最引人注目之处在于它芬芳四溢的芳香,此外它是一款比较温和的蒸馏酒,适合用来调配多种多样的鸡尾酒。

6. 哥顿金酒(Gordon's)

哥顿金酒的历史比较悠久,它在1769年于英国伦敦首次出品。如今,这种金酒在美国、英国和希腊都非常出名。从它诞生开始,它的酿造秘诀就没有改变过,如今它所使用的植物香料和蒸馏工艺与它面世之初一模一样。哥顿金酒通过三重蒸馏而得到,

使用了3种植物香料、杜松子及一种神秘香料，这种神秘香料在全世界只有12个人知晓。在詹姆斯·邦德(James Bond)主演的007系列电影中，他最喜欢喝的Vesper鸡尾酒就是用哥顿金酒作为基酒调配而成的。

7. 普利茅斯金酒(Plymouth)

普利茅斯金酒产自英国的普利茅斯市(Plymouth)，共有三种类型的产品，酒精度从40% abv到57% abv不等。在1896年出版的一本关于鸡尾酒的书“Stuart's Fancy Drinks and How to Mix Them”中，普利茅斯金酒是第一款被点名的金酒，并被作者誉为“配制干马提尼鸡尾酒的绝佳基酒”。在20世纪20年代美国颁布禁酒令之后，普利茅斯金酒在美国的沿海地区非常盛行。在“Savoy Book of Cocktails”一书中，它是23种金酒鸡尾酒的推荐使用品牌。

8. 必富达金酒(Beefeater)

必富达金酒最初是在1820年开始生产的，酿酒厂在英国。这款金酒价格中等，不过质量却相当出色，在很多国际烈酒大赛上都获得过奖章。它口感比较柔顺，经常被用来调制各种鸡尾酒。该酒在酿造过程中，谷物酒精溶液会和9种植物香料一起浸泡24小时，然后再进行慢热蒸馏7小时。

9. 南国金酒(South Gin)

南国金酒产自新西兰，它是在2003年由杰夫·罗斯(Geoff Ross)发明的。这款金酒口感鲜美，蕴含丰富的口味，尤其以柑橘味而出名，酒中杜松子的风味倒不太明显，此外还有特殊的麦卢卡树浆果和卡瓦胡椒树叶的味道。这款金酒的酒精度为40.2%，强度中等，因此可以用来做各种鸡尾酒的基酒。

10. 布睿克金酒(Broker's Gin)

布睿克金酒品牌在1998年创建于英国的伯明翰市(Birmingham)，是又一款名扬天下的新兴金酒品牌。该酒具有独特的风味，它在前四次蒸馏过程中加入10种独特的植物香料，接着进行第五次蒸馏。与其他大多数批量生产的金酒不同，布睿克金酒是用罐式蒸馏器而不是塔式蒸馏器来进行蒸馏的，这样可以使酒液吸收到更多的植物精华，获取更多的风味。

任务四　伏特加服务

一、伏特加的概念

伏特加的名字源自俄语，是“水酒”的意思，其英文名字是“Vodka”，所以伏特加又被称为俄得克酒。它是以马铃薯或玉米等多种谷物为原料，用重复蒸馏、精炼、过滤的方法，

除去其中所含毒素和其他异物而得到的一种纯净的高酒精浓度的饮料。伏特加酒度高达90多度，装瓶时勾兑成40～50度，即可饮用。

二、伏特加的起源

伏特加起源于12世纪的俄国还是波兰，至今还有争议。但有一点可以确定，伏特加深受两国人民的喜爱，且都称之为“国酒”。

19世纪40年代，伏特加成为西欧国家流行的饮品。后来伏特加的酿制技术被带到美国，随着伏特加在鸡尾酒中的广泛使用，它在美国也逐渐盛行开来。

三、伏特加的生产工艺

伏特加的传统酿造法是以马铃薯或玉米、大麦、黑麦为原料，用蒸馏法蒸馏出酒精度高的酒液，再使酒液流经盛有大量木炭的容器，以吸附酒液中的杂质，最后用蒸馏水稀释至酒精度为40～50度。伏特加不用陈酿即可出售、饮用，也有少量的伏特加在稀释后还要经串香程序，使其具有芳香味道。

四、伏特加的分类

（一）中性酒精伏特加

中性酒精伏特加，除酒精味外无其他气味，无色，无杂味，味烈，劲大。由于所含杂质少，口感纯净，并且可以以任何浓度与其他饮料混合饮用，所以常用作鸡尾酒的基酒。中性酒精伏特加不用陈酿，是伏特加中最主要的产品。

（二）调香伏特加

调香伏特加是指中性酒精伏特加在橡木桶中贮藏或用花卉、药草、水果等浸泡过，以增加芳香和调配颜色。目前波兰等国家都在生产调香伏特加。

五、伏特加的主要产地与名品

（一）俄罗斯伏特加

1. 特点

与其他蒸馏酒相比，俄罗斯伏特加在工艺上的特殊之处在于要进行高纯度的酒精提炼，使酒精含量达到96%，再注入白桦活性炭过滤数小时，以滤去原酒中所有的微量成分，最后用蒸馏水稀释。

俄罗斯伏特加一般无色透明，除酒精味外，几乎无其他香味，口味烈、冲鼻，像火一样有刺激性，但饮后不上头。

2. 名品

俄罗斯伏特加的著名品牌有：红牌（Stolichnaya）、绿牌（Moskovskaya，又称莫斯科伏斯卡亚）、波士伏特加（Bolskaya）、柠檬那亚（Limonnaya）、斯大卡（Starka）、俄国卡亚

(Kusskaya)等。

(二)波兰伏特加

1. 特点

波兰伏特加在世界上也很有名气,它的生产工艺与俄罗斯伏特加相似,主要区别在于波兰人在酿造过程中,加入了许多花卉、植物、果实等调香原料,所以波兰伏特加比俄罗斯伏特加香味丰富,更富有韵味。

2. 名品

波兰伏特加的著名品牌有:兰牛(Blue Rison)、维波罗瓦(Wyborowa)、朱波罗卡(Zubrowka)、雪树(Belvedere)等。

(三)其他国家的伏特加

目前除俄罗斯和波兰外,美国、瑞典、英国、芬兰、法国、乌克兰、德国等国都生产伏特加,最著名的产地还是俄罗斯和波兰。

美国的皇冠伏特加(Smirnoff)是被全球最为普遍接受的伏特加之一,它在一百七十多个国家销售,深受各地酒吧调酒师的欢迎。蓝天伏特加(Sky)也广为畅销。

瑞典的绝对伏特加(Absolute)是世界知名的伏特加品牌。

英国的著名伏特加品牌有:哥萨克(Cossack)、夫拉地法特(Viadivat)、皇室伏特加(Imperial)、西尔弗拉多(Silverad)等。

芬兰的著名伏特加品牌为芬兰地亚(Finlandia)。

法国的著名伏特加品牌有:皇太子(Eristoff)、卡林斯卡亚(Karinskaya)、弗劳斯卡亚(Voloskaya)。

六、伏特加的饮用与服务

(一)用杯和用量

净饮时选用利口杯或古典杯。标准用量为 40 毫升,可作佐餐酒和餐后酒。

(二)饮用方法

1. 净饮

净饮时,可备一杯凉水。快饮(干杯)是其主要饮用方式。

2. 加冰饮用

加冰块时,常选用古典杯。

3. 调配混合饮料

伏特加常用于调配混合饮料,尤其是中性酒精伏特加大部分用作基酒来调配鸡尾酒,比较著名的有:黑俄罗斯(Black Russian)、螺丝钻(Screw Driver)、血玛丽(Bloody Mary)等。

伏特加还可作为烹调鱼、肉食的调料。

资料链接　**世界十大伏特加品牌**

1. 皇冠伏特加(Smirnoff)
2. 绝对伏特加(Absolut)
3. 别列尼卡亚伏特加(Belenkaya)
4. 五湖伏特加(PyatOzer)
5. 克鲁普尼克伏特加(Krupnik)
6. 精装佐达科瓦伏特加(Zoladkowa de Luxe)
7. 灰雁伏特加(Grey Goose)
8. 蓝天伏特加(Skyy)
9. 红牌伏特加(Stolichnaya)
10. 芬兰伏特加(Finlandia)

任务五　朗姆酒服务

一、朗姆酒的概念

朗姆是英文"Rum"的音译,又被译为兰姆酒、罗姆酒。朗姆酒是以甘蔗或甘蔗制糖的副产品——糖蜜和糖渣为原料,经原料处理、发酵、蒸馏,在橡木桶中陈酿而成的烈性酒。朗姆酒具有细致、甜润的口感以及芬芳馥郁的酒精香味。

二、朗姆酒的起源

17 世纪初,在北美洲(西印度群岛)的巴巴多斯岛,一位掌握蒸馏技术的英国移民以甘蔗为原料,蒸馏出一种酒,当地土著居民喝得很兴奋,而"兴奋"一词在当时的英语为"Rumbullion",所以他们用词首"Rum"作为这种酒的名字。很快这种酒成为廉价的大众化烈酒,一些影片中常会有海盗们拎着朗姆酒,喝得醉醺醺的,因此它的绰号又叫"海盗之酒"。18 世纪,随着世界航海技术的进步以及欧洲各国殖民地政府的推进,朗姆酒在世界被广泛传播。

三、朗姆酒的分类

(一)白色朗姆酒(White Rum)

白色朗姆酒又称银朗姆酒,酒液无色或淡色,为清淡型朗姆酒。主要产地是波多黎各。制造时将入桶陈化的原酒经过活性炭过滤,除去杂味。

(二)金色朗姆酒(Golden Rum)

金色朗姆酒酒液为金黄色,味柔和、稍甜,介于白色朗姆酒和深色朗姆酒之间的酒液,通常用两种酒混合。

(三)深色朗姆酒(Dark Rum)

深色朗姆酒又称黑色朗姆酒,呈深褐色,味浓郁。深色朗姆酒是浓烈型朗姆酒,由掺入蔗糖残渣的糖蜜在天然酵母菌的作用下缓慢发酵,酿成的酒在蒸馏器中进行二次蒸馏,生成无色的透明液体,然后在橡木桶中醇化5年以上。主要产地是牙买加。

四、朗姆酒的主要产地与名品

朗姆酒产于盛产甘蔗及蔗糖的地区,如牙买加、古巴、海地、多米尼加、波多黎各、圭亚那等国家,其中以牙买加、古巴生产的朗姆酒最有名。

(一)百加得(Bacardi)

百加得以百加得酿酒公司命名,该商标朗姆酒的销量排名世界第一。百加得可以和任何软饮料调和,直接加果汁或者放入冰块后饮用,被誉为"随瓶酒吧",是热门酒吧的首选品牌。

(二)摩根船长(Captain Morgan)

摩根船长取名于海盗船长"亨利·摩根",产于牙买加,在我国常见有白、金、深三色,富有热带风味。

(三)美雅士(Myers)

美雅士是牙买加最上等的朗姆酒,酒味浓郁丰富,是选用酿化5年以上、品质最出众的朗姆酒调配而成的,与汽水或柑橘酒混饮,配搭完美。

朗姆酒的名品还有哈瓦那俱乐部(Havana Club)和老牙买加(Old Jamaca)等。

五、朗姆酒的饮用与服务

(一)用杯

朗姆酒饮用时可用古典杯。

(二)饮用方式

1. 净饮

可将1盎司朗姆酒放入古典杯中,杯内放一片柠檬。

2. 加水或加冰饮用

朗姆酒可以用古典杯加冰饮用,或者加热水饮用,加热水饮用可治疗感冒。

3. 调配混合饮料

朗姆酒可与各种果汁混合饮用,也可以用来调制鸡尾酒,如自由古巴(Cuba Liberty)、百加得鸡尾酒(Bacardi Cocktail)。

资料链接　**世界十大朗姆酒品牌**

1. Bacardi，百加得（百加得洋酒贸易有限公司）。1862 年创于古巴，郎姆酒的代表品牌，可用于和多种软饮料调和，全球较大的私营烈酒厂商。

2. Captain Morgan，摩根船长[帝亚吉欧（上海）洋酒有限公司]。1944 年创建，隶属于帝亚吉欧集团，世界知名朗姆酒品牌，其原创芳香朗姆酒颇受消费者欢迎。

3. Havana Club，哈瓦那俱乐部[保乐力加（中国）贸易有限公司]。1878 年始创于古巴，隶属于保乐力加集团，世界知名朗姆酒品牌，传承古巴朗姆酒酿造工艺。

4. MALIBU，马利宝[保乐力加（中国）贸易有限公司]。源于 1980 年，隶属于保乐力加集团，由白字酒混合椰子汁制成的酒，全白色瓶子包装是其独特标志

5. Breezer，冰锐（百加得洋酒贸易有限公司）。创立于 1862 年风靡全球的朗姆预调酒品牌，其以纯正烈酒为基底，混合新鲜果汁的低酒精度预调酒，产品口味丰富、外观时尚。

6. Bardinet，必得利（法国必得利有限公司）。创建于 1857 年法国，产品类型丰富的大型酒类供应商，产品涵盖白兰地/威士忌/朗姆酒/伏特加等系列，其果味糖浆深受专业调酒师的青睐。

7. ZACAPA，萨凯帕[帝亚吉欧（上海）洋酒有限公司]。诞生于 1976 年危地马拉共和国，世界知名朗姆酒品牌，被誉为“最精致的朗姆酒”，其产品以索莱拉 23 最为知名。

8. Mount Gay，凯珊（上海人头马贸易有限公司）。创立于 1703 年巴巴多斯岛，现隶属于人头马君度集团，世界知名朗姆酒品牌，有“朗姆酒始祖”的美誉。

9. Stroh，斯多尔（奥地利 SEBASTIAN STROH 有限公司）。始于 1832 年，奥地利古老的烈酒制造商，朗姆酒行业知名品牌，以其特殊香气和绝妙的口感享誉全球。

10. Gosling's，高斯林（高斯林兄弟有限公司）。创立于 1806 年美国百慕大，历史悠久的朗姆酒生产厂家，其朗姆酒以纯手工制作和口感香气层次丰富而闻名。

任务六　特吉拉酒服务

一、特吉拉酒的概念

特吉拉（Tequila），又称特基拉或特其拉，是墨西哥的特产，也是墨西哥的国酒，被称为“墨西哥的灵魂”。特吉拉酒是以它的产地墨西哥第二大城市格达拉哈拉附近的小镇 Tequila 而命名的。

特吉拉酒是以墨西哥的植物龙舌兰（Agave）为原料，经过发酵、蒸馏得到的烈性酒，又称为龙舌兰酒。

特吉拉酒带有龙舌兰独特的芳香味，口味浓烈，酒精度大多为38～45度，在北美很受欢迎。

二、特吉拉酒的起源

相传，很早以前，人们从野火燃烧后的地里，偶然发现龙舌兰的根茎受热发酵后会产生一种奇特的味道，于是，萌发了以此酿酒的想法。这种酒因产于墨西哥的特吉拉小镇而被称为“特吉拉酒”。每逢喜庆之日或贵客临门，墨西哥人必定要奉上被誉为“国酒”的特吉拉。

三、特吉拉酒的生产工艺

特吉拉酒的生产原料是龙舌兰，龙舌兰是一种怕寒的多肉花科植物，经过10年的栽培方能酿酒。

特吉拉酒在制法上不同于其他蒸馏酒，龙舌兰长满叶子的根部，经过10年的栽培后会形成大菠萝状茎块，将叶子全部切除，将含有甘甜汁液的茎块切割后放入专用糖化锅内煮，待糖化过程完成之后，将其榨汁注入发酵罐中，加入酵母。发酵后，采用连续蒸馏法进行蒸馏，即可生产出具有龙舌兰风味的特吉拉酒。新蒸馏出来的特吉拉酒需放在木桶内陈酿，也可直接装瓶出售。

四、特吉拉酒的分类

(一)白色特吉拉酒

白色特吉拉酒又称银色特吉拉酒，酒液无色，不需要熟化，为非陈年酒。

(二)金色特吉拉酒

金色特吉拉酒酒液呈金黄色，为短期陈酿，要求在橡木桶中贮存2～4年，以增添色泽和口味。

五、特吉拉酒的名品

著名的特吉拉酒品牌有：豪帅金快活(Jose Cuervo)、索查(Sauza)、欧雷(Ole)、海拉杜拉(Herradura)、玛丽亚吉(Maviachi)。

六、特吉拉酒的饮用与服务

(一)用杯与用量

饮用时可用古典杯。标准用量为1盎司。

(二)饮用方式

1. 净饮

一般将1盎司特吉拉酒倒入古典杯中，再在小碟中放入一块柠檬和少量食盐，饮用时，先将柠檬沾点盐，放入口中咬一下，口中有了酸咸的感觉后，再喝特吉拉酒。墨西哥人

净饮特吉拉酒时，常先在手背上倒些盐来食用，然后用腌渍过的辣椒干、柠檬干佐酒。

2. 加冰饮用

用古典杯加冰块饮用也是常见饮用方式。

3. 调配混合饮料

特吉拉酒可与果汁混饮，也可调制鸡尾酒，如特吉拉日出(Tequila Sunrise)和玛格丽特(Margarita)等。

资料链接　世界十大龙舌兰酒(特吉拉酒)品牌

1. Don Julio(唐胡里奥)

唐·胡里奥被描述为一种复杂、丰富、光滑、美妙的龙舌兰酒，具有典型的味道，值得品尝和欣赏。唐·胡里奥于1942年由同名的唐·胡里奥推出，但目前由其母公司帝亚吉欧(Diageo)出售。它与蒸馏饮料行业有关，因为它在龙舌兰酒的产品组合，包括几个变种，唐·胡里奥·龙舌兰酒是世界第八大龙舌兰酒品牌，也是世界上第一个优质的豪华龙舌兰酒品牌。

2. Siete Leguas

Siete Leguas是辛辣、光滑、复杂、均衡和非凡的龙舌兰酒。Siete Leguas是墨西哥最古老的酒厂用传统方法酿造的龙舌兰酒的标志性品牌之一。该产品已在美国、英国等国际市场取得成功。Siete Leguas是一个家族拥有和经营的品牌，在其位于Centenario和La Vencedora的两个酿酒厂生产饮料。这是一种由纯蓝色韦伯龙舌兰酿制而成的烈酒，蒸馏后立即装瓶。香气浓郁，带有泥土的气息和丰富的口感。

3. Calle 23

Calle 23经常被描述为杰作，它是最受欢迎的龙舌兰酒品牌之一，由Sophie Decobecq制作，她是一位法国血统的生物化学家，热衷于在饮料行业创造一些有价值的东西。

Calle 23于2009年推出，在如此短的时间内获得了多个奖项和认可。在2008年旧金山烈酒大赛上，Calle 23 Anejo赢得了两枚金牌。Calle 23是哈利斯科生产的双蒸馏高地龙舌兰酒。它的产品组合包括Calle 23 Blanco，口感清澈，口感清新甜美，Calle 23 Reposado，充满活力和活力，带有奶油龙舌兰的余韵，Calle 23 Anejo，口感丰富。

4. Ocho(田园8号)

Ocho是一种革命性的产品，它采用了古老而独特的风土收割方式。它所有的龙舌兰酒都有年份，并以收获龙舌兰酒的庄园命名。产品组合包括Ocho Anejo龙舌兰酒，Ocho Reposado龙舌兰酒，Ocho Blanco龙舌兰酒等等。所有的产品都有独特的香气和风味，不同于其他，因为它代表了其龙舌兰生长的地产和土壤的特点。

5. Tapatio

Tapatio是一个高知名度的品牌，享有惊人的声誉的真实性，诚信，和质量，使它走

远和广泛的不同国家，并使它在龙舌兰酒行业的一股力量。Tapatio龙舌兰酒是在哈利斯科的La Altena酿酒厂生产的，Tapatio是一种采用传统方法发酵蒸馏的双蒸馏饮料，在原波旁酒桶中陈酿而成，保留了饮料的自然特性和风味。

6. Patron

Patron是一个成熟的高端品牌，在2017财年末公布的260万箱销量数据中，该品牌经常出现在销量前五名的榜单中。Patron与饮食业有关联，因为它从事龙舌兰酒的生产。它于1989年推出，由Patron Spirits公司制造。自2018年1月以来，它现在归百加得所有，百加得以51亿美元的价格收购了它。

7. Cabeza

Cabeza是一款酒体丰满的高地龙舌兰酒，余味较淡，带有蜂蜜般的泥土气息和复杂的香气。Cabeza由Vivanco家族在哈利斯科的Arandas的El Ranchito酿酒厂生产。这个高地龙舌兰酒品牌是86公司的一个产品线，是一些朋友之间的合作伙伴。

8. Jose Cuervo(豪帅快活)

Jose Cuervo是世界上销量最大的龙舌兰酒品牌，近年来增长迅猛。2017财年末，该知名品牌公布的销售数据为950万箱，目前估计占总市场份额的35.1%。

Jose Cuervo成立于1795年，是一个由Beckmann家族拥有和经营的家族企业。目前，它在哈利斯科的拉罗耶纳酿酒厂生产，并由Proximo Spirits在美国销售。

9. Herradura

Herradura经常被描述为世界上最真实的龙舌兰酒生产商，该产品由100%龙舌兰制成，桶龄和手工制作，创造了一些最好的饮料行业。

10. El Jimador

El Jimador凭借其良好的促销政策和优质的产品获得了强劲的增长，在2017财年末，龙舌兰酒的销量为120万箱。El Jimador是一款庄园级瓶装酒，100%纯天然，没有任何额外的色素或填充物，因此能够在酿酒业中为自己创造一个独特的名字。

项目小结

本项目可使学生知道世界著名的六大蒸馏酒，白兰地、威士忌、金酒、伏特加、朗姆酒、特吉拉酒，其中威士忌、金酒、伏特加的主要生产原料为谷物，白兰地的主要生产原料为水果，朗姆酒的主要生产原料为甘蔗，特吉拉酒的主要生产原料为龙舌兰。这六类蒸馏酒通常在餐前或餐后饮用，可以净饮，也可加冰、加水饮用，还可调配混合饮料，是调制鸡尾酒的基酒。本项目可使学生学会进行白兰地、威士忌、金酒、伏特加、朗姆酒、特吉拉酒六大蒸馏酒的服务。

实验实训

安排1～2次直观教学活动，组织学生认识六大蒸馏酒名品的酒标、瓶型等，并分组进行洋酒名品知识竞赛。

思考与练习题

1. 试述白兰地的原料、主要产地、名品和饮用服务要求。
2. 试述威士忌的原料、主要产地、名品和饮用服务要求。
3. 试述金酒的原料、主要产地、名品和饮用服务要求。
4. 试述伏特加的原料、分类、名品和饮用服务要求。
5. 试述朗姆酒的原料、分类、名品和饮用服务要求。
6. 试述特吉拉酒的原料、分类、名品和饮用服务要求。

中国白酒服务

学习目标

能知道中国白酒的起源与发展
能知道中国白酒的主要原料与生产工艺
能熟知中国白酒的命名与五种香型
能知道中国白酒的主要名品

能力目标

会对中国白酒进行分类
会进行中国白酒饮用与服务

主要任务

- 任务一　中国白酒常识
- 任务二　中国白酒著名品牌认知
- 任务三　中国白酒的饮用与服务

任务一　中国白酒常识

一、中国白酒的概念

中国白酒是以谷物、薯类等为原料，经发酵、蒸馏制成的烈性酒。由于该酒为无色液体，因此称为白酒。白酒的酒度为38～67度。

白酒是中华民族的传统饮品，有数千年的历史，发展到现在，已成为世界蒸馏酒中产量最大、品种最多的蒸馏酒。但由于中国白酒的出口量极少，所以在其他国家影响不大。

二、中国白酒的起源与发展

我国很早就有白酒的概念，但当时不是指现在意义上的蒸馏酒，而是黄酒中的一种。至于我国最早的蒸馏酒起源于哪个朝代，民间、史学界、考古界众说纷纭，最早的说法是源于东汉时期，最多的说法是唐代和宋代才有。

白酒究竟源于何时，史学界主要有三种说法：

一种说法是起源于唐代。唐代文献中"烧酒""白酒""蒸酒"之类的词已出现。唐诗人雍陶诗云："自到成都烧酒热，不思身更入长安。"田锡的《曲草本》载："暹罗酒以烧酒复烧二次，入珍贵异香……"赵希鹄的《调燮类编》中有："生姜不可与烧酒同用。饮白酒生韭令人增病。"有人认为，我国民间长期相传把蒸酒称为烧锅，烧锅生产的酒即为烧酒。

另一种说法是起源于宋代。宋代继"烧酒"名字外又出现了"蒸酒"。如苏舜钦的"时有飘梅应得句，苦无蒸酒可沽巾"。1975年在河北省承德市青龙县出土的金代铜质蒸馏器，被认定为烧酒器，其制作年代最迟不超过1161年的金世宗时期(南宋孝宗时)，可作为白酒起源于宋代的凭证。

还有一种说法是源自明代药物学家李时珍。他在《本草纲目》中记载："烧酒非古法也，自元时创始。其法用浓酒和糟入甑，蒸令气上，用器承取滴露，凡酸败之酒皆可蒸烧。近时唯以糯米或黍或秫或大麦蒸熟，和曲酿瓮中十日，以甑蒸好，其清如水，味极浓烈，盖酒露也。"不仅肯定了酒始于元代，还简要记叙了造酒之法。江西李渡无形堂元代烧酒作坊遗址是中国白酒最晚起源于元代的最有力的证据。

无论如何，中国白酒都是世界上最早、最有特色的蒸馏酒之一。

白酒是我国劳动人民创造的一种特殊饮品，千百年经久不衰，并不断发展提高，国内消费量逐渐上升，出口量不断增加。

我国古代的商品交换中，白酒仅次于盐、铁，是国家财政收入的重要来源之一。早在明清时代，白酒就逐渐代替了黄酒。1949年至1985年期间，白酒的产量一直居于我国酒类总产量之首，1985年后由于啤酒的发展，白酒产量列酒类产量第二位。白酒在人民生

活中有特殊的地位，无论是喜庆丰收、欢度佳节、婚丧嫁娶，还是医药保健等都离不开白酒。我国一些行业的作业工人、农民、高寒地区的牧民等对白酒具有某种职业需要和生活需求，适量饮用可以振奋情绪、促进血液循环。白酒又有杀菌、去腥、防腐作用，用于医药的历史也源远流长。

白酒工业的发展促进了配套工业的发展，近年来白酒行业机械化有了很大的发展，需要的包装材料越来越多，配套的玻璃制造、陶瓷制造、造纸、印刷等一系列的配套工业都有很大的发展。同时，酿酒后对酒糟的综合利用，促进了农业和能源的发展。当然，我们也应清醒地认识到白酒的酿造对粮食的消耗。白酒的发展以节粮和满足消费为目标，以“优质、低度、多品种、低消耗、少污染和高效益”为方向。

三、中国白酒的主要原料与生产工艺

中国白酒的生产原料主要有高粱、玉米、大麦、大米、糯米、小麦等粮食谷物，以红薯为主的薯类，以及米糠、稻皮、谷糠等代用原料，但主要是前两种原料。

中国酿酒人士对白酒的风格与原料的关系，有“高粱香、玉米甜、大米净、大麦冲”的说法。酿酒原料的不同和原料质量的优劣，与产出的酒的质量和风格有极密切的关系，因此，在生产中要严格选料。

中国白酒的生产工艺与其他国家的蒸馏酒相比非常独特。中国白酒的产地辽阔，原料多样，所以生产工艺不尽相同。但是生产工艺有以下共同点：都是以含有淀粉或糖类的物质为主要原料，以曲为糖化发酵剂，糖化和发酵同时进行(即采用复式发酵法)的。原料投产后，一般要经过多次糖化和发酵，多次蒸馏，长期贮存而形成优质白酒。

四、中国白酒的命名

(一)以地名或地方名胜地命名

如贵州茅台酒、泸州老窖酒、双沟大曲酒、黄鹤楼酒、孔府家酒、赤水河酒、杏花村酒、趵突泉酒等。

(二)以生产原料和曲种命名

如五粮液酒、浏阳河小曲酒、高粱酒、沧州薯干白酒等。

(三)以生产方式命名

主要是以“坊”“窖”“池”等作酒名，让人感到该酒年代悠久，有信任感，如泸州老窖酒、水井坊酒、伊力老窖酒等。

(四)以帝王将相、才子佳人命名

如两相和酒、曹操酒、宋太祖酒、百年诸葛酒、华佗酒、太白酒、关公坊酒、文君井酒、屈原大曲酒等。

(五)以佛教、道教、仙神命名

如老子酒、庄子酒、小糊涂仙酒、酒鬼酒、酒神酒等。

还有的酒以诗词歌赋、历史故事、历史年代、情感或动植物来命名。

五、中国白酒的香型

（一）酱香型

中国白酒的五种香型及代表名酒

酱香型又称为茅香型，以贵州茅台酒为代表。

酱香型白酒是由酱香酒、窖底香酒和醇甜酒等勾兑而成的。所谓酱香是指酒品具有类似酱食品的香气，酱香型酒香气的组成成分极为复杂，至今未有定论，但普遍认为酱香是由高沸点的酸性物质与低沸点的醇类物质组成的复合香气。

这类香型的白酒香气香而不艳，低而不淡，醇香幽雅，不浓不猛，回味悠长，倒入杯中即使过夜香气也久留不散，且空杯比实杯还香，令人回味无穷。

（二）浓香型

浓香型又称泸香型，以泸州老窖酒为代表。

浓香型白酒具有芳香浓郁，绵柔甘洌，香味谐调，入口甜，落口绵，尾净余长等特点，这也是判断浓香型白酒酒质优劣的主要依据。构成浓香型白酒典型风格的主体是乙酸乙酯，这种成分含香量较高且香气突出。浓香型白酒的品种和产量均属全国大曲酒之首，全国八大名酒中，五粮液、泸州老窖、剑南春、洋河大曲、古井贡都是浓香型白酒的优秀代表。

（三）清香型

清香型又称汾香型，以山西杏花村汾酒为主要代表。

清香型白酒酒气清香、芬芳、醇正，口味甘爽谐调、醇厚绵软。酒体组成的主体香是乙酸乙酯和乳酸乙酯，两者结合成为该酒主体香气，其特点是清、爽、醇、净。清香型风格基本代表了我国老白干酒类的基本香型特征。

（四）米香型

米香型白酒是指以桂林三花酒为代表的一类小曲酒液，是中国历史悠久的传统酒种。

米香型酒酒香清柔，幽雅纯净，入口柔绵，回味怡畅，给人以朴实纯正的美感。米香型白酒香气中的乳酸乙酯含量大于乙酸乙酯，高级醇含量也较多。这类酒的代表有桂林三花酒、全州湘山酒、广东长乐烧等小曲米酒。

（五）兼香型

兼香型又称为复香型，即兼有两种以上主体香气。

兼香型白酒在酿造工艺上吸取了酱香型、浓香型和清香型酒之精华，在继承和发扬传统酿造工艺的基础上独创而成。兼香型白酒之间风格相差较大，有的甚至截然不同，这种白酒的闻香、口香和回味香各有不同香气，具有一酒多香的风格。兼香型白酒以董酒为代表，董酒酒质既有大曲酒的浓郁芳香，又有小曲酒的柔绵醇和、落口舒适甜爽的特点，风格独特。

以上几种香型只是中国白酒中比较明显的香型，但是，有时即使是同一香型白酒，香气也不一定完全一样，如同属于浓香型的五粮液、泸州老窖、古井贡等，它们的香气和风味也有显著的区别，其香韵也不相同。

任务二　中国白酒著名品牌认知

一、茅台酒

茅台酒被誉为中国的国酒，之所以被称为中国的国酒，是由其悠久的酿造历史、独特的酿造工艺、上乘的内在质量、深厚的酿造文化，历史上在我国政治、外交、经济、生活中发挥的无可比拟的作用，以及在中国酒业中的传统特殊地位等综合因素决定的。

（一）产地

茅台酒产于贵州省北部的仁怀县茅台镇，酒也因地而得名。飞天牌、贵州牌茅台酒是贵州茅台酒股份有限公司的产品。茅台酒是我国大曲酱香型白酒的鼻祖。

（二）发展历史

茅台酒历史悠久，源远流长。据文献记载，早在2000多年前，古仁怀县附近的酒以“甘美”而受到汉武帝的赞赏。茅台酒于1916年在巴拿马万国博览会上，荣获金质奖章；在1935年举办的西南物品展阅会上荣获特等奖；在全国举办的历届评酒会上，茅台酒均蝉联“国家名酒”称号。

（三）生产工艺

茅台酒生产所用高粱为糯性高粱，当地俗称红缨子高粱。此高粱主要产于贵州仁怀境内及相邻川南地区。茅台酒的生产工艺古老、优秀、独特。当地劳动人民科学而又巧妙地利用当地特有的气候、优良的水质、适宜的土壤，荟萃了我国古代酿酒技术的精华，创造出一整套与国内其他名酒完全不同的生产工艺。

茅台酒的生产工艺特点可概括为“三高三长”。“三高”是指茅台酒生产工艺的高温制曲、高温堆积发酵、高温馏酒。“三长”主要指茅台酒基酒生产周期长、大曲贮存时间长、茅台酒基酒酒龄长。茅台酒基酒生产周期长达一年，共分下沙、造沙二次投料，一至七个烤酒轮次，可概括为二次投料、九次蒸馏、八次发酵、七次取酒，历经春、夏、秋、冬一年时间；茅台酒大曲贮存时间长达六个月，六个月后才能流入制曲生产使用；茅台酒一般需要贮存三年以上才能勾兑，全部生产过程将近五年。独特的传统工艺使酿造出的白酒风格卓著、独树一帜。

（四）特点

茅台酒属酱香型大曲白酒，酒色晶莹透明，酱香突出，幽雅细腻，回味悠长；酒体丰满而醇厚，并具有独有的空杯留香。茅台酒传统酒度为53度。

二、汾酒

（一）产地

汾酒产于山西省汾阳市杏花村。古井亭牌、长城牌、汾牌、老白汾牌汾酒均是山西杏

花村汾酒集团有限责任公司的产品。汾酒属于大曲清香型酒。

(二)发展历史

汾酒的发展历史悠久。南北朝时期，汾酒作为宫廷御酒受到北齐武成帝的极力推崇，后被载入《二十四史・北齐书》，成为我国正史有关酒的最早的成名记载。晚唐时期，诗人杜牧的一首《清明》吟出了千古绝唱“借问酒家何处有？牧童遥指杏花村”，汾酒借此声名远播。1915 年，义泉泳生产的“高粱汾酒”，在巴拿马万国博览会上荣获最高荣誉——甲等金质大奖章，成为中国有史料记载的现存的唯一获此殊荣的中国白酒。中华人民共和国成立后，国家共进行过五次名酒评比，汾酒五次荣获“国家名酒”称号。

(三)生产工艺

汾酒以晋中平原所产的“一把抓”高粱为原料，用大麦、豌豆制成的“青茬曲”为糖化发酵剂，取古井和深井的优质水为酿造用水。汾酒发酵仍沿用传统的古老“地缸”发酵法。酿造工艺为独特的“清蒸二次清”。操作特点则采用二次发酵法，即先将蒸透的原料加曲放入埋于土中的缸内发酵，然后取出蒸馏，蒸馏后的酒醅再加曲发酵，将两次蒸馏的酒配合后方为成品。

(四)特点

汾酒酒液晶莹透明，清香纯正，幽雅芳香，绵甜爽净，酒体丰满，回味悠长。汾酒纯净、雅郁之清香为我国清香型白酒的典型代表，所以人们将这一香型俗称“汾香型”。汾酒酒度通常为 38 度、53 度、65 度。

三、泸州老窖

(一)产地

泸州老窖产于四川省泸州市。泸州牌、麦穗牌泸州老窖是四川泸州老窖股份有限公司的产品。泸州老窖属于大曲浓香型白酒。

(二)发展历史

泸州古称江阳，酿酒历史久远，自古便有“江阳古道多佳酿”的美称。泸州老窖 1573 国宝窖池，是我国保存最好、持续使用时间最长的酒窖池，始建于明代万历年间(公元 1573 年)，迄今已有 400 多年历史。泸州老窖在历届全国评酒会上都被评为“国家名酒”。

(三)生产工艺

泸州老窖的主要原料是当地的优质糯高粱，用小麦制曲，大曲有特殊的质量标准，酿造用水为龙泉井水和沱江水，酿造工艺是传统的混蒸连续发酵法。蒸馏得酒后，酒液用“麻坛”贮存一两年，最后通过细致地品尝和勾兑，达到固定的标准，方能出厂。这样的生产工艺保证了老窖特曲的品质和独特风格。

(四)特点

泸州老窖酒液无色透明，窖香浓郁，清冽甘爽，饮后尤香，具有浓香、醇和、味甜、回味长四大特色。泸州老窖酒度通常为 38 度、52 度、60 度。

四、五粮液

(一)产地

五粮液产于四川省宜宾市,五粮液牌五粮液是四川宜宾五粮液集团股份有限公司的产品。由于用小麦、大米、玉米、高粱、糯米五种粮食发酵酿制而成,故名五粮液,为我国名酒之一。五粮液为大曲浓香型白酒。

(二)发展历史

相传,早在汉时宜宾已盛行酿酒。五粮液原名杂粮酒,据说创始于明代,至今酿造用的酒窖乃是明代遗物。1929 年,宜宾的清朝遗老惠泉,颇爱饮此酒,但觉其名不雅,遂改名为“五粮液”,即取其琼浆玉液之意。五粮液以其优异的酒质,曾在历届全国评酒会上被评为名酒;1992 年 2 月,在纽约荣获第一届美国国际酒类博览会金奖;1993 年 1 月 2 日,五粮液以其超群的质量、独特的风格,又在俄罗斯荣获俄罗斯圣彼得堡国际博览会特别金奖。

(三)生产工艺

五粮液的酿造原料为小麦、大米、玉米、红高粱和糯米五种粮食。糖化发酵剂则以纯小麦制曲,利用一套特殊制曲法,制成“包包曲”,酿造时,须用陈曲。用水取自岷江江心,水质清冽优良。发酵窖是陈年老窖,有的窖为明代遗留下来的。发酵期在 70 天以上,并用老熟的陈泥封窖。在分层蒸馏、量窖摘酒、高温量水、低温入窖、滴窖降酸、回酒发酵、双轮底发酵、勾兑调味等一系列工序上,五粮液酒厂都有一套丰富而独到的经验,充分保证了五粮液品质的优异。

(四)特点

五粮液酒液清澈透明,酒味醇厚甘美、柔和净爽、各味谐调。饮后无刺激感,不上头。开瓶时,喷香扑鼻;入口后,满口溢香;饮用时,四座飘香;饮用后,余香不尽。五粮液属浓香型大曲酒中出类拔萃之佳品。五粮液酒度通常为 39 度、52 度、60 度。

五、西凤酒

(一)产地

西凤酒是中国古老的名酒之一,产于陕西省凤翔县柳林镇。西凤牌西凤酒是陕西西凤酒股份有限公司的产品。凤翔古称雍县,民间传说是生长凤凰的地方,唐至德二年(公元 757 年)升凤翔为府,人称“西府凤翔”。西凤酒的名称便由此而来。西凤酒属于兼香型的大曲白酒。

(二)发展历史

关于西凤酒的历史,相传始于周秦,盛于唐宋,距今已有 2 600 多年的历史。据《凤翔府志》记载,在秦穆公时代,雍县(今凤翔县)已有美酒佳酿。清朝光绪二年(公元 1876

年)，在南洋赛酒会上，西凤酒荣获二等奖；在1952年、1963年和1984年的第一、二、四届全国评酒会上，西凤酒三次被评为“国家名酒”，两次荣获国家金质奖章；1984年，在轻工业部酒类质量大赛中，西凤酒又获得金杯奖。

(三)生产工艺

西凤酒以当地特产高粱为原料，用大麦、豌豆制曲。工艺采用续渣发酵法，发酵窖分为明窖与暗窖两种。工艺流程分为立窖、破窖、顶窖、圆窖、插窖和挑窖等工序，自有一套操作方法。蒸馏得酒后，酒液再经3年以上贮存，进行精心勾兑后方能出厂。

(四)特点

西凤酒酒液无色、清亮、透明，醇香芬芳，清而不淡，浓而不艳，集清香、浓香之优点于一体，诸味谐调，回味舒畅，风格独特，被誉为“酸、甜、苦、辣、香五味俱全而各不出头”的白酒。西凤酒属凤香型大曲酒，被认为是“凤型”白酒的典型代表。西凤酒酒度通常为39度、55度、65度。

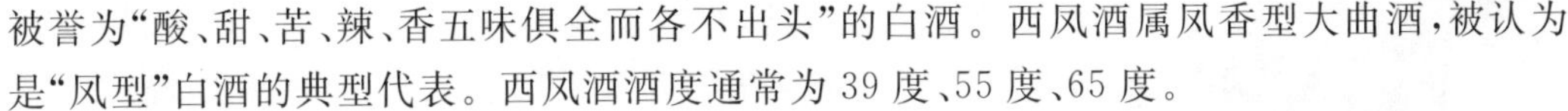

六、洋河大曲

(一)产地

洋河大曲产于江苏省泗阳县洋河镇，因地名得名。洋河牌洋河大曲是苏酒集团(洋河股份)的产品。洋河大曲属浓香型白酒。

(二)发展历史

洋河镇地处白洋河和黄河之间，水陆交通畅达，自古以来就是商业繁荣的集镇，酒坊很多。据史书记载，宋代时就已有“酒户”酿酒。明代万历年间，洋河镇出产的醇香、甘美的好酒名噪一时。1915年，洋河大曲在全国名酒展览会上获一等奖，同年又参加了巴拿马国际博览会，获得国际名酒金质奖章和奖状；1923年，在南洋赛酒会上，获“国际名酒”的称号；在第三、四届全国评酒会上，均被评为“国家名酒”；1984年，在轻工业部酒类质量大赛中，荣获金杯奖。

(三)生产工艺

洋河大曲是以黏高粱为原料，用当地有名的“美人泉”水酿造，用高温大曲为糖化发酵剂，在老窖中长期发酵而酿成的。

(四)特点

洋河大曲具有酒液清澈透明、气味芳香浓郁、入口柔绵、鲜甜甘爽、酒质醇厚、余味圆净、回香悠长等特点。突出特点是：甜、绵软、净、香。洋河大曲酒度通常为38度、48度、55度。

七、古井贡

(一)产地

古井贡产于安徽省亳州市减店镇。古井牌古井贡是安徽古井集团有限责任公司的产

品。酿酒取水用的古井是南北朝梁代大通四年(公元532年)的遗迹,井水清澈透明、甘甜爽口,以其酿酒尤佳,故名“古井贡”。

(二)发展历史

亳州曾称亳县,古称谯陵、谯城,是曹操、华佗的故乡,汉代以酿有酒品而闻名。据《魏武集》载,东汉建安年间(公元196年),曹操将家乡的“九酝春酒”(即古井贡酒)以及酿造方法献给汉献帝刘协,自此“九酝春酒”成为历代贡品。古井贡在1988年法国第十三届巴黎国际食品博览会上获金奖;1963年、1979年、1984年、1988年在全国第二、三、四、五届评酒会上荣获“国家名酒”称号及金质奖;1992年获美国首届酒类饮料国际博览会金奖及香港国际食品博览会金奖。

(三)生产工艺

古井贡酒以本地优质高粱作为原料,以大麦、小麦、豌豆制曲,沿用陈年老发酵池,继承了混蒸、连续发酵工艺,并运用现代酿酒方法,加以改进,博采众长,形成自己的独特工艺,酿出了风格独特的古井贡。

(四)特点

古井贡酒液清澈透明,幽香如兰,黏稠挂杯,酒味醇和,浓郁甘润,余香悠长。古井贡酒度通常为38度、55度、60度。

八、剑南春

(一)产地

剑南春牌剑南春是四川剑南春(集团)有限责任公司的产品。剑南春属浓香型大曲酒。

(二)发展历史

绵竹古属绵州,归剑南道辖,酿酒历史悠久。据李肇《唐国史补》载,唐代开元至长庆年间,酿有“剑南之烧春”名酒,光绪年间曾把此酒列为贡酒。1979年、1984年、1988年的全国第三、四、五届评酒会上荣获“国家名酒”称号及金质奖;1988年获香港第六届国际食品展览会金花奖;1992年获德国莱比锡秋季博览会金奖。

(三)生产工艺

剑南春酒以高粱、大米、糯米、玉米、小麦为原料,小麦制大曲作为糖化发酵剂。剑南春的生产工艺包括:红糟盖顶、回沙发酵、去头斩尾、清蒸熟糠、低温发酵、双轮底发酵等,配料合理、操作精细。

(四)特点

剑南春酒质无色,清澈透明,芳香浓郁,酒味醇厚,酒体丰满,香味谐调,恰到好处,清洌净爽,余香悠长。剑南春以“芳、洌、甘、醇”而闻名。剑南春酒度通常为28度、38度、52度、60度。

九、郎酒

（一）产地

郎酒产于赤水河畔，四川省古蔺县二郎滩。郎泉牌郎酒又称回沙郎酒，是四川郎酒集团有限责任公司的产品。郎酒属酱香型大曲酒。

（二）发展历史

古蔺县古属夜郎国，是古僚人的聚居地，先秦时代，以农耕为主的僚民族已有酿酒和饮酒嗜好。据史书记载，北宋大观、宣和年间(1107—1125)，二郎滩一带的土著居民即开始以郎泉水酿酒。郎酒在1984年、1988年的全国第四、五届评酒会上荣获"国家名酒"称号及金质奖；1989年在香港第三届国际旅游博览会上获金杯奖。

（三）生产工艺

郎酒以高粱和小麦为原料，用纯小麦制成高温曲作为糖化发酵剂，引郎泉之水，其酿造工艺与茅台酒大同小异。两次投料，七次取酒，周期为九个月，酒液按质分贮于天然溶洞的"天宝洞"和"地宝洞"，三年后再勾兑出厂。人称郎酒为"山泉酿酒，深洞贮藏；泉甘酒冽，洞出奇香"。

（四）特点

郎酒酒液呈微黄色，清澈透明，酱香突出，酒体丰满，空杯留香久远，以"酱香浓郁、醇厚净爽、幽雅细腻、回甜味长"的独特风格著称。郎酒酒度通常为39度、53度。

十、董酒

（一）产地

董酒产于贵州省遵义市。董牌董酒是贵州董酒股份有限公司的产品。

（二）发展历史

遵义酿酒历史悠久，可追溯到魏晋时期，以酿有"咂酒"闻名。清代末期，董公寺的酿酒业已有相当规模。1927年程氏后人程明坤汇聚前人酿技，创造出独树一帜的酿酒方法，使酒别有一番风味，颇受人们喜爱，出产的酒被称为"程家窖酒""董公寺窖酒"，1942年被称为"董酒"。1984年获轻工业部酒类质量大赛金杯奖；1963年、1979年、1984年、1988年在全国第二、三、四、五届评酒会上荣获"国家名酒"称号及金质奖；1991年在日本东京第三届国际酒博览会上获金牌奖；1992年在美国洛杉矶国际酒类展评交流会上获华盛顿金杯奖。

（三）生产工艺

董酒选用优质高粱为原料，引水口寺甘洌泉水，以大米加入95味中草药制成的小曲和小麦加入40味中草药制成的大曲作为糖化发酵剂，以石灰、白泥和洋桃藤泡汁拌和而成的窖泥筑成偏碱性地窖作为发酵池，采用"两小两大，双醅串蒸"工艺，即小曲由小窖制成酒醅、大曲由大窖制成香醅，两醅一次串蒸形成原酒，经分级陈贮一年以上，并精心勾兑。为保护这一独特精湛的酿造工艺，1983年国家轻工业部将董酒工艺、配方列为科学技术保密项目“机密”级，1996年国家保密局又重申这一项目为国家机密，严禁对外做泄密性宣传。

(四)特点

董酒酒液无色、清澈透明，香气幽雅舒适，既有大曲酒的浓郁芳香，又有小曲酒的柔绵、醇和、回甜，还有淡雅舒适的药香和爽口的微酸，入口醇和浓郁，饮后甘爽味长。由于酒质芳香奇特，被人们誉为香型白酒中独树一帜的“药香型”或“董香型”典型代表。董酒酒度通常为58度，低度酒为38度。

资料链接　想喝纯粮酒，千万看清这些标志！

目前中国白酒业的基本状况是：年销售量500万吨，其中固态发酵的纯粮酒150万吨左右，其他都是食用酒精。这是专家接受记者采访时透露的。

根据原国家食品药品监督管理总局《关于进一步加强白酒质量安全监督管理工作的通知》(食药监食监一〔2013〕244号)规定，使用食用酒精勾调的白酒(液态法白酒)，其配料表必须标注食用酒精、水和使用的食品添加剂，不得标注原料为高粱、小麦等。

不过，虽然食用酒精勾兑是符合国家相关标准的，但由于消费者一直对勾兑有误解，所以白酒企业也不愿意公布这些，在产品标注上存在违规的情形。但鉴于成本压力，在低端白酒中，用一部分级别较低的原酒，再用一部分食用酒精调制而成的现象较为普遍。

如何分辨伪造身份的酒精酒？

当你选购酒产品的时候，第一件事是看外包装上注明的信息，看一看生产厂家、生产日期等。有一点需要特别注意，当你看到商品标签上有这样的“信息”时，建议您小心购买！即产品标准号为：GB/T 20821或GB/T 20822。

酒类生产流通，必须要一套标准原则。表5-1所示的是液态法白酒、固液法白酒以及各种香型白酒的执行标准。

表5-1　液态法白酒、固液法白酒以及各种香型白酒的执行标准

产品标准号	代表意义	可否选购
GB/T 20821-2007	液态法白酒	×
GB/T 20822-2007	固液法白酒	×
GB/T 26760-2011	酱香型固态发酵标准	√
GB 10781.1-2006	浓香型固态发酵标准	√
GB 10781.2-2006	清香型固态发酵标准	√
GB 10781.3-2006	米香型固态发酵标准	√
GB/T 26761	小曲固态法白酒	√

①液态法GB/T 20821：建议小心购买，是食用酒精勾兑的。

②固液法 GB/T 20822：建议小心购买，是用不高于30%的固态纯粮基酒＋食用酒精＋香精＋水勾兑出来的。

③固态法：真正的粮食酒

所以，通过这几个执行标准代码，你就能推测出它的真实身份了！

由图而知，建议购买带有图5-2和图5-3标注的白酒，建议小心购买带有图5-1标注的白酒。

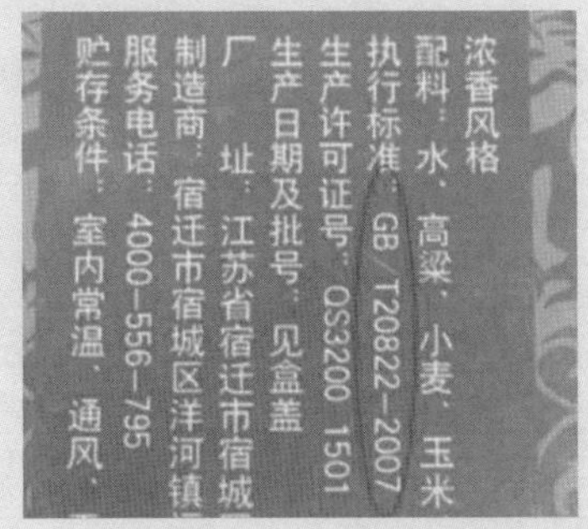

图5-1　标准1

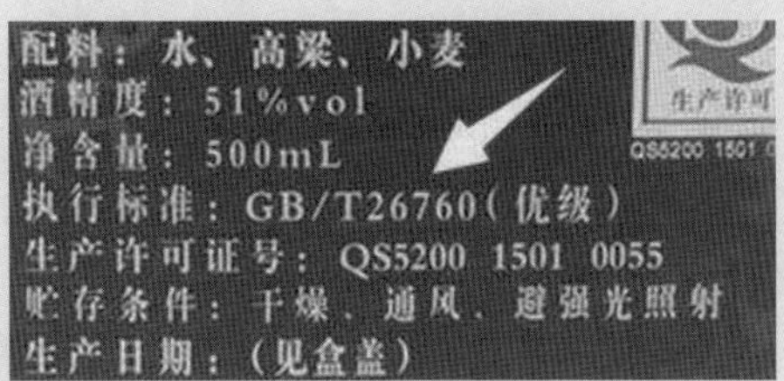

图5-2　标准2

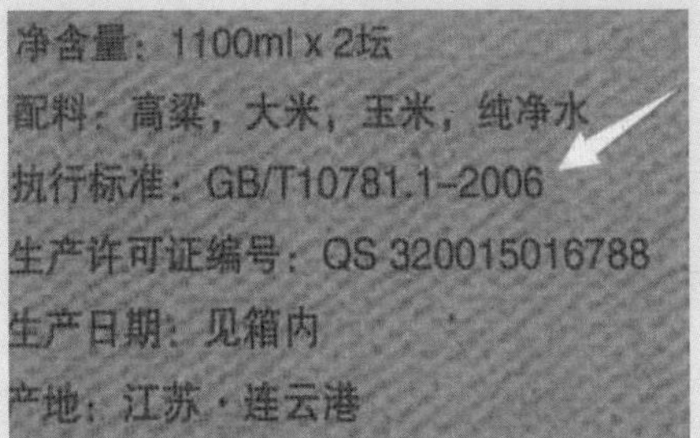

图5-3　标准3

如果酒瓶标注 GB/T 27588－2011. 露酒国标或 GB/T 23546－2009. 奶酒国标，可以判别是粮食酒还是酒精酒吗？

无法判别。因为露酒、奶酒规定里注明可使用固态发酵白酒，也可使用食用酒精。

酒精酒如何通过执行标准号“隐瞒身份”？

【方式一】：通过选择“卫生执行标准”回避这一问题。如 GB 2757 是所有酒类生产企业必须遵守的卫生标准，一般无须标注。如有某款产品标注这个代码，那么有可能是心虚！

【方式二】：地方标准、企业标准混杂。国标、地标与企标的代码见表5-2。

表5-2　　国标、地标与企标的代码

代码	含义
GB	国家强制执行标准
GB/T	国家推荐执行标准
DB	地方标准
QB	企业标准

有不少"酒精酒"通过选择地方标准、企业标准来绕开工艺及酒质问题。所以,当看到标准号为DB、QB开头,需要多留意。

大多数情况下,DB、QB的标准要低于GB、GB/T。当然也不排除某些企业为了提升品牌将企业标准制定得更严格。但国标还是更具说服力一些。

有不少酒明明是食用酒精勾兑,却伪造自己的身份标注了纯粮固态的执行标准。如今很多企业明明使用了食用酒精,却不顾法律规定仍然标注GB/T 10781.1—2006浓香国标、GB/T 10781.2—2006清香国标。

当你买到了这样一瓶伪造身份的酒,可以送到质检部门检验它的酒精度、乙酸乙酯。当酒精度超过58°或乙酸乙酯小于2.00或1.50,就非常有可能是食用酒精勾兑酒。如果其中醛类超标,那就是根本不能喝的工业酒精酒!

这些数据,在执行标准中都能找到相应的数据参考。

有的时候,会看到执行标准里有优级或一级的标注。执行标准里的优级、一级是什么意思?

这一般出现在GB开头的国标。通过这两个标注可以看出酒质的好坏,优级>一级产品。以浓香型白酒为例,高度酒感官要求见表5-3。

表5-3　　高度酒感官要求

项目	优级	一级
色泽和外观	无色或微黄,清亮透明,无悬浮物,无沉淀	无色或微黄,清亮透明,无悬浮物,无沉淀
香气	具有浓郁的已酸乙酯为主体的复合香气	具有较浓郁的已酸乙酯为主体的复合香气
口味	酒体醇和谐调,绵甜爽净,余味悠长	酒体较醇和谐调,甜爽净,余味较长
风格	具有本品典型的风格	具有本品明显的风格

真正的白酒爱好者会选择优级产品。一级产品相对来讲要差些。比如酱香型白酒,必须是使用大曲酿制的才可以标注优级,如果是使用麸曲工艺只能标注一级。

大家在市场上可以发现,即便是标记了优级的产品,价格差别也很大,有几十元的也有上千元的。这是因为优级产品中也有高低之分,有非常精品的优级产品,也有刚达标的优级产品。所以,这种识别方法只能作为一种参考,并不能完全确定标注优级的一定是好酒。

【实用总结】

1.建议您小心购买

GB/T 20821或GB/T 20822或GB2757

2.持观望态度购买的

DB或QB开头的产品,GB里的(一级)产品;被市场滥用的GB/T 10781.1—2006、GB/T 10781.2—2006

3.无法判别是否是酒精酒的

GB/T 27588—2011.露酒国标;GB/T 23546—2009.奶酒国标。

任务三　中国白酒的饮用与服务

一、用杯

饮用中国的白酒所用的杯具为利口酒杯或高脚酒杯，传统为小型陶瓷酒杯。

二、饮用时机

一般作为佐餐酒。

三、饮用方式

(一)净饮

传统上冬季可温烫。东南亚习惯冰镇。

(二)调配混合饮料

在调制中式鸡尾酒中用作基酒，如用五粮液、橙汁、红石榴汁可制成鸡尾酒“遍地黄金”。

项目小结

本项目可使学生知道中国白酒是以谷物、薯类等为原料，经发酵、蒸馏制成的烈性酒，是世界蒸馏酒中产量最大、品种最多的蒸馏酒；中国白酒有着独特的生产工艺；中国白酒按照传统的香型分类，可分为酱香型、浓香型、清香型、米香型、兼香型；中国白酒的著名品牌有茅台酒、汾酒、泸州老窖、五粮液、西凤酒、洋河大曲、古井贡、剑南春、郎酒和董酒等。

实验实训

安排1～2次直观教学活动，组织学生认识中国白酒名品的酒标、瓶型等，并分组进行中国白酒知识竞赛。

思考与练习题

1. 中国白酒的概念和主要生产原料是什么？
2. 与其他蒸馏酒相比，中国白酒的生产工艺有哪些特点？
3. 中国白酒的命名应注意哪些问题？
4. 中国白酒著名品牌的产地、生产厂家、特点各是什么？
5. 中国白酒著名品牌的生产工艺各有什么特点？

配制酒服务

学习目标

能知道开胃酒、甜食酒、利口酒的概念、种类及名品
能知道中国配制酒的分类、特点及名品

能力目标

会进行开胃酒、甜食酒、利口酒各种配制酒的服务

主要任务

- 任务一　开胃酒服务
- 任务二　甜食酒服务
- 任务三　利口酒服务
- 任务四　中国配制酒服务

配制酒通常以酿造酒、蒸馏酒为基酒，加入各种酒精或香料而成。配制酒的名品多来自欧洲，其中以法国、意大利等国的配制酒最著名。配制酒的品种繁多，风格各不相同，主要可以归纳为开胃酒、甜食酒和利口酒三大类。

任务一　开胃酒服务

一、开胃酒的概念

开胃酒又称餐前酒。开胃酒的名称源于专门在餐前饮用的能增加食欲的酒。开胃酒的概念比较模糊，随着饮酒习惯的演变，开胃酒逐渐被专门用于指以葡萄酒和某些蒸馏酒为主要原料的配制酒，如味美思（Vermouth）、比特酒（Bitter）和茴香酒（Anise）等。

开胃酒大约在公元前400年就流行了，当时，酿造这些酒的是药剂师，主要提供给皇家贵族们饮用，他们认为这些酒是长生不老药。因为开胃酒酿酒的香料、草药有40多种，所以开胃酒的确具有一定的药效。

二、开胃酒主要种类

（一）味美思（Vermouth）

1. 味美思的概念

味美思是以葡萄酒为基酒，加入各种植物的根、茎、叶、皮、花、果实以及种子等芳香物质酿造而成。因这种酒中加入了苦艾草（Wormwood），因此人们也称它为苦艾酒。味美思以意大利、法国生产的最为著名。

2. 味美思的生产工艺

味美思是加香葡萄酒中最著名的品种。一般来说，味美思是以葡萄酒为基酒，调配各种香料（包括苦艾草、大茴香、苦橘皮、菊花、小豆蔻、肉豆蔻、肉桂、白芷、白菊、花椒根、大黄、丁香、龙胆、香草等），经过搅拌、浸泡、冷却澄清等过程调配而成。根据不同的品种，调配方法也各异，如白味美思需加入冰糖和食用酒精或蒸馏酒，红味美思需加入焦糖调色。

味美思的制作方法有3种：

（1）在已制成的葡萄酒中加入药材直接浸泡。

（2）预先制造出香料，再按比例加至葡萄酒中。

（3）在葡萄汁发酵期，将配好的药材投入发酵。

3. 味美思的分类及名品

（1）干型味美思

根据生产过程的不同，干型味美思颜色有所差别，如法国干型味美思呈草黄或棕黄色；意大利干型味美思呈淡白、淡黄色。干型味美思糖分含量均不超过4%，酒度为18

度。干型味美思涩而不甜，含葡萄酒原酒至少80%，以法国产的最为著名。它也是调制马天尼鸡尾酒的绝佳配料。

著名的品牌有：杜法尔(Duval)、香白丽(Chambery)。

(2)甜型味美思

甜型味美思的香味、葡萄味较浓，含葡萄酒原酒75%，喝后有甜苦的余味，略带橘香，以意大利生产的最为著名。甜型味美思是调制曼哈顿鸡尾酒的必备材料。为了配合其甜味，意大利味美思的酒标多为色彩艳丽的图案，分红、白两种。

著名的品牌有：马天尼(Martini)、仙山露(Cinzano)。

(二)比特酒(Bitter)

1.比特酒的概念

比特酒是从古药酒演变而来的，至今仍保留着药用和滋补的功效。比特酒是用葡萄酒和食用酒作基酒，调配多种带苦味的花草及植物的茎、根、皮等制成。酒精含量一般为16%～40%，有助消化、滋补和兴奋的作用。

2.比特酒名品

(1)金巴利(Campari)

金巴利产于意大利的米兰，它是最受意大利人欢迎的开胃酒。它的配方已超过千年历史，是用橘皮、奎宁及多种香草与烈酒调配而成。金巴利酒液呈棕红色，药味浓郁，口感微苦而舒适，酒度为26度。金巴利有多种喝法，例如金巴利加橙汁、西柚汁，金巴利加汤力水，金巴利加冰块。金巴利加苏打水是最为流行的喝法。

(2)杜本内(Dobonnet)

杜本内产于法国，是法国最著名的开胃酒之一。它是用金鸡纳树皮及其他草药浸制在葡萄酒中制成的。杜本内酒液呈深红色，苦味中略带甜味，风格独特。杜本内有红、白两种，以红杜本内最为著名，酒度为16度。

(3)安哥斯特拉苦精(Angostura)

安哥斯特拉苦精由委内瑞拉医生西格特于1824年发明，起初是用于退热的药酒，现广泛作为开胃酒。它是世界上最著名的苦味酒之一，以朗姆酒作基酒，以龙胆草为主要调配料，配制秘方至今分成4个部分放在纽约银行的保险柜中。此酒芳香悦人，经常用来调配鸡尾酒。

(三)茴香酒(Anise)

1.茴香酒的概念

茴香酒是用茴香油与食用酒精或蒸馏酒配制而成的。茴香油一般从八角茴香和青茴香中提取，前者多用于开胃酒的制作，后者多用于利口酒的制作。

2.茴香酒的分类与名品

茴香酒有无色和染色之分，酒液视品种的不同而呈不同的颜色。茴香酒的茴香味浓重而刺激，酒度在25度左右。

茴香酒以法国生产的最为著名。里卡德(Ricard)和潘诺(Pernod)是著名的茴香酒品牌。

三、开胃酒饮用与服务

1. 净饮

使用工具：调酒杯、鸡尾酒杯、量杯、酒吧匙和滤冰器。做法：先把 3 粒冰块放进调酒杯中，量 42 毫升开胃酒倒入调酒杯中，再用酒吧匙搅拌 30 秒钟，用滤冰器过滤冰块，把酒滤入鸡尾酒杯中，加入一片柠檬。

2. 加冰饮用

使用工具：平底杯、量杯、酒吧匙。做法：先在平底杯中加入半杯冰块，量 1.5 量杯开胃酒倒入平底杯中，再用酒吧匙搅拌 10 秒钟，加入一片柠檬。

3. 混合饮用

开胃酒可以与汽水、果汁等混合饮用，也是作为餐前饮料。其他开胃酒如味美思等也可以照此混合饮用。除此之外，还可调制许多鸡尾酒饮料。

任务二　甜食酒服务

一、甜食酒的概念

甜食酒（又称为强化葡萄酒）是以葡萄酒为主要原料，加入少量白兰地或食用酒精而制成的一种配制酒。甜食酒的主要特点是口味较甜，通常是在餐后吃甜食时饮用的酒品。这种酒的酒精含量超过普通餐酒的一倍，开瓶后仍可保存较长时间。常见的甜食酒有雪利酒、波特酒、玛德拉酒等。

二、甜食酒的种类

（一）雪利酒（Sherry）

1. 雪利酒的概念

雪利酒又称些厘酒，产于西班牙的加的斯（Cadiz），是西班牙的国酒。英国人称其为“Sherry”，英国人嗜好雪利酒胜过西班牙人，人们遂以英文名称其为雪利酒。

2. 雪利酒的种类及特点

西班牙的雪利酒有两大类：菲诺雪利酒（Fino Sherry）、奥罗露索雪利酒（Oloroso Sherry），其他品种均属这两类的变型酒品。

（1）菲诺雪利酒（Fino Sherry）

菲诺雪利酒以清淡著称。酒液淡黄而明亮，是雪利酒中色泽最淡的酒品，其香气精细而优雅，给人清新之感，酒度为 17～18 度。菲诺雪利酒口感甘洌、爽快、清淡。此类酒品常被用作开胃酒，实际上佐以小吃或配汤都可以，需冰镇后饮用。常见的菲诺雪利酒有以

下几种：

①阿蒙提拉多(Amontillado)

阿蒙提拉多用途最广，销路最好，是菲诺雪利酒中的一个品种。它属于陈年的菲诺雪利酒，呈琥珀色，至少要陈酿8年，有干型、半干型之分。阿蒙提拉多的香气中带有核桃仁味，口感甘洌而清淡，酒度为16～18度。

②曼赞尼拉(Manzanilla)

曼赞尼拉是西班牙人最喜欢的酒品。酒液微红、清亮，香气温馨醇美，口感甘洌、清爽、微苦，常伴有杏仁香味，酒度为15～17度。酒液陈酿时间短的称为Manzanilla Fina，陈酿时间长的称为Manzanilla Pasada。

(2)奥罗露索雪利酒(Oloroso Sherry)

"Oloroso"在西班牙语中的意思为"芳香"，奥罗露索雪利酒有"芳香雪利酒"之称。酒液呈黄棕色，透明度极好；香气浓郁扑鼻，具有坚果香气特征，而且越陈越香；口味浓烈、绵柔、甘洌中有甘甜之感，酒度一般为18～20度，酒龄较长的其酒度可达24～25度。天然的奥罗露索雪利酒是干型的，但有时也添加糖，但仍以奥罗露索名称出售，这种酒是用来代替点心或佐甜食或饮咖啡前后喝的。但很多人喜欢把它当作晨间的兴奋剂或午后、晚上的饮料，如果用作开胃酒，则需冰镇处理。常见的奥罗露索雪利酒有以下几种：

①阿莫露索(Amoroso)

阿莫露索是一种甜雪利酒。酒液呈深红色，口味凶烈，劲足力大，甘甜圆正，深为英国人所喜爱。

②乳酒(Cream Sherry)

乳酒是极甜的奥罗露索雪利酒，首创于英国。酒的香气浓郁，口味甜，常用于代替波特酒而在餐后饮用。此酒在全世界的销售量最大。

除以上介绍的各种雪利酒，还有很多世界知名的品牌，如山地(Sandeman)、克罗夫特(Croft)和公扎雷·比亚斯(Gonzalez Byass)等。

3. 雪利酒的生产方法

西班牙种植葡萄的土壤分为3个类型：微白垩土壤、沙土和矿泉泥。其中，以微白垩土壤最富典型性。在这种土壤上种植的葡萄，酿制出来的雪利酒是最好的。

酿制雪利酒的葡萄品种是加的斯巴洛来洛、非奴巴罗米洛和白得洛斯麦勒，另外还有少量的玫瑰香葡萄。在这几个品种中，生产普通雪利酒需要85%～88%的非奴巴罗米洛葡萄，如果生产高级的雪利酒，这个品种的用量则高达98%。采下葡萄后，为了榨取浓汁，要先在草席上暴晒1～2天，然后将压榨出的果汁倒入长有菌膜的木桶中进行发酵，雪利酒的第一次发酵时间是3～7天。经过约3个月的时间开桶塞，敞开桶口，让空气进入桶内，葡萄酒自由接触空气。当发酵作用即将结束时，雪利酒的糖分已经转变成酒精。在第二年的1月或2月，将酒从桶中抽出，经过嗅尝，评定质量，分出档次，决定应该向哪一类型进行处理，是成为干型轻质的菲诺雪利酒，还是丰满的奥罗露索雪利酒。如果酒液上长出一层"酒花"，呈灰色泡沫铺在液面上，就是菲诺雪利酒；反之，则是奥罗露索雪利酒。

4. 雪利酒的贮存

雪利酒应在专门的酒库中通风、通气，经过一段时间的贮存，达到规定的酒龄(一般不

超 3 年)，即可对酒进行有关方面的后处理，如调配、杀菌、澄清、装瓶等。同时，也可做成其他类型的雪利酒。

(二)波特酒(Port Wine)

1. 波特酒的概念

波特酒是葡萄牙的国酒，是世界上最著名的甜葡萄酒之一。波特酒的生产工艺特殊，在葡萄发酵的过程中，为了保留它所含的天然葡萄糖分，加入葡萄酒精，即白兰地酒，以终止其继续发酵，使酒变得甜蜜而醇厚，故这种酒的酒精含量较高，酒度为 15～20 度，超过一般葡萄酒的酒度。

2. 波特酒的分类

(1)好年成的波特酒

好年成的波特酒是被公认的好年成的葡萄酿制的波特酒，可以适当勾兑其他葡萄园的好年成的葡萄酒，但必须是同一年的葡萄酒。法律规定，好年成的波特酒必须在橡木桶中至少陈酿 2 年，装瓶后继续陈酿，10 年后成熟，其寿命长达 35 年。此类波特酒口味醇厚，果香、酒香谐调，甜爽温润。商标上需注明年份。

(2)类好年成的波特酒

类好年成的波特酒是由各种年份的葡萄酒勾兑，陈酿于橡木桶 4 年即可饮用。柔顺圆正，果香悦人。

(3)陈年波特酒

陈年波特酒是用几种高质量的葡萄酒勾兑，陈酿于橡木桶中 4 年，装瓶后陈放 5～6 年，有明显的沉淀后出售。

(4)陈年茶红波特酒

陈年茶红波特酒在橡木桶中陈酿 10～20 年或更长的时间，因酒色为茶红色而得名。

(5)陈年宝石红波特酒

陈年宝石红波特酒是由几种优质葡萄酒勾兑而成，陈酿 4 年，在－8℃左右低温处理后装瓶，果香突出，口味甘润。

(6)茶红波特酒

茶红波特酒是由红葡萄酒和白葡萄酒勾兑而成，陈酿 6～8 年，酒体柔顺，具有坚果型香气。

(7)宝石红波特酒

宝石红波特酒是酒龄最短的波特酒，陈酿不到 1 年，仍保持新葡萄酒的色彩，酒体丰满，果香味十足。

(8)单一葡萄园波特酒

单一葡萄园波特酒是由单一葡萄园所产的葡萄酿制而成的波特酒。

(9)晚装瓶年份波特酒

晚装瓶年份波特酒(简称 LBV)是延长木桶陈酿期的好年成波特酒，陈酿 4～6 年，有的厂商也把年份标在商标上(例如“1983 LBV”)。

3. 波特酒的生产工艺

波特酒的生产工艺很严谨，必须使用杜罗河谷种植的葡萄为原料，当葡萄酒发酵至酒度为 6 度时，分离皮渣，加白兰地酒，使酒液中断发酵，然后熟化。每年的 9 月至 10 月初是收获季节，整个村庄热闹非凡，到处是音乐声和歌舞声，榨汁工作昼夜不断，紧接着开始发酵工作。第二年春天各葡萄园将发酵好的酒液运往波尔图市附近的维拉·诺娃村——波特酒收集地，然后经过熟化、勾兑就可以成为成品。

4. 波特酒的贮存

波特酒的上品贮藏时间要求达到 4～6 年。实际上波特酒究竟贮存多长时间比较好，是根据不同的消费者的要求而定的。有的消费者喜欢色泽为鲜红色的、具有芬芳果香的波特酒，这种贮存时间短的新酒，其酒龄一般为 1～2 年；有的消费者喜欢色泽为茶红色的、具有浓郁陈酒香味且口味柔润的波特酒，这种贮存时间较长的波特酒，其酒龄多在 4～6 年。

（三）玛德拉酒（Madeira）

玛德拉酒产于葡萄牙的玛德拉岛上，是以地名命名的酒品。它是酿造周期最长的一种酒，也是世界上贮存寿命最长的酒，最长可达 200 年之久。

玛德拉酒属于干型白葡萄酒，越不甜越好喝，作为饭前开胃酒饮用最佳。

三、甜食酒的饮用与服务

根据酒品本身的特点和不同国家的饮用习惯，有的甜食酒可作为开胃酒，有的甜食酒可作为餐后酒。

饮用甜食酒使用专用的甜食酒酒杯，其标准用量为 50 毫升。不同的酒品，其饮用的温度不同。如果作为餐前酒的甜食酒，需冰镇后饮用；如果作为餐后酒的甜食酒，可常温饮用。另外，陈年波特酒因有沉淀，故需要进行滗酒处理。

任务三　利口酒服务

一、利口酒的概念

利口酒又称餐后甜酒，是一种用蒸馏酒（如白兰地、威士忌、金酒等）、甜味糖浆（或蜂蜜）和其他物质加味而得来的一种含酒精饮品。

利口酒的主要生产国为法国、意大利、荷兰、德国、匈牙利、日本、英格兰、俄罗斯、爱尔兰、美国和丹麦。

利口酒的酒精含量为 15%～55%，颜色娇媚，气味芬芳，酒味甜蜜，适合餐后饮用。利口酒因含糖量较高，相对密度较大，色彩鲜艳，常用来增添鸡尾酒的颜色和香味，突出其个性。同时，利口酒又是调制彩虹鸡尾酒不可或缺的材料。另外，还可用利口酒烹调、烘

烤、制冰激凌或布丁等甜点。一些利口酒由于它们的药用价值而被大家推崇，具有治疗作用，例如防治和治疗痢疾等。

二、利口酒的生产工艺

利口酒的配方常是保密的，制造商不对外公开。利口酒的种类不断发展和更新，在欧洲各地几乎每个村子都有它们自己独特的配方。

不论任何风味的利口酒，其制作方法主要有以下 4 种：

(一)蒸馏法

将鲜花或新鲜水果投入酒中，密闭浸泡一段时期，取出鲜花或水果，加入适量的烈性酒和水进行蒸馏，将蒸馏出的酒液加水调制成需要的酒度，加糖和色素，搅拌均匀，经过一段时间熟化，过滤后装瓶。

(二)浸泡法

将植物香料、水果或药材等直接投入酒液中，浸泡一段时间，取出浸泡物，将酒液过滤，装瓶或将酒液加水稀释，调整酒度，加糖和色素等，经过一定时间熟化，过滤后装瓶。

(三)煮出法

将香料加水后蒸煮、去渣，取出原液后加酒和水，调整到需要的酒度，加糖和色素，搅拌均匀，熟化 2 至 3 个月，过滤后装瓶。

(四)配制法

在中性烈酒或食用酒精中按一定比例加入糖、水、柠檬酸、香精和色素等，搅拌均匀后熟化一段时间，过滤后装瓶即成利口酒。使用配制法制成的利口酒不是优质利口酒。

三、利口酒的种类与名品

利口酒有多种风味，主要包括：水果类利口酒、香草植物类利口酒、种子类利口酒、奶油类利口酒、咖啡利口酒、鸡蛋利口酒和薄荷利口酒等。

(一)水果类利口酒

水果类利口酒是把水果肉和水果皮的味道和香气作为主要特色制成的香甜利口酒。名品有：

1. 库拉索酒(Curacao)

库拉索酒产于荷兰，该酒是以库拉索岛上特产的香气浓郁但具苦味的苦橙皮浸泡在食用酒精中调香配制而成的一种橙香利口酒。库拉索酒颜色多样，橙橘香味悦人，味道清爽、优雅、微苦，适宜作餐后甜酒或调配鸡尾酒的配酒。在库拉索酒中，以荷兰 Bols 公司出产的库拉索酒最为著名，其中的蓝橙皮利口酒是最受欢迎的产品，是调制鸡尾酒的主要辅料之一。

2. 君度(Cointreau)

君度是法国生产的世界著名的橙香利口酒之一，始创于 18 世纪初。君度的原形为法国古老的橙香利口酒“Triple Sec”。君度采用库拉索岛的苦橙皮浸泡在蒸馏酒中一段时

间后，再进行蒸馏提香，然后加入糖浆等其他成分，酿制完成后装瓶销售。君度浓郁的酒香中混合着柑橘自然的果香，而桶花、白茬根和淡淡的薄荷香味更加突出了君度特殊的浓郁和不凡的气质。长期以来，君度一直被认为是无法为其他品牌所取代的利口酒中的极品。君度加冰块后，酒的甜度会降低，同时各种浓郁的香气被激发到极致，而酒的刚烈特性因为冰块的加入而变得更加柔醇。因在第二次世界大战期间仿冒“Triple Sec”的厂商太多，故改名为“Cointreau”(君度)，但是君度优异的酒质是其他品牌所无法复制的。到目前为止，君度的酿制秘方一直被君度家族视为最珍贵的资产，受到极力保护。在酒吧中，君度是常备的酒品之一，常用来调制鸡尾酒和加冰饮用。君度酒度为 40 度。

3. 金万利(Grand Marnier)

金万利是法国生产的世界著名橙香利口酒之一，采用法国白兰地浸泡苦橙皮酿制而成。该酒橙香味突出，口味辛烈、劲大、甘甜、醇厚，酒度为 40 度。金万利以酒液颜色的不同分为两个品种：黄色金万利和红色金万利。其中，红色金万利因其采用干邑白兰地作为基酒来酿制，因此在世界范围内尤为著名。

(二)香草植物类利口酒

香草植物类利口酒的配制原料是由香草植物组成，制酒工艺颇为复杂，配方及生产工艺严格保密。名品有：

1. 修道院酒(Chartreuse)

修道院酒是世界闻名的利口酒，有“利口酒女王”之誉。它是以葡萄酒为基酒(浸制 100 多种草药)，再勾兑蜂蜜，陈酿 3 年以上，有的长达 12 年之久。修道院酒一般适合少量品饮，也可用来调制鸡尾酒。

2. 当酒(Benedictine)

当酒简称“D. O. M”，意思是献给至高至上的主。它产于法国的诺曼底地区，是用葡萄蒸馏酒为基酒，用 27 种草药调香，再勾兑蜂蜜配置而成的。

3. 杜林标(Drambuie)

杜林标产于英国，是一种用草药、威士忌、蜂蜜调配而成的利口酒。此酒常用作餐后酒或加冰饮用。

4. 加利安奴(Galliano)

加利安奴产于意大利，是以意大利一个世纪前的英雄加利安奴的名字命名的酒品。它是加入了 30 多种香草酿造出来的甜酒，味道醇美，香味浓郁，一般盛放在高身而细长的酒瓶内。

(三)种子类利口酒

种子类利口酒是用植物的种子为原料制成的利口酒。酿酒的种子多是含油量高、香味浓的坚果种子。名品有：

1. 茴香利口酒(Sambuca Romana)

茴香利口酒起源于荷兰的阿姆斯特丹，制酒时先用酒精和茴香制成香精，再勾兑蒸馏

酒精和糖进行搅拌。

2. 杏仁利口酒(Apricot Liqueur)

杏仁利口酒酒液颜色绛红发黑,果香突出,口味甘美,以法国、意大利的产品最好,如法国的果核酒、意大利的芳津杏仁利口酒等均是著名的杏仁利口酒。

(四)奶油类利口酒

制作这种香甜酒的原料形形色色,果实、植物、咖啡等不胜枚举,无论使用什么材料,其共同点是要像奶油一般甜腻。例如:可可利口酒,是以可可豆浸入基酒中或直接用可可豆加入其他植物蒸馏酒而制成的利口酒,其种类繁多,口味极甜,酒精含量30%,有白色和棕色两种。

(五)咖啡利口酒

咖啡利口酒以添万利(Tia Maria)和咖啡蜜(Kahlua)利口酒最为著名。添万利是牙买加出产的世界著名的咖啡利口酒,以朗姆酒为基酒,加入牙买加生产的世界著名的咖啡品种——蓝山咖啡和其他香料配制而成,酒精含量31.5%。咖啡蜜是墨西哥产的咖啡利口酒,在美国市场十分畅销,若将它浇在冰激凌或调在牛奶中会使这些食品味道更好。

(六)鸡蛋利口酒

鸡蛋利口酒是以白兰地为原料,以鸡蛋黄为调香物质配制而成的利口酒,酒精含量30%。

1. 艾德维克(Advocaat)

荷兰生产的鸡蛋利口酒是以白兰地为主要原料,加入鸡蛋黄、糖蜜和加香物质制成的利口酒。

2. 康迪其诺(Contichinno)

澳大利亚生产的康迪其诺是以无色朗姆酒为基酒,加入咖啡和鲜奶油制成的利口酒。

(七)薄荷利口酒

薄荷利口酒是具有薄荷清凉感并带有甜味和其他香味的利口酒。薄荷利口酒以金酒为主要原料,加入薄荷、柠檬及其他香料,酒精含量为30%~40%,最高达50%。薄荷利口酒酒体较稠,分为白色、绿色和红色三种,饮用时加冰块或加水稀释。

四、利口酒的饮用与服务

(一)利口酒的饮用温度

利口酒饮用温度由饮者决定,基本原则是果味越浓、甜味越大、香气越重的酒,其饮用温度越低,低温处理时可加冰块或冷藏处理。香草植物类利口酒宜冰镇饮用。奶油类利口酒加冰饮用,效果更佳。种子类利口酒一般常温饮用。

(二)利口酒的饮用

1. 净饮

饮用利口酒时用利口酒专用杯,容量为35毫升,倒满即可。

2. 加冰饮用

在平底杯中加半杯冰块，将 28 毫升的利口酒倒入杯中，用吧匙搅拌。

3. 混合饮用

很多利口酒因糖分含量多且浓稠，所以不宜净饮，需加冰或兑其他饮料后饮用。

例如，绿薄荷加雪碧汽水：在柯林杯中加半杯冰块，倒入 28 毫升的绿薄荷酒，再倒入 168 毫升的雪碧，用吧匙搅拌均匀；绿薄荷加菠萝汁：在平底杯中加半杯冰块，倒入 28 毫升的绿薄荷酒，再倒入 112 毫升的菠萝汁，用吧匙搅拌均匀。

任务四　中国配制酒服务

一、中国配制酒的概念

中国配制酒有悠久的历史和优良的传统，特别是其保健功能被历代医学家、药理学家所重视，他们将临床经验著书立说，为发展我国的配制酒提供了宝贵财富。

中国配制酒是用发酵原酒，如黄酒、葡萄酒、果酒或蒸馏酒（白酒或食用酒精）为酒基，用浸泡、掺兑等方法加入香草、香料、果皮或中药等加工配制而成的饮料酒。

二、中国配制酒分类

中国配制酒根据加入材料的不同，主要可分为两类：露酒、药酒与滋补酒。

（一）露酒

露酒是以蒸馏酒、发酵酒或食用酒精为酒基，采用芳香性植物的花、根、皮、茎等，以及具有一定治疗功效的中草药材配制而成的饮料酒。这类酒的酒精含量比较高，一般为 30%～50%，为使其口味甜、柔和爽口，会调入冰糖、蜂蜜等甜味剂等。这类酒是我国具有独特风格的传统美酒，被誉为“琼浆玉液”。

典型的露酒有桂花酒、青梅酒、竹叶青酒、五加皮酒、三鞭酒、蛤蚧酒等。露酒的主要名品有：

1. 山西竹叶青

中国配制酒以山西竹叶青最为著名。竹叶青产于山西杏花村汾酒集团有限责任公司，它以汾酒为原料，加入竹叶、当归、檀香等芳香中草药材和适量的白糖、冰糖后浸制而成。该酒色泽金黄，略带青碧，酒味微甜清香，酒性温和，适量饮用有较好的滋补作用。酒精含量为 45%，糖分含量为 10%。

2. 其他配制酒

其他配制酒种类很多，如在成品酒中加入中草药材制成的五加皮酒；加入名贵药材的人参酒；加入动物性原料的鹿茸酒、蛇酒；加入水果的杨梅酒、荔枝酒等。

(二)药酒与滋补酒

按最新的国家饮料酒分类体系,药酒与滋补酒属于配制酒范畴。中国的药酒与滋补酒的主要特点是在酒中加入了中草药,因此两者并无本质上的区别。

1. 药酒

药酒主要以治疗疾病为主,根据药材的特性和对人体的作用,具有调节免疫功能、改善微循环系统、调节神经及内分泌、促进造血、利尿、助消化、镇痛镇静等功效,有特定的医疗作用。常见的药酒有:

健胃酒:状元红酒、白玉露药酒。

行气酒:佛手酒、木香酒。

祛风类酒:定风酒。

风湿类酒:虎杖酒、五加参酒、虎骨酒。

2. 滋补酒

滋补酒,又叫保健酒,利用具有咸、酸、苦、甘、辛的动植物,使其含有的有益人体的成分溶入酒中,借助酒的力量滋补、养生、健体,达到滋补强身的目的。另外,滋补酒在配制时,要求既讲究功效又注重口味。

常见的滋补酒有:至宝三鞭酒、鹿尾补酒、参茸灵酒、人参酒、墨色补酒、太岁补酒、冬虫夏草酒、中国养生酒、雪蛤补酒、蜂王浆补酒。

资料链接　**保健酒十大品牌**

劲酒　创于1953年,湖北省著名商标,世界名酒名饮协会团体会员,以保健酒、健康白酒为主的专业化企业,劲牌有限公司。

椰岛鹿龟酒　成立于1993年,海南省名牌,海南省非物质文化遗产,传统养生保健的佳品,海南椰岛(集团)股份有限公司。

张裕三鞭酒　张裕集团传统四大酒种之一,国内较大的葡萄酒生产经营企业,药酒一保健酒十大品牌之一,烟台张裕葡萄酿酒股份有限公司。

竹叶青　我国古老的传统保健名酒,以优质汾酒为基酒,配以十余种名贵药材,采用独特生产工艺加工而成,山西杏花村汾酒集团有限责任公司。

古岭神酒　广西名牌产品,广西著名商标,大型集团公司,药酒—保健酒十大品牌之一,广西古岭龙投资集团有限公司。

宁夏红　享誉全国的枸杞品牌,枸杞果酒无菌冷灌装技术行业有名,以枸杞深加工为主营业务的知名企业,宁夏红枸杞产业集团有限公司。

致中和　中华老字号,浙江省名牌,浙江省著名商标,地理标志保护产品,高新技术企业,浙江致中和酒业有限责任公司。

五粮液黄金酒　五粮液集团与巨人集团携手投资推出的保健酒品牌,遵循马王堆3号汉墓出土的古法酿造,中国巨人集团。

茅台白金酒　茅台集团旗下,个性化婚庆用酒供应商,深受商旅精英欢迎的保健酒品牌,保健酒十大品牌,贵州茅台酒厂(集团)白金酒有限责任公司。

同仁堂　始于1669年，全国中药行业著名老字号，民族医药的瑰宝，中国北京同仁堂（集团）有限责任公司。

三、中国配制酒的饮用与服务

中国配制酒的饮用讲究适量，因人而异。饮用方法分为净饮和混合饮用两种。

1. 净饮

露酒一般直接饮用30毫升以上较适宜，最好不超500毫升，长期坚持每天饮用，效果最佳。药酒适合饭后净饮，适量饮用，有益健康。

2. 混合饮用

露酒饮用时，根据个人口味可加绿茶、红茶、牛奶、红牛饮料、蓝莓汁、雪碧等勾兑。例如：竹叶青加绿茶或红茶（1∶1），再加冰块少许，口味清淡高雅，茶香、酒香自然融合，仿佛置身大自然，令人神清气爽。

项目小结

本项目可使学生知道开胃酒、甜食酒、利口酒的生产工艺、种类和特点。开胃酒是餐前饮用的酒，其气味芳香，具有开胃的作用。甜食酒是佐助西餐甜食的酒精饮料，特点是口味较甜，常以葡萄酒为主体，加入少量的白兰地或食用酒精配制而成。利口酒适合餐后饮用，口味香甜，具有高度或中度的酒精含量，颜色娇媚。利口酒包括水果类利口酒、香草植物类利口酒、种了类利口酒、奶油类利口酒、咖啡利口酒、鸡蛋利口酒、薄荷利口酒。利口酒的生产工艺在欧洲各地都有独特的配方，其主要的生产方法有浸泡法、蒸馏法和配置法等。

实验实训

模拟甜食酒的饮用与服务操作。

模拟利口酒的饮用与服务操作。

思考与练习题

1. 试述配制酒的含义及特点。
2. 试述配制酒名品的特点。
3. 试述雪利酒的生产工艺与贮存方法。
4. 试述利口酒的生产工艺、饮用方法。
5. 试述波特酒的生产工艺及特点。
6. 试述开胃酒的种类及特点。
7. 试述中国配制酒的名品及特点。

无酒精饮料服务

学习目标

能知道咖啡的起源、品种
能熟知世界著名的咖啡品牌
能熟知咖啡机的种类
能熟知茶的种类与名品
能知道如何品饮各种茶
能知道碳酸饮料等其他无酒精饮料

能力目标

会识别不同种类的咖啡
会使用各种咖啡机并会制作多种咖啡饮品
会识别不同种类的茶叶
会表演绿茶、红茶、乌龙茶、普洱茶等各式茶艺
会识别不同种类的碳酸饮料

主要任务

- 任务一　咖啡认知与服务
- 任务二　茶认知与服务
- 任务三　碳酸饮料认知与服务
- 任务四　果蔬汁饮料认知与服务
- 任务五　乳品饮料认知与服务
- 任务六　其他饮料认知与服务

任务一　咖啡认知与服务

咖啡原产于非洲的埃塞俄比亚，对于它的发现有许多不同的说法，其中人们最能接受的说法是：约在 3000 年前，一个牧羊人看到他的羊吃了一种无名灌木的果实之后变得兴奋、激动、跑跳不停，于是，牧羊人也尝了这种无名的果实，结果同样感到精神振奋。当地人们因信奉伊斯兰教，禁止教徒饮酒。于是人们用咖啡代替酒类的做法很快地传播开了。“咖啡”是当地地名的音译。

一、咖啡认知

（一）咖啡树、咖啡花和咖啡豆

咖啡树属常绿灌木，通常适合种植于海拔 1000 米到 2000 米的干热高原地带。一般，咖啡树树高约 3 米，甚至可以达 10 米以上，播种后要经过三四年才结果。咖啡树并非只有一个品种，普通栽培的咖啡树可分为阿拉比加种、利比利加种和罗姆斯达种三种。这三种之中又以阿拉比加种数量最多，分布也最广。阿拉比加种的咖啡树树高 4.5～6 米，花开 12 小时内呈伞状，长大以后反而呈下垂状，利比利加种的咖啡树则更高大，枝向上，根可达 5 米。

咖啡树的花朵为白色，利比利加种的花朵比阿拉比加种的花朵大，但开花时花的数量少。

优质咖啡豆是从树龄六七年到十年左右的咖啡树上采摘的。咖啡果每年能采摘两三次，咖啡的果实长 1.4～1.8 厘米，最初呈绿色，成熟后变成鲜红色，所以有人称咖啡的果实为咖啡樱桃。果实由红变黑，果肉中含有两粒种子，这两粒种子便是我们平常所说的咖啡豆。采摘后将果肉洗净、晒干、去壳后，得到的便是生咖啡豆。

（二）咖啡的品种

咖啡含有脂肪、咖啡因、纤维素、糖分、芳香油等成分。每一种单品的咖啡都有它不同的特征，分别偏向酸、苦、醇、香等不同的味道，为适合不同的饮用口味，需要把不同味道的咖啡综合起来调配，使之能相互补充不足而产生新的特性。

1. 蓝山咖啡

蓝山咖啡的产地是牙买加的高山上，因为产量极少，价格昂贵，一般人很少能喝到真正的蓝山咖啡，多是味道极近似的咖啡所调制。纯牙买加蓝山咖啡将咖啡中独特的酸、苦、甘、醇等味道完美地融合在一起，香味十分浓郁，香醇甘滑，有持久的水果味，形成强烈诱人的优雅气息，是咖啡之极品。

2. 哥伦比亚咖啡

哥伦比亚咖啡产于哥伦比亚，烘焙后的咖啡豆会释放出甘甜的清香，具有酸中带甘、苦味中平的良质特性，且浓度适中，并带有持久水果清香，营养十分丰富，有时具有坚果味。因为浓度合宜的缘故，也被应用于高级的混合咖啡中。

3. 巴西咖啡

巴西咖啡种类繁多，多数的咖啡带有适度的酸性特征，其甘、苦、醇三味属中性，浓度适中，口味滑爽而特殊。

4. 意大利咖啡

意大利咖啡具有浓郁的香味及强烈的苦味，咖啡的表面浮现的一层薄薄的咖啡油给意大利咖啡带来诱人的香味。

5. 曼特宁咖啡

曼特宁咖啡产于印度尼西亚的苏门答腊群岛，颗粒饱满，带有浓重的香味、辛辣的苦味，同时又具有糖浆味和巧克力味，而酸味就显得不突出，咖啡爱好者大都单品饮用，它也是调配混合咖啡不可或缺的品种。

6. 爪哇咖啡

爪哇咖啡产于印度尼西亚爪哇岛，颗粒饱满，含辛辣味，酸度相对较低，口感细腻，均衡度好，是精致的芳香型咖啡。

7. 哥斯达黎加咖啡

哥斯达黎加咖啡风味极佳，光滑、酸性强、档次高，具有诱人的香味。

8. 肯尼亚咖啡

肯尼亚咖啡芳香、浓郁，酸度均衡可口，具有极佳的水果风味，口感丰富完美。

9. 摩卡咖啡

摩卡咖啡产于埃塞俄比亚，豆小而香浓，其酸醇味强，略带酒香，辛辣刺激，甘味适中，风味特殊，是颇负盛名的优质咖啡，通常单品饮用。

10. 危地马拉咖啡

危地马拉咖啡产于拥有肥沃的火山土壤的安提瓜区，是咖啡界相当著名的咖啡品种之一。肥沃的火山岩土壤造就了危地马拉咖啡的口感柔和、香醇，略带热带水果味道。它丰富的滋味，加上一丝丝烟熏味，是中南美洲的咖啡中最佳的品种。

11. 乞力马扎罗咖啡

乞力马扎罗咖啡产于坦桑尼亚的乞力马扎罗，一种不带酸味的咖啡品种，口味香浓，以多层次口感著名。

12. 科纳咖啡

科纳咖啡产于夏威夷科纳地区，是只能栽种在火山斜坡上的稀罕品种。味道香浓、甘醇，且略带一种葡萄酒香，风味极特殊。上选的科纳咖啡有适度的酸味和温顺丰润的口感，以及一股独特的香醇风味。由于产量日趋减少，科纳咖啡价格不菲。

13. 炭烧咖啡

炭烧咖啡由日本人最早用木炭烘焙咖啡豆而得名。这种咖啡喝起来确实有一种炭烧的味道，但是不会很浓，保留了咖啡原有的味道。

14. 山多士咖啡

山多士咖啡属于巴西咖啡中的极品，是以巴西圣保罗州多士港口命名的咖啡，其咖啡豆粒大，香味浓，有适度的苦味，也有高品质的酸度，总体口感柔和，回味无穷。

15. 肯亚咖啡

肯亚咖啡是出自品质较高的阿拉比加种，味道更为香醇浓烈而厚实，并且带有较为明显的酸味。

16. 阴干咖啡

阴干咖啡与一般咖啡不同的是，阴干咖啡在水洗后，采用自然烘干法，在自然的状态下烘干 6 个月，阴干咖啡属于中焙程度的豆子，它所含有的咖啡因少 。

17. 那加雪飞咖啡

那加雪飞咖啡属于顶级摩卡咖啡。

18. 牙买加咖啡

牙买加咖啡是蓝山咖啡中较高级的品种。

19. 曼巴咖啡

曼巴咖啡结合曼特宁及巴西咖啡特有的风味，味道丰厚浓郁，而且还有淡淡的清香，两者互相糅和在一起，是个不错的组合。

20. 曼蓝咖啡

曼蓝咖啡是由曼特宁和蓝山咖啡以 1∶1 的比例混合而成，当曼特宁咖啡的苦味遇上了蓝山咖啡的微酸，两者相互中和，香味更是香醇。

（三）咖啡的主要产地

世界上盛产咖啡的国家有许多，咖啡产量居第一位的是巴西，哥伦比亚次之，印度尼西亚、牙买加、厄瓜多尔、新几内亚等国家的产量也很高。我国云南省、海南省所产的咖啡豆的质量丝毫不比世界著名咖啡品种的质量逊色。

二、咖啡的制作与服务

由于咖啡具有振奋精神、消除疲劳、除湿利尿、帮助消化等功效，所以成为深受人们喜爱的饮料。

起初，咖啡并不是作为饮料来喝，而是把生咖啡豆磨碎做成丸子，当作食物或药材。到公元 875 年，波斯人发明了煮咖啡的方法，接着发现咖啡果连壳炒熟能增加香味。从 13 世纪起，人们开始从咖啡果里剥出咖啡豆，做成饮料来饮用，到 16 世纪才大量地种植和贸易往来，并逐渐传播到世界各地，风行至今。

（一）烘焙

烘焙是一种专业术语，其实就是炒豆子的程序。目前，专业者使用的烘焙器多是以瓦斯加热的，主要目的是在炒豆子的过程中提高咖啡豆的干燥程度，使其味道更佳。烘焙所需时间依各机器性能而异，一般需 20～30 分钟。

(二)研磨

研磨是指用专门的研磨机粉碎豆子的过程。咖啡豆必须经过研磨成为咖啡粉后才可以冲泡饮用。不同机器的研磨程度也是不同的,有的研磨成小颗粒状,有的研磨成粉末状。

(三)咖啡器具

1. 虹吸式咖啡壶

在 1840 年,法国的瓦瑟夫人及纳皮耶以玻璃材质设计了虹吸管原理的咖啡壶。

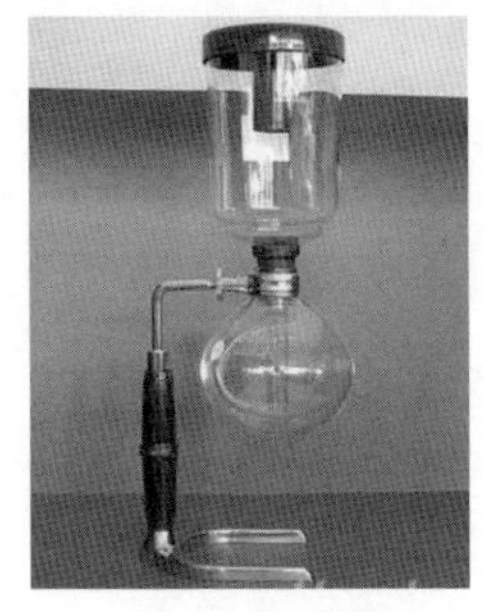

(1)将下壶装入热水,至"两杯份"图标标记。把滤芯放进上壶,用手拉住铁链尾端,轻轻钩在玻璃管末端。注意不要用力地突然放开钩子,以免损坏上壶的玻璃管。

(2)将酒精灯点燃,把上壶斜插进去,让橡胶边缘抵住下壶的壶嘴,使铁链浸泡在下壶的水里。

(3)在下壶连续冒出大泡的时候,把上壶扶正,左右轻摇并稍微向下压,使之轻柔地塞进下壶。

(4)让下壶的水完全上升至上壶,待水完全上升至上壶,上升至上壶的气泡减少一些后再倒进咖啡粉。

(5)倒入磨好的咖啡粉,用搅拌匙左右拨动,把咖啡粉均匀地拨至水里,注意搅拌动作要轻柔。

(6)第一次搅拌后,间隔大约三十秒,做第二次搅拌,再间隔二十秒,做最后搅拌,最后将酒精灯移开。此时上壶的水被快速地"拉"至下壶。

2. 摩卡壶

蒸气煮法起源于意大利,其特征是利用蒸气压力瞬间将咖啡液抽出,使用意大利摩卡壶与蒸气压缩机的原理相同,但摩卡壶仅限一至二人使用。

(1)将 16 克的咖啡粉放入上半部的过滤器内,并用汤匙将粉末压紧。

(2)注入 260 毫升的水于下半部的水壶,再将两个部分组合拴紧。

(3)组合好的器具以中火加温。当水沸腾时,摩卡壶会发出嘶嘶声,表示壶内的水通过中间导管,将过滤器内的咖啡粉喷起,咖啡液就会被抽出,沿着导管进入到咖啡壶。从水沸腾至咖啡升至咖啡壶,需 2～2.5 分钟,之后即可熄火。

(4)将煮好的咖啡倒入预热的咖啡杯内饮用,也可以加入开水使其稀释成适当浓度。

3. 比利时皇家咖啡壶

从外表来看,比利时皇家咖啡壶就像一个对称天平,右边是水壶和酒精灯,左边是盛着咖啡粉的玻璃咖啡壶。两端靠着一根弯如拐杖的细管连接。

当水壶装满水，天平失去平衡向右方倾斜。等到水沸腾了，蒸气冲开细管里的活塞，顺着管子冲向玻璃壶，跟另一端的咖啡粉混合，待水壶里的水全部化成水汽到左边，充分与咖啡粉混合之后，因为虹吸原理，热咖啡又会通过细管底部的过滤器，回到右边，把渣滓留在玻璃壶底。

使用说明：

(1)调整好虹吸传热管。将过滤喷头尽量移至玻璃杯正中央，同时另一边须将耐热硅胶紧压在盛水器上使其密封且保持两边平衡。

(2)拧开注水口，注入开水约八分满(380 毫升)，然后拧紧注水口。

(3)将 40 克左右的现磨咖啡或专用咖啡放入玻璃杯中即可。

(4)请将重力锤往下压，再将酒精灯打开，卡住盛水器再点燃酒精灯。

(5)等咖啡回流至盛水器时，稍微转开注水口让空气对流。

(6)将煮好的咖啡倒入预热的咖啡杯内饮用。

4. 全自动咖啡机

使用说明：

(1)打开咖啡豆料斗盖。

(2)放入咖啡豆，正确合上料斗盖。

(3)取下可移动水箱。

(4)向水箱中注入新鲜的饮用水，直到水位达到 MAX 位置，把水箱接入机器。

(5)把电源线的插头一端插入机器后方插孔，另一端插入正确的电源插座。

(6)按下电源按钮，开启全自动咖啡机。

(四)咖啡的冲泡方法

一杯好的咖啡必须色、香、味俱全，而质量的好坏除与咖啡的品种有关外，还与冲煮的方法有密切关系。通常，咖啡的调制有滤袋式冲泡法、赛风式蒸馏法和电热式电热法三种，所使用的水质除了碱性的硬水或含有大量铁质的水之外，其他水质都可以。

1. 滤袋式冲泡法

用滤袋式冲泡法冲泡咖啡时，将滚沸的水浇在咖啡粉上，第一次浇开水的量要少些，第二次比第一次稍多，第三次以后就要平均。当咖啡粉浸泡在开水里时，水温会降低到约 90℃，过滤到咖啡壶里时会降低到 80℃左右。咖啡粉浸泡的时间要尽量短，一般 2～3 分钟为宜，若时间过长，则会把咖啡粉中的不良成分溶解出来，影响咖啡的味道。

2. 赛风式蒸馏法

用赛风式蒸馏法冲泡咖啡时，先将一定量的咖啡粉加入上座，再扣到盛满水的下座上，一般用酒精炉加热，水沸腾时便涌入上座，与咖啡粉混合，下座的水全部沸腾后持续 30 秒钟，然后移开酒精炉，上座的水自然回流，这时，撤去下座便可将咖啡倒入杯中了。

3. 电热式电热法

用电热式电热法冲泡咖啡时，把咖啡粉加入到特制的咖啡壶里，同时加入适量水，然

后通电(或放到咖啡炉具上),煮沸后持续 50 秒左右停止加热。这种方法是三种方法中口感最差的一种。

冲泡咖啡的器皿以陶瓷或玻璃器皿最为合适,一磅咖啡粉可冲泡 40 杯浓咖啡、60 杯适中浓度的咖啡。

(五)常见咖啡饮品的调制方法

1. 意式浓咖啡

意式浓咖啡即 Espresso,据说最早是由土耳其人从意大利传入欧洲的。1901 年,意大利的米兰有个资本家觉得自己工厂的工人喝咖啡用的时间很长,他就琢磨出来用高温蒸气快速冲泡精细研磨的咖啡粉,在很短的时间内做成了一杯咖啡并且被命名为 Espresso。从此,这种蒸馏咖啡的做法从米兰流行至全意大利。但是这种做法有个缺点就是由于水温太高,咖啡喝起来有点烧焦的苦味。到了 20 世纪 30 年代,伊利咖啡的伊利先生开始用压缩空气的方法来制作蒸馏咖啡,改善了咖啡的味道。到了第二次世界大战期间,另一位意大利工程师加西亚先生发明了一种拉杆的机器,用手一拉杠杆,机器内的活塞就把热水"推"过咖啡粉。到 20 世纪 60 年代后,Faema 公司开始用电动泵代替拉杆,采用热交换方式代替传统锅炉的方式保证水温的恒定。

一杯上好的 Espresso 是用 7 克新鲜研磨的咖啡粉,使用 91 ℃左右水温的水在 9 bar 的压力下,通过 25 秒左右的萃取得到一杯约 30 毫升的咖啡饮料,咖啡的表面覆盖一层红棕色的泡沫。

2. 卡布奇诺咖啡

材料:意大利热咖啡 1 杯、鲜奶油、柠檬皮、肉桂粉、糖包。

制作方法:意大利热咖啡 1 杯,上面旋转加入一层鲜奶油,再放入切成细丁的柠檬皮,最后洒上肉桂粉,附糖包上桌。注意倒入冲泡好的意大利咖啡约五分满,打过奶泡的热牛奶倒至八分满。

3. 爱尔兰咖啡

取透明高脚玻璃杯一只,倒入爱尔兰威士忌约 0.5oz,保持暖杯外壁干燥,杯脚轻轻放入带倾斜支架的专用酒精灯上,威士忌下沉在杯壁和杯肚的凹槽里,注意酒不要从杯口溢出,将糖从酒中心倒入,点火,轻轻搅动,注意酒不能溢出。在糖慢慢融化的同时做一杯约 100 毫升的咖啡。待酒渐渐沸腾,糖粒已完全融化时熄灭酒精灯,捏着杯脚取出玻璃杯,将咖啡倒入酒杯,与热酒融合。

4. 维也纳咖啡

将冲调好的咖啡倒于杯中,约八分满,在咖啡上面以旋转方式加入鲜奶油,淋上适量巧克力糖浆,最后洒上七彩米(又称巧克力针,是由可可脂、食用色素等制成的食品调剂),附糖包上桌。

5. 皇室咖啡

皇室咖啡是拿破仑最喜欢的咖啡,故以"Royal"为名。首先在一个耐热的小碗中放入一块方糖,然后倒入白兰地,等待几分钟,让方糖的孔隙中浸满白兰地,当白兰地基本被方

糖吸尽以后，把方糖点燃。燃烧一分钟左右，白色的方糖就会融化为棕色的糖稀。当火焰熄灭后，趁热把有酒味的糖稀调入咖啡中，在咖啡表面装饰一点奶油即可。

6. 冰拿铁咖啡

"拿铁"是意大利文"Latte"的译音，拿铁咖啡是在咖啡中加入牛奶。冰拿铁咖啡是首先在玻璃杯中装入五分满的冰块，再倒入糖浆。将鲜奶倒入杯中至七分满，然后搅拌均匀，使糖浆融于鲜奶中，以增加鲜奶比重，再让咖啡沿着汤匙背面徐徐倒入杯中。倒咖啡的速度绝对不可太快，以免破坏层次感。最后加入三大匙奶泡，即形成具有三个层次的冰拿铁咖啡。

7. 咖啡拉花

咖啡拉花是在意式浓咖啡、卡布奇诺或拿铁咖啡上做出的变化。现在咖啡拉花不只在视觉上讲究，在牛奶的绵密口感与融合的方式与技巧方面也一直不断改进，达到色、香、味俱全的整体效果。

做法：

(1)冲煮一杯 Espresso，直接将 Espresso 盛在要饮用的咖啡杯中(事先温杯)。

(2)将冰全脂牛奶放进盛奶壶中，并打开蒸气按钮，先空喷一下，清掉管内残余的热水。将喷气管的尖端深入牛奶的 1/3 处，并将蒸气打开。逐渐将喷气管的尖端移到牛奶表面的下方，会发出嘶嘶的声音，牛奶在壶内形成漩涡。待泡沫足够的时候，可再将喷气管深入牛奶中，让温度升高到 65 ℃左右，即完成奶泡的制作程序。

(3)慢慢将打好的奶泡倒入 Espresso 中，此时奶泡会渐渐和 Espresso 互相融合。

(4)充分融合时表面会呈现浓稠状，这时，便是"拉花"的好时机(大约为杯子的三分之二满时)。

(5)拉花的开始动作是左右晃动拉花杯，手的动作要尽量保持平稳，以水平动作左右来回 3～4 次(只利用手腕的力量)。如果晃动的方式正确，杯子中会呈现白色"之"字形的奶泡痕迹。

(6)逐渐往后移动拉花杯，并且缩小晃动的幅度，最后收杯时往前一带顺势拉出一道细直线，画出杯中叶子的梗作为结束。

(六)咖啡的饮用时机

咖啡的饮用时机也比较讲究，一般来讲早晨喝咖啡，多加点牛乳，提神又有营养；下午三四时为饮茶时间，此时喝咖啡会消除疲劳，让人精神百倍；晚餐后喝上一杯咖啡，加少许威士忌或白兰地，芳香可口，可以帮助消化。

(七)饮用咖啡的注意事项

饮用咖啡需要注意以下几点：

1. 孕妇及喂乳产妇应尽量避免饮用含咖啡因的饮料。

2. 有胃病者应尽量少喝咖啡，饮用咖啡过量会导致胃病恶化。

3. 过度摄取咖啡因，心脏跳动会加速，血压会增高，故高血压与动脉硬化者须注意控

制饮用含咖啡因的饮料。

4. 皮肤病患者要尽量避免饮用咖啡。

5. 运动员也要节制饮用含咖啡因的饮料，因为过度刺激会比未刺激前更加疲劳。

任务二　茶认知与服务

茶是人们普遍喜爱的一种有益的饮料。我国是世界上最早把茶作为饮料的国家。茶树最早出现于我国西南部的云贵高原、西双版纳地区。饮茶、种茶、制茶都起源于我国。

一、茶认知

茶叶从发明到饮用，经历了一段漫长的岁月。它之所以深受人们的欢迎，除了可作为饮料外，还因为它对人体能起到一定的保健和治疗作用。如三国时代，诸葛亮带兵至云南勐海，士兵因水土不服，多害眼病，诸葛亮命令士兵采茶煮水喝，很快就把眼病治好了。直到现在，当地人民还把茶树称作“孔明树”，把诸葛亮尊为“茶祖”。

国内外专家采用现代科学手段对茶叶进行分析，发现茶叶含多酚类、咖啡因、蛋白质、氨基酸、芳香族化合物和十几种无机矿物营养元素，能对某些疾病产生一定疗效，长期饮茶，对促进人体健康有明显的效果。

茶叶具有提神解乏、生津止渴、清热降火、除脂解腻、促进消化、补充营养、增强体质、杀菌消炎、预防传染病、预防龋齿、去除口臭、利尿排毒、预防辐射等功效。

（一）茶叶的种类

茶叶由于产地和制作工艺不同，形成了名目繁多的种类。我国出口的茶叶在商业经营上是以采制工艺和茶叶的品质特点来分类的，有绿茶、红茶、乌龙茶、花茶、紧压茶和白茶等。此外，还有各种速溶茶、袋泡茶等新品类。

1. 绿茶

绿茶是我国最早出现的一种茶类，其产量、品质都居世界前位。由于绿茶采用了高温杀青等工艺，防止了芽叶的发酵，保持了鲜叶的天然翠绿色，所以绿茶冲泡后茶汤碧绿清澈，其味清香鲜醇。绿茶的名贵品种有以下几种：

（1）龙井茶

提起杭州的西湖，人们不但会想到“三秋桂子”“十里荷花”，也会想到西湖龙井茶。在游览湖光山色的同时，能够品尝一杯西湖龙井茶也是绝妙的享受。西湖龙井茶一向以“色翠、香浓、味郁、形美”四绝著称于世。由于龙井茶区气候、自然条件、炒制手法的不同，龙井茶的特色也不尽相同。龙井茶又可细分为：

狮峰龙井：受到的评价最高，芳香油含量丰富，香气持久，被看作是龙井茶的代表。

梅坞龙井：扁直光滑，色泽暗绿。

西湖龙井：叶肉肥嫩，芽峰显露。

(2)碧螺春茶

碧螺春茶产于江苏省苏州市太湖洞庭山上。洞庭山上有座碧螺峰,其实只是一块巨石,茶却因此而得名。碧螺春茶芽叶卷曲,条索纤细,蒙披白毛,色泽褐绿,汤色深碧,味极幽香。用温开水冲泡碧螺春茶,茶叶仍然沉于杯底,先冲水后放茶,茶也照样下沉,芳香展叶。

(3)黄山毛峰茶

"好山出好茶",毛峰茶芽叶肥壮、匀齐,白毛多而显露,色泽油润,光泽嫩绿,稍带金黄。冲泡时雾气结顶,香高味醇,茶汤清澈明亮。黄山毛峰茶曾多次参加国际展览会,为国家赢得了荣誉。

除此之外,比较有名气的绿茶还有庐山云雾、六安瓜片、蒙顶茶、太平猴魁茶、君山银针茶、信阳毛尖茶、雁荡毛峰茶、华顶云雾茶、都匀毛尖茶等。

2. 红茶

红茶是一种经过萎凋、揉捻、发酵、干燥等工艺处理的茶叶。由于经过发酵,绿叶变成红叶,故称红茶。红茶属于全发酵茶类,是当今世界上产量最多、销路最广、销量最多的一种茶类,在我国出口茶中名列前茅。红茶可单独冲饮,也可加入牛奶、糖等调饮。冲泡后的红茶色泽浓艳、味醇圆润,具有一种类似焦麦芽糖的香气。

按加工制作工艺来分,红茶可分为工夫红茶、小种红茶和分级红茶三种。工夫红茶以制作精细而得名,为我国所特有。成品茶要求条索紧实匀称,色泽乌黑光润,汤色红亮明净,滋味浓郁甘醇。小种红茶在烘干时使用了纯松木明火,使其成茶有松烟香气。该茶外形紧结圆直,香气浓烈,汤色金黄且滋味醇浓。分级红茶又称红碎茶或红细茶,按其茶形又可细分为叶茶、碎茶、片茶和末茶,该茶汤色深红,滋味具有"浓、鲜、强"等特点。

我国的红茶按照产地不同可分为祁红、滇红、英红、浮红、闽红、宜红、湘红、川红、湖红、黔红、苏红、越红等。在众多红茶中,尤以安徽的"祁红"、云南的"滇红"以及广东的"英红"在国内外享有较高的声誉,被看作是中国红茶的三颗明珠,是出口的名品。

(1)祁红

祁红即祁门红茶,是我国传统工夫红茶之一。祁红条索细嫩,含有多量嫩豪和显著的豪尖,长短整齐,色泽乌润。祁红具有水色红艳、叶底匀整美观的"祁红风格"。品饮祁红,会感到香味嫩厚,鲜甜清爽。

(2)滇红

滇红属红碎茶,汤色红浓明亮,香味浓烈,颗粒紧结,质量在我国同类红茶之上,在国际茶叶贸易市场占有一席之地。

(3)英红

英红属分级红茶,外形金毫显露,匀净优美,可加奶或糖饮用,色、香、味俱佳。

3. 乌龙茶

乌龙茶属于半发酵茶,色泽呈青褐色,故又称"青茶"。它是我国几大茶类中,独具鲜明特色的茶叶品种。乌龙茶综合了绿茶和红茶的制法,品质介于二者之间,既有红茶的浓鲜味,又有绿茶的芳香,所以有"绿叶红镶边"的美誉。饮后齿颊留香,回味甘鲜。乌龙茶

的药用作用，主要突出表现在分解脂肪、减肥健美等方面。在日本，乌龙茶被称为“美容茶”“健美茶”。

乌龙茶为我国特有的茶类，主要产于福建（闽北、闽南）、广东及台湾。近年来，四川、湖南等省也少量生产。商业上习惯根据产区不同，将乌龙茶分为闽北乌龙、闽南乌龙、广东乌龙、台湾乌龙四个种类。

乌龙茶的制作可分为初制和精制两个阶段。精制与红茶相似，初制分为下列几个工艺过程：萎凋、发酵、锅炒、揉捻、湿包烘揉、干燥、初制毛茶。乌龙茶的名贵品种有以下几种：

(1)武夷岩茶

武夷岩茶产于福建武夷山，是中国乌龙茶之极品。依据产茶地点的不同分为：正岩茶、半岩茶、洲茶。正岩茶指武夷岩中心地带所产的茶叶，品质高，香味醇厚，岩韵特征明显。半岩茶指武夷岩边缘地带所产的茶叶，其岩韵略逊于正岩茶。洲茶泛指崇溪、九曲溪、黄柏溪溪边靠近武夷岩两岸所产的茶叶，品质又低一筹。

(2)安溪铁观音

安溪铁观音是闽南乌龙茶之冠，原产于福建安溪县，因其色泽褐绿，重实如铁，饮能生津，香美赛过观音，故名铁观音。铁观音叶底肥厚明亮，具绸面光泽。冲泡后，有天然的兰花香，滋味纯浓。茶汤呈金黄色，浓艳清澈，醇厚甘鲜，入口回甘带蜜味，香气浓郁持久，有“七泡有余香”之美誉。

品饮铁观音，必备小巧、精细的茶具，将茶叶放入茶壶中达五分满，沸水冲泡洗茶后，再续水正式冲泡2～3分钟，倒入小杯品饮，之后可连续续水冲泡。品饮铁观音应先闻其香再品其味，每次饮量虽不多，但满口生香，回味无穷。

(3)冻顶乌龙茶

冻顶乌龙茶主产于台湾南投县鹿谷乡的冻顶山。冻顶乌龙茶属中发酵、轻焙火型茶叶。冻顶乌龙茶采制工艺十分讲究，鲜叶为青心乌龙等良种芽叶，经晒青、凉青、摇青、炒青、揉捻、初烘、包揉（多次反复团揉）、复烘、焙火而制成。目前，此茶在我国内地一些茶艺馆和星级酒店有较好的销路。

冻顶乌龙茶的品质特点是：外形卷曲呈半球形，色泽墨绿油润；香气高长，具有花香味道，滋味甘醇浓厚，汤色黄绿明亮，耐冲泡。产品等级分为特选、春、冬、梅、兰、竹、菊。冻顶乌龙茶品质优异，历来深受消费者的青睐，畅销我国港澳台地区和东南亚等地。品饮时宜用紫砂壶高温冲泡。

(4)水仙

水仙主要分为武夷水仙和闽北水仙两种。

武夷水仙的特点是：条索肥壮紧结，叶端褶皱扭曲，如蜻蜓头，不带梗，不断碎，色泽油润；香气浓郁清长，岩韵明显，味道醇厚，具有爽口回甘的特征；叶底呈绿叶红镶边；汤色浓艳清澈，呈橙黄色。

闽北水仙的特点是：条索壮结重实，叶端扭曲，色泽油润，香气浓郁，带有兰花清香，滋味醇厚鲜爽，有回甘味，汤色清澈，呈橙红色，叶底红边鲜艳。

(5)大红袍

大红袍是茶中的极品，它是“大红袍”“铁罗汉”“水金龟”“白鸡冠”四大“名丛”之一。

在地势险峻的武夷山天心岩附近的九龙窠上，有一片刻有"大红袍"三个大字的岩壁，岩间小块土地上长着一米多高的几丛茶树，从其上采摘下来的芽叶所制成的岩茶就称为"大红袍"。

大红袍的品质特点是：叶底稍厚，茶芽微微泛红，茶条壮结重实，色泽油润，内质香郁，味醇香甘，汤色呈橙红色，叶底绿叶红镶边。大红袍的营养价值和药用功能都很高，除了具备红绿茶的作用以外，它所含的糖类及各种矿物质较多，能促进人体健康。

（6）广东乌龙茶

广东乌龙茶主要产于广东汕头地区，主要代表有原产于广东省潮安县凤凰山的凤凰水仙、梅占等。凤凰水仙根据原料、制作工艺和品质的不同，可以分为凤凰单丛、凤凰浪莱和凤凰水仙三个品级。潮安县的凤凰单丛以香高、味浓、耐泡著称，其产制已有九百多年的历史。广东乌龙茶品质特佳，为外销乌龙茶之极品，闻名于中外。它具有天然的花香味道，条索卷曲紧结而肥壮，色泽青褐而牵红线，汤色黄艳带绿，滋味鲜爽浓郁甘醇，叶底绿叶红镶边，耐冲泡，连冲十余次，香气仍然溢于杯外，甘味久存，真味不减。

4. 花茶

花茶又名香片，它是用香花窨入素茶中而制成的，经过花窨的花茶既不失浓郁爽口的茶味，又增添了芬芳诱人的花香，两者兼收并蓄，相得益彰。

花茶用的香花种类众多，主要有茉莉、珠兰、玉兰、桂花、玫瑰等，其中以茉莉花茶为上品。

花茶冲泡后茶汤清亮，香味浓郁，花茶不仅有茶的功效，而且香花也具有很好的药理作用，对人体健康大有裨益。

5. 紧压茶

紧压茶是一种加工复制茶，是按照不同规格拼配原料，经过蒸压处理，用压力把原来散形茶压成不同形态的砖茶、饼茶、球状茶，这类茶质地坚实，久藏不易变质，又便于运输。紧压茶的名贵品种有以下几种：

（1）普洱茶

普洱茶产于云南的思茅和西双版纳。蒸而困之，呈碗形的称"普洱沱茶"，长方形的称"普洱砖茶"，圆饼形的称"七子饼茶"等。普洱茶外形均端正匀整，叶底呈红褐色，耐贮藏，适于烹用或泡饮。依化学分析和实验证明，普洱茶不仅能解渴、提神，而且长期饮用对治疗痢疾、降低血脂和胆固醇的含量都有明显的作用。近年来，国外对普洱茶赞美之声四起，称它是"窈窕茶""美容茶""益寿茶"。

（2）六堡茶

六堡茶产于广西。此茶清凉甘馨，滋味醇和，又有消暑祛湿、明目健心等功效。

6. 白茶

白茶的色泽不如绿茶翠绿，不像红茶那样乌黑，也不比乌龙茶那样紫褐，而是色白如银，茶汤颜色素雅、浅淡，因此叫白茶。白茶性温凉、健脾胃，产于福建。制作白茶不同于制作其他茶类，它采用特殊工艺，促使茶叶内质发生生物化学变化，改变原来青叶的苦涩气味，形成与众不同的风格。白茶的名贵品种有以下几种：

(1)白毫银针茶

白毫银针茶满披白毫，细长如针，人称“瑞云翔龙白茶第一”，已有千年历史，为北宋贡品。北路银针产于福建的福鼎，外形美观，芽肥壮，茸毛厚，汤色碧青，呈杏黄色，香气清淡，滋味醇和。南路银针产于福建政和，芽瘦长，茸毛略薄，光泽较差，但香气清鲜，滋味浓厚。两种银针，各有千秋，在饮用红茶时，如放入几根银针，芽叶直立，上下交错，颇为美观。

(2)白牡丹茶

白牡丹茶形似花朵，因此得名。白牡丹茶分为三个品种，分别为“大白”“小白”“水仙白”，外形不成条索，似花瓣，叶脉微黄，汤色杏黄而明亮。

知识链接　**中国历史十大名茶**

在中国茶叶历史上，曾多次评出中国十大名茶，但说法不完全统一，这里我们主要介绍曾被列为中国十大名茶的部分名茶的品质特征。

1. 西湖龙井

西湖龙井属绿茶类，产于浙江省杭州市西湖附近山中，产地分布主要有狮峰山、龙井村和梅家坞等。西湖龙井外形扁平光滑、挺直，色泽略翠呈糙米色，滋味甘鲜醇和，香气优雅清高，汤色碧绿清莹，叶底细嫩成朵。以“色翠、香郁、味醇、形美”四绝著称于世，素有“国茶”之称，与杭州的虎跑泉并称为“杭州双绝”。

2. 洞庭碧螺春

洞庭碧螺春属绿茶类，产于江苏省苏州市太湖洞庭山，相传“碧螺春”茶名为清康熙皇帝所题，其外形条索纤细卷曲似螺，茸毛密披，银白隐翠，汤色碧绿明亮，香气浓郁芬芳，滋味鲜醇甘厚，回味绵长，叶底嫩绿明亮。

3. 黄山毛峰

黄山毛峰属绿茶类，产于安徽省黄山风景区内山中，其形似雀舌，匀齐壮实，峰显毫露，色如象牙，汤色清澈，滋味鲜浓醇厚，甘鲜回甜，叶底嫩，肥壮成朵。

4. 君山银针

君山银针属黄茶类，产于湖南省岳阳市洞庭湖中的君山岛，其芽头肥壮，紧实挺直，芽身金黄，满披白毫，具有“金镶玉”的美称，汤色橙黄明净，香气清郁，滋味甘甜醇和，叶底明亮匀齐。冲泡时，冲泡数次起落数次，以其“三起三落”享誉中外。

5. 祁门红茶

祁门红茶属红茶类，产于安徽省祁门县山区，其外形紧秀，色泽乌黑泛灰光，俗称“宝光”，香气浓郁高长，似蜜糖香，又蕴含着花香，汤色红艳，滋味醇厚，回味隽永，叶底嫩软。祁门红茶与印度的大吉岭、斯里兰卡的乌伐季节茶并称为世界三大高香茶。

6. 六安瓜片

六安瓜片属绿茶类，产于安徽省六安地区，其外形似瓜子单片，无芽、无梗，边缘微

翘,色泽翠绿,香气清高,滋味鲜醇回甘,色泽清澈透亮,叶底嫩绿明亮。

7. 信阳毛尖

信阳毛尖属绿茶类,产于河南省大别山区信阳市信阳县,其外形条索细圆紧直,色泽翠绿,白毫显露,汤色清绿明亮,香气清高,滋味浓醇,叶底嫩绿匀齐,素以“色翠、味鲜、香高”著称。

8. 都匀毛尖

都匀毛尖属绿茶类,产于贵州省的都匀山区,其外形条索紧结,纤细披毫,色泽翠绿,香气清高,汤色清澈明亮,滋味醇厚回甘,叶底嫩匀明亮。

9. 武夷岩茶

武夷岩茶属乌龙茶类,产于“奇秀天下”的福建武夷山,其外形条索紧结,叶端扭曲,色泽青褐油润呈“宝光”,香气浓郁,既具蜜香,又有花香,汤色橙红清澈,滋味醇厚,鲜爽回甘,叶底肥厚。武夷岩茶中有五大“名丛”——武夷大红袍、铁罗汉、水金龟、白鸡冠、半天腰,其中以“大红袍”为首。

10. 安溪铁观音

安溪铁观音属乌龙茶类,产于福建省安溪县西坪一带,其条索呈颗粒状,紧结重实,呈青蒂绿腹,头似蜻蜓,尾似蝌蚪,色泽砂绿油润,红点明显,叶表白霜,香气如空谷幽兰,清高隽永,汤色金黄明亮,滋味醇厚甘甜,叶底厚软,具缎面光泽,绿叶红镶边。

11. 太平猴魁

太平猴魁属绿茶类,产于安徽省太平县、泾县一带,其外形为两叶抱芽,平扁挺直,自然舒展,白毫隐伏,有“猴魁两头尖,不散不翘不卷边”之说。色泽苍绿匀润,花香高爽,有独特的“猴韵”,滋味甘醇,汤色清绿明净,叶底嫩绿匀亮。

12. 庐山云雾

庐山云雾属绿茶类,产于江西省庐山,以五老峰和汉阳峰之间的茶叶品质最好。外形条索紧结重实,色泽碧绿隐毫,香气芬芳高长,汤色碧绿明亮,滋味浓醇鲜爽,叶底嫩软。

二、茶饮用与服务

茶叶作为一种饮料,不仅能生津止渴、提神益思、消食除腻、减肥健美,而且在医疗上也有它的作用。当然,任何事物都不是十全十美的,茶虽有利于身体健康,但绝不是饮用越多越好。

古人饮茶,注重一个“品”字。品茶,不但可以鉴别茶的优劣,还带有神思遐想和领略饮茶情趣之意。品茶是生活中的一大乐趣,难怪有人要在百忙之中泡上一壶浓茶,择雅静之处,自斟自饮,消除疲劳,涤烦益思,振奋精神。

“茶道”一词可简单地解释为茶之道,是指沏茶、品茶的程序。中国第一部茶学著作《茶经》诞生于唐朝。《茶经》完整地记载了唐朝饮茶的方法,并阐发了饮茶之道中蕴涵的文人气质。它的问世，标志着中国茶道的诞生。

饮茶一定要适量。胃寒的人，不宜过多饮茶，特别是绿茶，否则等于"雪上加霜"，越发引起肠胃不适。神经衰弱者和患失眠症的人，睡眠前不宜饮茶，更不能饮浓茶，不然会加重失眠症。一般不应该用茶水服药，否则会降低药效。正在哺乳的妇女也要少饮茶，因为茶对乳汁有收敛作用。总之，提倡合理饮茶、适量饮茶，减少弊端，增加益处。

(一)荐茶

饮茶者对茶叶的喜好，往往与所处地理环境、生活条件和饮茶习俗有关。一般年轻人多喜欢绿茶、花茶，老年人多喜欢红茶、普洱茶。在我国范围内，广东、福建、云南、广西一带饮红茶的人较多；江南一带饮绿茶的人较普遍；北方人喜欢饮花茶；西藏、内蒙古、新疆等边远地区则习惯于饮浓郁的紧压茶。

(二)茶具

我国茶具种类极为丰富，除了以陶、瓷制作的茶具以外，还有以铜、银、锡、金、漆胎、玉、水晶、玛瑙等制作的茶具。在冲茶时要根据茶的种类和饮茶习惯来选用。

1. 茶具的选用

茶具以瓷器为主，其次为陶器、玻璃、搪瓷及塑料。茶具的使用根据茶叶种类来搭配，如绿茶一般适用玻璃、瓷器等，乌龙茶则适用陶器(尤其是紫砂)等。

新购茶具在使用前要清洗消毒，除了紫砂茶具外，其他材质的茶具多数都可以用洗涤剂、消毒剂等浸泡清洗，一些杯具也可以放在锅里通过开水煮沸的方式消毒，或者放在消毒柜内进行消毒。清洗消毒后的茶具要用干净的毛巾擦干水渍，倒扣在茶盘上，或放在专用容器内备用。紫砂茶具则需要用开水反复淋烫。

2. 茶具的种类

(1)茶壶：茶具的主体，以不上釉的陶制品为上品，瓷和玻璃次之。

(2)茶杯：作为盛茶用具，分大小两种。小杯主要用于乌龙茶的品啜，也叫品茗杯，是与闻香杯配合使用的；大杯可直接作为泡茶和盛茶用具，主要用于高级细嫩名茶的品饮。

(3)茶碗：喝茶用的碗，以陶瓷制品为主。

(4)茶船：放茶壶之用，防烫手，因其形似舟，遂以"茶船"或"茶舟"名之。

(5)茶荷：盛放待泡干茶的器皿，用竹、木、陶、瓷、锡等制成。

(6)茶道组：茶筒，形如笔筒，用来放置其他器具；茶匙，取茶用，像细长小勺；茶针，细长针状，通紫砂壶口用；茶夹，用来夹品茗杯等；茶则，用于在冲泡过程中投茶；茶海，又称茶漏，状似大开口漏斗，用来增加紫砂壶壶口面积；茶刀，撬茶饼时用。

(7)茶盘：用来盛茶杯，材质广泛，款式多样，有圆月形、棋盘形等。

(8)茶托：放置在茶杯底下，每个茶杯配一个茶托。

(9)茶巾：用来干壶，在酌茶之前将茶壶或茶海底部存留的杂水擦干，也可擦拭滴落桌面的茶水。

（三）用水

水的硬度与茶汤品质关系密切。首先水的硬度影响水的 pH（酸碱度），而 pH 又影响茶汤色泽。当 pH 大于 5 时，汤色加深；pH 达到 7 时，茶黄素就倾向于自动氧化而损失。其次，水的硬度还影响茶叶有效成分的溶解度。软水中含其他溶质少，茶叶有效成分的溶解度高，故茶味浓；而硬水中含有较多的钙、镁离子和矿物质，茶叶有效成分的溶解度低，故茶味淡。另外，水中的矿物离子对茶汤还会产生不同的影响。如水中铁离子含量过高，茶汤就会变成黑褐色，甚至浮起一层"锈油"，简直无法饮用。这是茶叶中多酚类物质与铁作用的结果。如水中铅的含量达 0.2 ppm 时，茶味变苦；镁的含量大于 2 ppm 时，茶味变淡；钙的含量大于 2 ppm 时，茶味变涩，若达到 4 ppm，则茶味变苦。由此可见，泡茶用水以选择软水或暂时硬水为宜。

陆羽曾在《茶经》中明确指出："其水，用山水上，江水中，井水下。"我国泉水（即山水）资源极为丰富，其中比较著名的就有百余处之多。镇江中冷泉、无锡惠山泉、苏州观音泉、杭州虎跑泉和济南趵突泉，号称"中国五大名泉"。除泉水、江水、井水之外，洁净的雨水和晶莹的雪水都可以用来泡茶。因自来水氯气含量常常超标，所以，用自来水冲泡茶叶，可将自来水注入容器过夜，或延长煮沸时间。

（四）茶叶与水的比例

要泡好茶，除掌握茶叶用量，关键是掌握茶与水的比例，茶多水少则味浓，茶少水多则味淡。用茶量的多少，因人而异，因地而异。饮茶者若是茶人或体力劳动者，可适当加大茶量，泡上一杯浓香的茶汤；若是脑力劳动者或初学饮茶、无嗜茶习惯的人，可适当少放一些茶，泡上一杯清香醇和的茶汤。家庭泡茶通常是凭经验行事，一般来说，每克茶叶可加水 50 至 60 毫升。倘用乌龙茶，茶叶用量要比一般红、绿茶增加一倍以上，而水的冲泡量却要减少一半。

（五）泡茶的水温

冲泡不同的茶，要求的水温不同。高级绿茶，特别是各种芽叶细嫩的名茶，不能用 100 ℃的沸水冲泡，一般以 80 ℃左右的水温为宜。茶叶愈嫩、愈绿，冲泡水温要愈低，这样泡出的茶汤一定嫩绿明亮，滋味鲜爽，茶叶维生素 C 也较少被破坏。而在高温下，茶中咖啡因容易浸出，使得茶汤容易变黄，滋味较苦，维生素 C 会大量被破坏。

泡制各种花茶、红茶等，则要用 100 ℃的沸水冲泡。如水温低，则渗透性差，茶中有效成分浸出较少，茶味淡薄。泡饮乌龙茶、普洱茶和花茶，每次用茶量较多，而且茶叶较老，必须用 100 ℃的沸水冲泡。有时，为了保持和提高水温，还要在冲泡前用开水烫热茶具，冲泡后在壶外淋开水。

（六）冲泡的时间和次数

如用茶杯泡饮一般红、绿茶，每杯放干茶 3 克左右，用沸水约 200 毫升冲泡，加盖后 4～5 分钟，便可饮用。这种泡法的缺点是：如水温过高，容易烫熟茶叶（主要指绿茶）；水温较低，则难以泡出茶味；因水量多，往往一时喝不完，浸泡过久，茶汤变冷，色、香、味均受影响。改良冲泡法是：将茶叶放入杯中后，先倒入少量开水，以浸没茶叶为宜，加盖 3 分钟左右，再加开水到七八成满，便可趁热饮用。当喝到杯中尚余三分之一左右茶汤时，再加

开水，这样可使前后茶汤浓度比较均匀。据测定，一般茶叶泡第一次时，其可溶性物质能浸出 50%～55%；泡第二次，能浸出 30%左右；泡第三次，能浸出 10%左右；泡第四次，则所剩无几了。所以，茶叶通常以冲泡三次为宜。

（七）冲泡的程序

冲泡的程序和礼仪是茶艺表现形式的重要组成部分，也称“行茶法”。无论泡茶技艺如何变化，泡茶程序都是相同的。

1. 温杯

用热水冲淋茶壶，包括壶嘴、壶盖，同时烫淋茶杯，随即将茶壶、茶杯沥干。这样做的目的是提高茶具温度，使茶叶冲泡后温度相对稳定，不致过快下降，对较粗老茶叶的冲泡尤为重要。

2. 置茶

按茶壶或茶杯的大小，将一定数量的茶叶放入其中。

3. 冲泡

置茶后，按照茶与水的比例，将适宜温度的水冲入壶（杯）中，冲水时，除乌龙茶冲水须溢出壶口、壶嘴外，其他类茶通常冲八分满为宜。冲水常用“凤凰三点头”之法，即高提水壶，让水直泻而下，接着利用手腕的力量，上下提拉注水，反复三次，让茶叶在水中翻动。这种冲水方法的意思是：一是表示主人对客人鞠躬行礼，是对客人表示敬意，同时也表达了对茶的敬意；二是水注三次冲击茶汤，能更多激发茶性，上下翻动，使茶汤浓度一致。

4. 奉茶

奉茶时要面带笑容，最好用茶盘托着送给客人。如果直接用茶杯奉茶，放置于客人处，手指要并拢伸出，以示敬意。从客人侧面奉茶，若左侧奉茶，则用左手端杯，右手做请茶姿势；若右侧奉茶，则用右手端杯，左手做请茶姿势。这时，客人可右手除拇指外其余四指并拢弯曲，轻轻敲打桌面，或微微点头，以表谢意。

5. 赏茶

如果饮的是高级名茶，那么，茶叶冲泡后，不可急于饮茶，应先观色察形赏茶舞，接着端杯闻茶香，再啜汤品茶味。品味时，应让茶汤从舌尖沿舌两侧流到舌根，再回到舌尖，如此反复两三次，以留下茶汤清香甘甜的回味。

6. 续水

一般当已饮去 2/3（杯）的茶汤时，就应续水入壶（杯）。若茶水全部饮尽时再续水，则续水后的茶汤就会淡而无味。通常续水两三次即可。如果还想继续饮茶，那么，应该重新冲泡茶叶。

（八）茶水服务注意事项

在茶水服务中应注意以下几项：

1. 茶具一定要洁净，包括茶杯、茶壶、茶托盘及装茶叶的罐、盒。

2. 取茶叶要用专用的器皿——竹制或木制的茶勺，也可用不锈钢或陶制的勺代替，不

要用手抓。

3. 要用双手敬茶，杯把在客人的右边。敬茶时要用茶托盘，如果没有，也要用小茶碟，一手托着小茶碟底部，一手扶着茶杯，双手捧上。手指不能触及杯沿。

4. 第一杯茶要敬给来宾中的年长者，如果是同辈人，应当先请女士用茶。

5. 茶水斟倒以七八分满为宜。

三、茶艺

茶艺，是指如何泡好一壶茶的技术和如何享受一杯茶的艺术，其过程体现着形式和精神的相互统一，是饮茶活动过程中形成的文化现象。就形式而言，茶艺包括：选茗、择水、烹茶技术、茶具艺术、环境的选择创造等一系列内容。泡好一壶茶和享受一杯茶要涉及广泛的内容，如识茶、选茶、泡茶、品茶、茶叶经营、茶文化、茶艺美学等。总之，茶艺是形式和精神的完美结合，其中包含着美学观点和人的精神寄托。泡茶可以因时、因地、因人的不同而有不同的方法。泡茶时涉及茶、水、茶具、时间、环境等因素，把握这些因素之间的关系是泡好茶的关键。

(一)泡茶用水的选择

水是茶叶滋味和有益成分的载体，茶的色、香、味和各种营养保健物质，都要溶于水后，才能供人享用，而且水能直接影响茶质，张大复在《梅花草堂笔谈》中说："茶情必发于水，八分之茶，遇十分之水，茶亦十分矣；八分之水，试十分之茶，茶只八分耳。"因此好茶必须配以好水。

古人大多选用天然的活水，最好是泉水、山溪水；无污染的雨水、雪水其次；接着是清洁的江、河、湖、深井中的活水及净化的自来水，切不可使用池塘死水。不同的水，冲泡茶叶的结果是不一样的，只有佳茗配美泉，才能体现出茶的真味。而"清、轻、甘、冽、活"五项指标俱全的水，才称得上宜茶美水。

其一，水质要清。水清则无杂、无色、透明、无沉淀物，最能显出茶的本色。

其二，水体要轻。北京玉泉山的玉泉水比重最轻，故被御封为"天下第一泉"，现代科学也证明了这一理论是正确的。水的比重越大，说明溶解的矿物质越多，所以水以轻为美。

其三，水味要甘。"凡水泉不甘，能损茶味。"所谓水甘，即一入口，舌尖顷刻便会有甜滋滋的美妙感觉。咽下去后，喉中也有甜爽的回味，用这样的水泡茶自然会增茶之美味。

其四，水温要冽。冽即冷寒之意，明代茶人认为："泉不难于清，而难于寒"，"冽则茶味独全"。因为寒冽之水多出于地层深处的泉脉之中，所受污染少，泡出的茶汤滋味纯正。

其五，水源要活。现代科学证明了在流动的活水中细菌不易繁殖，同时活水有自然净化作用，在活水中氧气和二氧化碳等气体的含量较高，泡出的茶汤特别鲜爽可口。

宜茶用水可分为天水、地水、再加工水三大类。再加工水包括太空水、纯净水、蒸馏水等。现代工业的发展导致环境污染，已很少有洁净的天然水了，因此泡茶要从实际出发，选用适当的水。

天然水包括江、河、湖、泉、井及雨水。用这些天然水泡茶应注意水源、环境、气候等因素，判断其洁净程度。对取自天然的水经过滤、臭氧化或其他消毒过程的简单净化处理，

既保持了天然又达到了洁净，也属天然水之列。在天然水中，泉水是泡茶最理想的水，泉水杂质少、透明度高、污染少，虽属暂时硬水，加热后，呈酸性碳酸盐状态的矿物质被分解，释放出碳酸气，口感特别微妙，泉水煮茶，甘洌清芬。然而，由于各种泉水的含盐量及硬度有较大的差异，并不是所有泉水都是优质的，有些泉水含有硫黄，不能饮用。

江、河、湖水属地表水，含杂质较多，浑浊度较高，一般说来，用这样的水沏茶难以取得较好的效果，但可以选择远离人烟又是植被生长繁茂之地，污染物较少的江、河、湖水。

雪水和天落水，古人称之为“天泉”，尤其是雪水，更为古人所推崇。唐代白居易的“扫雪煎香茗”，宋代辛弃疾的“细写茶经煮茶雪”，元代谢宗可的“夜扫寒英煮绿尘”，清代曹雪芹的“扫将新雪及时烹”，都是赞美用雪水沏茶的。至于雨水，一般说来，因时而异：秋雨，天高气爽，空中灰尘少，水味“清冽”，是雨水中上品；梅雨，天气沉闷，阴雨绵绵，水味“甘滑”，较为逊色；夏雨，雷雨阵阵，飞沙走石，水味“走样”，水质不净。但无论是雪水还是雨水，只要空气不被污染，与江、河、湖水相比，总是相对洁净的，是沏茶的好水。

自来水是最常见的生活饮用水，其水源一般来自江、河、湖泊，是属于加工处理后的天然水。因自来水中含有用来消毒的氯气等，在水管中滞留较久的，还含有较多的铁质。当水中的铁离子含量超过万分之五时，会使茶汤呈褐色，而氯化物与茶中的多酚类作用，又会使茶汤表面形成一层“锈油”，喝起来有苦涩味。所以用自来水沏茶，最好用无污染的容器，先贮存一天，待氯气散发后再煮沸沏茶，或者采用净水器将水净化。

天然矿泉水是从地下深处自然涌出的或经人工开发的、未受污染的地下矿泉水，含有一定量的矿物盐、微量元素或二氧化碳气体，在通常情况下，其化学成分、流量、水温等动态指标在天然波动范围内相对稳定。矿泉水含有丰富的锂、锶、锌、溴、碘、硒和偏硅酸等多种微量元素，饮用矿泉水有助于人体对这些微量元素的摄入，并调节肌体的酸碱平衡。但不少矿泉水含有较多的钙、镁、钠等金属离子，是永久性硬水，用于泡茶效果并不佳。

井水属地下水，悬浮物含量少，透明度较高，但井水多为浅层地下水，特别是城市井水，易受周围环境污染，用来沏茶有损茶味。活水井的水沏茶，可泡得一杯好茶。

纯净水是以符合生活饮用水卫生标准的水为水源，采用蒸馏法、电解法、逆渗透法及其他适当的加工方法制得，纯度很高，不含任何添加物，可直接饮用的水。用纯净水泡茶，因为纯净水净度好、透明度高，沏出的茶汤不仅晶莹清澈，而且香气滋味纯正，无异杂味，鲜醇爽口。

茶叶中的化学成分是组成茶叶色、香、味的物质基础，其中多数能在冲泡过程中溶解于水，从而形成了茶汤的色泽、香气和滋味。泡茶时，应根据不同茶类的特点，调整水的温度和茶叶的用量，从而使茶的香味、色泽、滋味得以充分发挥。

（二）品茶

品茶，是一门综合艺术。茶叶没有绝对的好坏之分，要看个人喜好而定。也就是说，各种茶叶都有它的高级品和劣等品。一般说来，判断茶叶的好坏可以从观茶、察色、赏姿、闻香和尝味入手。

1. 观茶

观茶，即察看茶叶，就是观赏干茶和茶叶开汤后的形状变化。所谓干茶就是未冲泡的

茶叶；所谓开汤就是指干茶用开水冲泡出茶汤内质来。

茶叶的外形随种类的不同而有各种形态，有扁形、针形、螺形、眉形、珠形、球形、半球形、片形、曲形、兰花形、雀舌形、菊花形、自然弯曲形等，各具优美的姿态。而茶叶开汤后，茶叶的形态会产生各种变化，或快或慢，宛如妙曼的舞姿，展露原本的形态，令人赏心悦目。

观察干茶要看干茶的干燥程度，另外看茶叶的叶片是否整洁，如果有太多的叶梗、黄片、渣沫、杂质，则不是上等茶叶。然后，要看干茶的条索外形。条索是茶叶揉成的形态，像龙井茶是剑片状，冻顶茶是半球形，铁观音茶紧结成球状，香片则切成细条或者碎条。

2. 察色

察色，即观察茶色、汤色和底色。

(1)茶色

茶叶依颜色分有绿茶、黄茶、白茶、青茶、红茶、黑茶等六大类。由于茶的制作方法不同，其色泽也是不同的，即使是同一种茶叶，采用相同的制作工艺，也会因茶树品种、生态环境、采摘季节的不同，色泽上存有一定的差异。如细嫩的高档绿茶，色泽有嫩绿、翠绿、绿润之分；高档红茶，色泽有红艳明亮、乌润显红之别。而乌龙茶又有闽北武夷岩茶的青褐油润，闽南铁观音的砂绿油润，广东凤凰水仙的黄褐油润，台湾冻顶乌龙的深绿油润，这些都是高级乌龙茶中有代表性的色泽，也是鉴别乌龙茶质量优劣的重要标志。

(2)汤色

冲泡茶叶后，内含成分溶解在沸水中的溶液所呈现的色彩，称为汤色。不同茶类汤色会有明显区别；同一茶类中的不同花色品种、不同级别的茶叶，也有一定差异。一般说来，上乘的茶品，汤色都明亮且有光泽。具体说来，绿茶汤色浅绿或黄绿，清而不浊，明亮澄澈；红茶汤色乌黑油润，若在茶汤周边形成一圈金黄色的油环，俗称金圈，更属上品；乌龙茶则以青褐光润为好；白茶汤色微黄，黄中显绿，并有光亮。

将适量茶叶放在玻璃杯中，或者在透明的容器里用热水一冲，茶叶就会慢慢舒展开。可以同时泡几杯来比较不同茶叶的好坏，其中舒展顺利、茶汁分泌最旺盛、冲泡后最为柔软飘逸的茶叶是最好的茶叶。

因为茶多酚类溶解在热水中后与空气接触很容易氧化变色，所以观茶汤要及时。例如，绿茶的汤色氧化变黄，红茶的汤色氧化变暗等，时间拖延过久，会使茶汤混汤而沉淀。红茶在茶汤温度降至 20 ℃以下后，常发生凝乳混汤现象，这是由于红茶色素和咖啡因结合会产生黄浆状不溶物。

茶汤的颜色会因为发酵程度的不同，以及焙火轻重的差别而呈现深浅不一的颜色。但是，有一个共同的原则，不管颜色深或浅，一定不能浑浊、灰暗，清澈透明才是好茶汤应该具备的条件。

一般情况下，随着汤温的下降，汤色会逐渐变深。在相同的温度和时间内，红茶汤色变化大于绿茶汤色变化，大叶种茶汤色变化大于小叶种茶汤色变化，嫩茶汤色变化大于老茶汤色变化，新茶汤色变化大于陈茶汤色变化。茶汤的颜色，以冲泡滤出后 10 分钟以内来观察较能代表茶的原有汤色。当然在做比较的时候，一定要拿同一种类的茶叶做比较。

(3)底色

底色就是指欣赏茶叶经冲泡去汤后留下的叶底色泽。除看叶底显现的色彩外，还可

观察叶底的老嫩、光糙、匀净等。

3. 赏姿

茶在冲泡过程中，经吸水浸润而舒展，或似春笋，或如雀舌，或若兰花，或像墨菊。与此同时，茶在吸水浸润过程中，还会因重力的作用，产生一种动感。太平猴魁舒展时，犹如一只机灵小猴，在水中上下翻动；君山银针舒展时，好似翠竹争阳，针针挺立；西湖龙井舒展时，活像春兰怒放。

4. 闻香

对于茶香的鉴赏一般要三闻：一闻干茶的香气（干闻）；二闻开泡后充分显示出来的茶的本香（热闻）；三闻茶香的持久性（冷闻）。

先闻干茶，干茶有的清香，有的甜香，有的焦香，应在冲泡前进行，如绿茶应清新鲜爽、红茶应浓烈纯正、花茶应芬芳扑鼻、乌龙茶应馥郁清幽为好。如果茶香低而沉，带有焦、烟、酸、霉、陈或其他异味者为次品。将少许干茶放在器皿中（或直接抓一把茶叶放在手中），闻一闻干茶的清香、浓香、糖香，判断一下有无异味、杂味等。

要对茶叶的香气、滋味有更完全的体会，还需要冲泡一壶茶来仔细品味。茶泡好且茶汤倒出来后，可以趁热打开壶盖，或端起茶杯闻闻茶汤的热香，判断一下茶汤的香型（有菜香、花香、果香、麦芽糖香），同时要判断有无烟味、油臭味、焦味或其他异味。这样，可以判断出茶叶的新旧、发酵程度、焙火轻重。在茶汤温度稍降后，即可品尝茶汤。这时可以仔细辨别茶汤香味的清浊浓淡及中温茶的香气，更能认识其香气特质。喝完茶汤且茶渣冷却之后，还可以回过头来欣赏茶渣的冷香，嗅闻茶杯的杯底香。

将冲泡的茶叶，按茶类不同，经1～3分钟后，将杯送至鼻端，闻茶汤发出的茶香；若用有盖的杯泡茶，则可闻盖香和茶汤表面香；倘用闻香杯（台湾人冲泡乌龙茶时使用）泡茶，还可闻杯香。另外，随着茶汤温度的变化，茶香还有热闻、冷闻和温闻之分。热闻的重点是辨别香气正常与否、香气的类型如何以及香气高低，一般在茶汤浸泡5分钟左右就应该开始嗅香气，最适合嗅茶叶香气的叶底温度为45～55 ℃，嗅香气应以左手握杯，靠近杯沿用鼻趁热轻嗅或深嗅杯中叶底发出的香气，也可将整个鼻部深入杯内，接近叶底以扩大接触香气面积，增加嗅感。为了正确判断茶叶香气的高低、长短、强弱、清浊及纯杂等，嗅时应重复一两次，但每次嗅时不宜过久，以免因嗅觉疲劳而失去灵敏感，一般嗅3秒左右。冷闻则在茶汤冷却后进行，判断茶叶香气的持久程度，可以闻到原来被茶中芳香物掩盖着的其他气味，只有香气较高且持久的茶叶，才有余香、冷香，这才是好茶。而温闻重在鉴别茶香的雅与俗，即优与次。一般来说，绿茶以有清香鲜爽感，甚至有果香、花香者为佳；红茶以有清香、花香者为上，以香气浓烈、持久者为上乘；乌龙茶以具有浓郁的熟桃香者为好；而花茶则以具有清纯芬芳者为优。

5. 尝味

茶汤滋味是茶叶的甜、苦、涩、酸、辣、腥、鲜等多种呈味物质综合反映的结果，如果它们的数量和比例适合，就会变得鲜醇可口，回味无穷。茶汤的滋味以微苦中带甘为最佳。好茶喝起来甘醇浓稠，有活性；喝后喉头甘润的感觉持续很久。一般认为，绿茶滋味鲜醇爽口，红茶滋味浓厚、强烈、鲜爽，乌龙茶滋味酽醇回甘。由于舌的不同部位对滋味的感觉

不同，所以，尝味时要使茶汤在舌头上循环滚动，才能正确而全面地分辨出茶味来。

尝味时，舌头的姿势要正确。把茶汤吸入嘴内后，舌尖顶住上层齿根，嘴唇微微张开，舌稍向上抬，使茶汤摊在舌的中部，再用腹部呼吸从口慢慢吸入空气，使茶汤在舌上微微滚动，连吸两次气后，辨出滋味。若初感有苦味的茶汤，应抬高舌位，把茶汤压入舌根，进一步评定苦的程度。

品味茶汤的温度以 40～50 ℃为好，每一品茶汤的量以 5 mL 左右最适宜。尝味要自然，尝味主要是尝茶的浓淡、强弱、爽涩、鲜滞、纯异等。为了真正品出茶的本味，在品茶前最好不要吃强烈刺激味觉的食物，如辣椒、葱蒜、糖果等，也不宜吸烟，以保持味觉与嗅觉的灵敏度。在喝下茶汤后，喉咙感觉应是软甜、甘滑，有韵味，齿颊留香，回味无穷。

（三）各类茶的品饮

茶类不同，其品质特性各不相同，不同的茶，品的侧重点不一样，所以品茶方法也不同。

1. 绿茶的品饮

绿茶的色、香、味、形都别具一格，品茶时，可先透过晶莹清亮的茶汤，观赏茶叶的沉浮、舒展和姿态，再察看茶汁的浸出、渗透和汤色的变化，然后端起茶杯，闻其香，呷上一口，含在口中，慢慢在口舌间来回旋动，如此往复品赏。

高级细嫩的绿茶，一般选用玻璃杯或白瓷杯盛饮，而且无须用盖，一则便于人们赏茶观姿；二则防嫩茶泡熟，失去鲜嫩色泽和新鲜滋味。至于普通绿茶，因注重品尝滋味，或佐食点心，可选用茶壶泡茶，这叫作“嫩茶杯泡，老茶壶泡”。

泡饮之前，先欣赏干茶的色、香、形。名茶的造型或条，或扁，或螺，或针……名茶的色泽或碧绿，或深绿，或黄绿……名茶的香气或奶油香，或板栗香，或清香……充分领略各种名茶的天然风韵，称为“赏茶”。

知识链接　绿茶茶艺

(1)用具

玻璃茶杯数个；香一支；白瓷茶壶一把；香炉一个；茶盘一个；开水壶两个；茶叶罐一个；茶巾一条；茶道具一套；绿茶每人三克。

(2)绿茶茶艺解说

第一道——点香：焚香除妄念

俗话说：“泡茶可修身养性，品茶如品味人生。”古今品茶都讲究平心静气。“焚香除妄念”就是通过点燃香，来营造一个祥和肃穆的气氛。

第二道——洗杯：冰心去凡尘

茶，致清致洁，是天涵地育的灵物，泡茶要求所用的器皿也必须至清至洁。“冰心去凡尘”就是用开水再烫一遍本来就干净的玻璃杯，做到茶杯冰清玉洁、一尘不染。

第三道——凉汤：玉壶养太和

绿茶属于芽茶类，因为茶叶细嫩，若用滚烫的开水直接冲泡，会破坏茶芽中的维生素并造成熟汤失味。绿茶宜用 80 ℃的开水冲泡。“玉壶养太和”就是把开水壶中的水

预先倒入瓷壶中养一会儿，使水温降至 80 ℃左右。

第四道——投茶：清宫迎佳人

苏东坡有诗云："戏作小诗君勿笑，从来佳茗似佳人"。"清宫迎佳人"就是用茶匙把茶叶投放到冰清玉洁的玻璃杯中。

第五道——润茶：甘露润莲心

好的绿茶外观如莲心，乾隆皇帝把茶叶称为"润心莲"。"甘露润莲心"就是在开泡前先向杯中注入少许热水，起到润茶的作用。

第六道——冲水：凤凰三点头

冲泡绿茶时讲究高冲水，在冲水时水壶有节奏地三起三落，好比是凤凰向客人点头致意。

第七道——泡茶：碧玉沉清江

冲入热水后，茶先是浮在水面上，而后慢慢沉入杯底，我们称之为"碧玉沉清江"。

第八道——奉茶：仙人捧玉瓶

茶艺小姐把泡好的茶敬奉给客人，意在祝福人们一生平安。

第九道——赏茶：春波展旗枪

这道程序是绿茶茶艺的特色程序。杯中的热水如春波荡漾，在热水的浸泡下，茶芽慢慢地舒展开来，尖尖的叶芽如枪，展开的叶片如旗。一芽一叶的称为旗枪，一芽两叶的称为雀舌。在品绿茶之前先观赏——在清碧澄净的茶水中，千姿百态的茶芽在玻璃杯中随波晃动，好像生命的绿精灵在舞蹈，十分生动有趣。

第十道——闻茶：慧心悟茶香

品绿茶要一看、二闻、三品味，在欣赏"春波展旗枪"之后，要闻一闻茶香。绿茶与花茶、乌龙茶不同，它的茶香更加清幽淡雅，必须用心灵去感悟，才能够闻到春天般的气息，以及清醇悠远、难以言传的生命之香。

第十一道——品茶：淡中品致味

绿茶的茶汤清纯甘鲜，淡而有味，它虽然不像红茶那样浓艳醇厚，也不像乌龙茶那样酽韵醉人，但是只要你用心去品，就一定能从淡淡的绿茶香中品出天地间至清、至醇、至真、至美的韵味来。

第十二道——谢茶：自斟乐无穷

一曰：独品得神。一个人面对青山绿水或高雅的茶室，通过品茗，心驰宏宇，神交自然，物我两忘，此一乐也；二曰：对品得趣。两个知心朋友相对品茗，或无须多言即心有灵犀一点通，或推心置腹述衷肠，此亦一乐也；三曰：众品得慧。众人相聚品茶，互相沟通，互相启迪，可以学到许多书本上学不到的知识，这同样是一大乐事。

2. 花茶的品饮

花茶，融茶之韵与花之香于一体，在国际市场上泛指添加香料的茶，不管其香源来自鲜花抑或是化学合成的添加香料，都统称为花茶。但在我国，花茶窨制都采用新鲜花朵，尤以茉莉花为多。窨制花茶的茶胚以绿茶为多，也用红茶和乌龙茶，窨制花茶用的香花有茉莉花、玫瑰花、珠兰花、玉兰花、栀子花、桂花、柚子花、代代花、菊花等。

花茶的品饮，以维护香气不致无效散失和显示茶胚特质美为原则。对于冲泡茶胚细嫩的高级花茶，宜用玻璃茶杯，水温在 85 ℃左右，加盖，观察茶在水中飘舞、沉浮，以及茶叶徐徐展开，复原叶形，渗出茶汁，汤色的变化过程，称之为“目品”。三分钟后，揭开杯盖，顿觉芬芳扑鼻而来，精神为之一振，称为“鼻品”。茶汤在舌面上往返流动一两次，品尝茶味和汤中香气后再咽下，此味令人神醉，此谓“口品”。

冲泡中低档花茶，不强调观赏茶胚形态，宜用白瓷杯或茶壶，100 ℃沸水加盖。

品饮花茶先看茶胚质地，好茶才有适口的茶味；其次看蕴含香气，要着重考虑香气的鲜灵度（香气的新鲜灵活程度与香气的陈、闷、不爽相对）、香气的浓度和香气的纯度。

知识链接 花茶茶艺

(1)用具

三才杯（即小盖碗）若干只；白瓷茶壶一把；木制托盘一个；随手泡一套；青花茶荷一个；茶道具一套；茶巾一条。

(2)花茶茶艺解说

花茶是诗一般的茶，它融茶之韵与花之香于一体，通过“引花香，增茶味”，使花香、茶香珠联璧合，相得益彰。

第一道——春江水暖鸭先知（烫杯）

“竹外桃花三两枝，春江水暖鸭先知。”这是苏东坡的一句名诗。苏东坡不仅是一个多才多艺的大文豪，而且是一个至情至性的茶人，借苏东坡的这首名诗来描述烫杯。

第二道——香花绿叶相扶持（赏茶）

赏茶的目的是鉴赏花茶茶胚的形状、颜色和茶叶的香气，闻之使人头脑清醒、心旷神怡。

第三道——落英缤纷玉杯里（投茶）

“落英缤纷”是晋代文学家陶渊明在《桃花源记》一文中描述的美景。当我们用茶导把花茶从茶荷中拨进洁白如玉的茶杯里时，一片片茶叶飘然而下，恰似“落英缤纷”。

第四道——春潮带雨晚来急（冲水）

冲泡花茶讲究高冲水。冲泡茉莉茶王时，要用 90 ℃左右的开水。杯中的花茶随水浪上下翻滚，恰似“春潮带雨晚来急”。

第五道——三才化育甘露美（闷茶）

冲泡花茶要用三才杯，茶杯的盖代表天，杯托代表地，中间的茶杯代表人。茶人们认为茶是“天涵之，地载之，人育之”的灵物。闷茶的过程象征天、地、人共同化育茶的精华。

第六道——一盏香茗奉知己（敬茶）

向来宾敬茶是中华民族的传统美德，茶道面前，人人平等，敬茶的顺序一般从左至右。

第七道——杯里清香浮清趣（闻香）

“未尝甘露味，先闻圣妙香”。用左手插起杯托，女士食指、中指托着杯托，拇指扣住

杯沿，此动作称“彩凤双飞翼”，男士把三个指头并拢，此动作称“桃园三结义”。右手轻轻地将杯盖掀开一条缝，从缝隙中去闻香气。

第八道——舌端甘苦入心底(品茶)

品茶时，右手将杯盖的前沿下压，后沿翘起，从开缝中品茶。品茶时应小口喝入茶汤，使茶汤在舌尖稍事停留，这时轻轻用口吸气，让茶汤在舌面滚动，以便充分与味蕾接触，只有这样才能充分领略花茶所独有的“味轻醍醐，香薄兰芷”的花香与茶韵。

第九道——茶味人生皆品悟(回味)

茶人们认为，一杯茶中有人生百味，有的人“啜苦可励志”，有的人“咽甘思报国”。无论是苦涩、甘鲜还是平和、醇厚，人们从一杯茶中生出很多感悟和联想，所以品茶重在回味。

第十道——饮罢两腋清风生(谢茶)

唐代诗人卢仝在《七碗茶诗》中写出了品茶的绝妙感受，“一碗喉吻润，二碗破孤闷。三碗搜枯肠，唯有文字五千卷。四碗发轻汗，平生不平事，尽向毛孔散。五碗肌骨清，六碗通仙灵。七碗吃不也，唯觉两腋习习清风生。”

3. 红茶的品饮

红茶的品饮有清饮和调饮之分。清饮，即不加任何调味品，使茶叶发挥应有的香味。清饮适合于品饮工夫红茶，重在享受它的清香和醇味。

品饮红茶重在领略它的香气、滋味和汤色，所以，通常多采用壶泡后再分洒入杯。品饮时，先闻其香，再观其色，然后尝味。

先准备好茶具，如煮水的壶、盛茶的杯或盏等。同时，还需用洁净的水，对茶具一一加以清洁。如果是高档红茶，那么，以选用白瓷杯为宜，以便察“颜”观色。将 3 克红茶放入白瓷杯中。若用壶泡，则按 1∶50 的茶与水的比例，确定投茶量。然后冲入沸水，通常冲水至八分满为止。红茶冲泡后通常等待 3 分钟，即可先闻其香，再观察红茶的汤色。尤其是饮高档红茶，饮茶人需在品字上下功夫，缓缓啜饮，细细品味，在徐徐体察和欣赏之中，品出红茶的醇味，领会饮红茶的真趣，获得精神上的升华。

知识链接　**祁门工夫红茶茶艺**

(1)主要用具

瓷质茶壶一把；茶杯(以青花瓷、白瓷茶具为好)若干只；赏茶盘一个；茶荷一个；茶巾一条；茶匙一个；奉茶盘一个；热水壶及风炉(电炉或酒精炉皆可)一个。茶具在表演台上摆放好后，即可进行祁门工夫红茶表演。

(2)祁门工夫红茶茶艺解说

第一道——“宝光”初现

祁门工夫红茶条索紧秀，锋苗好，色泽并非人们常说的红色，而是乌黑润泽。红茶的英文为“black tea”，即因红茶干茶的乌黑色泽而来。

第二道——清泉初沸

热水壶中用来冲泡红茶的泉水经加热、微沸，壶中上浮的水泡仿佛“蟹眼”已生。

第三道—— 温热壶盏

用初沸之水，注入瓷壶及杯中，为壶、杯升温。

第四道——“王子”入宫

用茶匙将赏茶盘或茶荷中的红茶轻轻拨入壶中。祁门工夫红茶也被誉为“王子茶”。

第五道—— 悬壶高冲

这是冲泡红茶的关键。冲泡红茶的水温要在 100 ℃左右，刚才初沸的水此时已是“蟹眼已过鱼眼生”，正好用于冲泡。而高冲可以让茶叶在水的激荡下，充分浸润，以利于色、香、味的充分发挥。

第六道—— 分杯敬客

用循环斟茶法，将壶中的茶均匀地分入每一杯中，使杯中之茶的色、味一致。

第七道—— 喜闻幽香

一杯茶到手，先要闻香。祁门工夫红茶是世界公认的三大高香茶之一，其香浓郁高长，又有“茶中英豪”“群芳最”之誉。香气甜润中蕴藏着一股兰花之香。

第八道—— 观赏汤色

红茶的红色表现在冲泡好的茶汤中。祁门工夫红茶的汤色红艳，杯沿有一道明显的“金圈”。茶汤的明亮度和颜色，表明红茶的发酵程度和茶汤的鲜爽度。再观叶底，嫩软红亮。

第九道—— 品味鲜爽

闻香观色后即可缓啜品饮。祁门工夫红茶以鲜爽、浓醇为主，与红碎茶浓强的刺激性口感有所不同，祁门工夫红茶滋味醇厚，回味绵长。

第十道—— 再赏余韵

一泡之后，可再冲泡第二泡茶。

第十一道——三品得趣

红茶通常可冲泡三次，三次的口感各不相同，细饮慢品，徐徐体味茶之真味，方得茶之真趣。

第十二道——收杯谢客

红茶性情温和，收敛性差，易于交融，因此通常用之调饮。

4. 白茶与黄茶的品饮

白茶属轻微发酵茶，白茶的制法特殊，采摘白毫密披的茶芽，不炒不揉，只分萎凋和烘焙两道工序，使茶芽自然缓慢地变化，形成白茶的独特品质风格，白茶的汤色和滋味均较清淡。黄茶的典型工艺流程是杀青、闷黄、干燥。制法特点主要是闷黄过程，利用高温杀青破坏酶的活性，其后多酚物质的氧化作用则是由于湿热作用引起，并产生一些有色物质。黄茶的品质特点是黄汤黄叶。

由于白茶和黄茶，特别是白茶中的白毫银针，黄茶中的君山银针，具有极高的欣赏价

值，因此是以观赏为主的一种茶品。在品饮前，可先观茶干，它似银针落盘，如松针铺地，再用直筒无花纹的玻璃杯以 70 ℃ 的开水冲泡，观赏茶芽在杯中上下浮动最终个个林立的过程，接着闻香观色。通常要在冲泡后 10 分钟左右才开始尝味。这些茶重在观赏，其品饮的方法带有一定的特殊性。

知识链接　安吉白茶茶艺

安吉白茶的母树生长在天目山麓海拔 800 米左右的高山之巅，是安吉特有的一种珍稀白叶种茶树。它富含人体所需的 13 种氨基酸，含量达 6.29%，是普通绿茶的两倍，茶多酚含量却只有普通绿茶的 1/2，所以它具有很高的营养价值。安吉白茶色、香、味、形俱佳，在冲泡过程中必须掌握一定的技巧才能使品饮者充分领略到安吉白茶形似凤羽、叶片玉白、茎脉翠绿、鲜爽甘醇的视觉和味觉的享受。

第一道—— 赏茶

安吉白茶外形细秀，形似凤羽，色如玉霜，光亮润泽。

第二道—— 温杯

为了洁净杯具，同时除却杯中的冷气，提高杯身的温度，所以在正式冲泡之前，先要将杯具烫洗一遍。

第三道—— 投茶

茶与水的比例是 1∶50，所以我们需要在容量为 150 毫升的杯子中投入约 3 克茶叶。

第四道——润茶

为了更好地体现出茶叶的各种品质特征，在冲泡之前，我们先要润茶，为的是使茶叶初步吸收水分，初步展开。茶人也把这道程序叫作醒茶，意思是把沉睡的茶叶唤醒。

第五道—— 摇香

顾名思义，摇香是通过摇动杯中的水，来加速茶叶对水分的初步吸收，这样能更好地体现出茶叶的香味。

第六道—— 冲泡

我们用“凤凰三点头”的手法来冲茶，这样可以用水的冲力使茶叶在杯中上下翻滚，加速茶叶中有效物质的浸出。“凤凰三点头”也寓意着向客人三鞠躬，以示对客人的尊敬。

知识链接　君山银针(黄茶)茶艺

君山银针(黄茶)是一种较为特殊的茶，它有幽香，有醇味，具有茶的所有特征。从品茗的角度而言，是一种重在观赏的特种茶，因此，特别强调茶的冲泡技能和程序。冲泡君山银针，用水以清澈的山泉为佳，茶具宜用透明的玻璃杯，杯子高度为 10～15 厘米，杯口直径为 4～6 厘米。每杯用茶量为 3 克，太多太少都不利于赏析茶的姿形景观。冲泡程序如下：

第一道——赏茶

用茶匙摄取少量君山银针，置于洁净赏茶盘中，供宾客观赏。

第二道——洁具

用开水预热茶杯，清洁茶具，并擦干杯中水珠，以防止茶芽吸水而降低茶芽的竖立率。

第三道——置茶

用茶匙轻轻地从茶叶罐中取出君山银针约 3 克，放入茶杯待泡。

第四道——高冲

运用水的冲力，将 70 ℃左右的开水，先快后慢冲入茶杯至 1/2 处，使茶芽湿透。稍后，再冲至七八分杯满为止。为使茶芽均匀吸水，加快下沉，这时可用玻璃盖片盖在茶杯上，经 5 分钟后，去掉玻璃盖片。在水和热的作用下，茶姿的形态、茶芽的沉浮、气泡的发生等，都是泡其他茶叶时罕见的，这是君山银针所特有的。

第五道—— 奉茶

君山银针大约冲泡 10 分钟后，就可开始品饮。这时双手端杯，有礼貌地奉给宾客。

4. 乌龙茶的品饮

乌龙茶的品饮，重在闻香和尝味，不重品形。实际生活中，有闻香重于品味的(如中国台湾)，或品味重于闻香的(如东南亚一带)。潮汕一带强调热品，即洒茶入杯，以拇指和食指按杯沿，中指抵杯底，慢慢由远及近，使杯沿接唇，杯面迎鼻，先闻其香，然后将茶汤含在口中回旋，徐徐品饮其味，通常三小口见杯底，再嗅留存于杯中茶香。台湾品饮乌龙茶更侧重于闻香。品饮时先将壶中茶汤趁热倾入公道杯，然后分注于闻香杯中，再一一倾入对应的小杯内，而闻香杯内壁留存的茶香，正是人们品乌龙茶的精髓所在。品啜时，先将闻香杯置于双手手心间，使闻香杯口对准鼻孔，再用双手慢慢来回搓动闻香杯，使杯中香气尽可能得到最大限度享用。

传统冲泡乌龙茶的方法是：泡茶前先用沸水把茶具淋洗一遍，泡饮过程中还要不断淋洗，使茶具始终保持热度；分茶入壶，碎末填壶底盖以粗条，中小叶排在最上面，以免茶末堵塞壶口；冲茶先要循边缓冲，以免冲破“茶胆”。冲水时要使茶叶打滚；当水漫过茶叶时，立即倒掉，称之为“茶洗”；第二次冲水至九成即可，加盖用沸水淋壶身，2～3 分钟后，乌龙茶的精美真味就浸泡出来了。

知识链接　乌龙茶茶艺

(1)用具

紫砂壶、闻香杯、品茗杯、茶荷、茶道组(由茶漏、茶则、茶夹、茶匙、茶针等组成)、茶海、茶巾、茶筒、香炉、明炉组、茶托、公道杯、壶垫、随手泡。

(2)乌龙茶茶艺解说

中国是茶的故乡，早在西汉、南北朝时期茶就通过丝绸之路传到世界各地。茶是我国的国粹，是健康的使者，茶已成为中华民族精神文明的象征。

第一道——“孔雀开屏”

在泡茶之前，先向宾客展示典雅精美、工艺独特的工夫茶具。茶盘：用来陈设茶具及盛装不喝的余水。宜兴紫砂壶：也称孟臣壶。茶海：也称茶盅，与茶滤合用起到过滤茶渣的作用，使茶汤更加清澈亮丽。闻香杯：因其杯身高，口径小，用于闻香，有留香持久的作用。品茗杯：用来品茗和观赏茶汤。茶道组，内有五件：茶漏，放置壶口，扩大壶嘴，防止茶叶外漏；茶则，量取茶叶；茶夹，夹取品茗杯和闻香杯；茶匙，拨取茶叶；茶针，疏通壶口。茶托：托取闻香杯和品茗杯；茶巾：拈拭壶底及杯底的余水；随手泡：保证泡茶过程的水温。

第二道——“火煮山泉”

泡茶用水极为讲究，宋代大文豪苏东坡是一个精通茶道的茶人，他总结泡茶的经验时说：“活水还须活火烹”。火煮山泉，即用旺火来煮沸壶中的山泉水。

第三道——“叶嘉酬宾”

叶嘉是宋代诗人苏东坡对茶叶的美称，叶嘉酬宾是请大家鉴赏茶叶，可看其外形、色泽，以及嗅闻香气。

第四道——“孟臣沐淋”

孟臣（惠孟臣）是明代的制壶名家，后人将孟臣代指各种名贵的紫砂壶，因为紫砂壶有保温、保味、聚香的特点，泡茶前用沸水淋浇壶身可起到保持壶温的作用，亦可借此表达为各位嘉宾接风洗尘，洗去一路风尘的意思。

第五道——“若琛出浴”

茶是至清至洁、天寒地域的灵物，用开水烫洗一下原本就干净的品茗杯和闻香杯，使杯身、杯底至清至洁、一尘不染，也是对各位嘉宾的尊敬。

第六道——“乌龙入宫”

茶似乌龙，壶似宫殿，取茶通常取壶的二分之一处，这主要取决于大家的浓淡口味，诗人苏轼把“乌龙入宫”比作“佳人入室”，他言：“细作小诗君勿笑，从来佳茗似佳人”，在诗句中把上好的乌龙茶比作让人一见倾心的绝代佳人，轻移莲步，使得满室生香，形容乌龙茶的美好。

第七道——“高山流水”

乌龙茶讲究高冲水、低斟茶。

第八道——“春风拂面”

用壶盖轻轻推掉壶口的茶沫。乌龙茶讲究“头泡汤，二泡茶，三泡四泡是精华”。工夫茶的第一遍茶汤，一般只用来洗茶，俗称温润泡，亦可用于养壶。

第九道——“重洗仙颜”

第二次冲水，淋浇壶身，保持壶温，让茶叶在壶中充分释放香韵。

第十道——“游山玩水”

工夫茶的浸泡时间非常讲究，过长苦涩，过短则无味，因此要在最佳时间将茶汤倒出。

第十一道——“祥龙行雨”

“祥龙行雨”取自“甘霖普降”的吉祥之意。

第十二道——“珠联璧合”

将品茗杯扣于闻香杯上，将香气保留在闻香杯内，称为“珠联璧合”。

第十三道——“鲤鱼翻身”

中国古代神话传说，鲤鱼翻身跃过龙门可化龙升天而去，借这道程序，祝福在座的各位嘉宾跳跃一切阻碍，事业发达。

第十四道——“敬奉香茗”

坐酌淋淋水，看间涩涩尘，无由持一碗，敬于爱茶人。

第十五道——“喜闻幽香”

轻轻提取闻香杯，把高口的闻香杯放在鼻前轻轻转动，可喜闻幽香，高口的闻香杯里如同开满百花的幽谷，随着温度的逐渐降低，可闻到不同的芬芳。

第十六道——“三龙护鼎”

用大拇指和食指轻扶杯沿，中指紧托杯底，这样举杯既稳重又雅观。

第十七道——“鉴赏汤色”

请嘉宾鉴赏乌龙茶的汤色，呈金黄明亮。

第十八道——“细品佳茗”

第一口“玉露初品”，茶汤入口后不要马上咽下，而应吸气，使茶汤与舌尖、舌面的味蕾充分接触；第二口“好事成双”，这一口主要品茶汤过喉的滋味是鲜爽甘醇还是生涩平淡；第三口“三品石乳”，可一饮而尽。

5. 普洱茶的品饮

云南普洱茶，泛指云南原产地的大叶种茶树的鲜叶，经杀青、揉捻、晒干而制成的晒青茶，以及用晒青压制成各种规格的紧压茶，如普洱沱茶、普洱方茶、七子饼茶、藏销紧茶、团茶、竹筒茶等。普洱散茶外形条索肥硕，色泽褐红，呈猪肝色或带灰白色。普洱沱茶，外形呈碗状；普洱方茶呈长方形；七子饼茶形似圆月，七子为多子、多孙、多富贵之意。

通常，普洱茶的泡饮方法是：将 10 克普洱茶倒入茶壶或盖碗，冲入 500 毫升沸水。先洗茶，将普洱茶表层的不洁物和异物洗去，才能充分释放出普洱茶的真味。再冲入沸水，浸泡 5 分钟。将茶汤倒入公道杯中，再将茶汤分斟入品茗杯，先闻其香，观其色，而后饮用。汤色红浓明亮，香气独特陈香，叶底褐红色，滋味醇厚回甜，饮后令人心旷神怡。普洱茶饮用方法：有的用特制的瓦罐在火膛上烤后加盐巴品饮；有的加猪油或鸡油煎烤油茶；有的打成酥油茶。

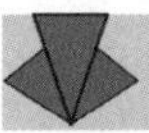

知识链接 普洱茶茶艺

普洱茶是云南特有的地方名茶。普洱茶以云南原产地的大叶种晒青茶及其再加工而成两个系列：直接再加工为成品的生普和经过人工速成发酵后再加工而成的熟普，型制上又分散茶和紧压茶两类；成品后都还持续进行着自然陈化过程，具有越陈越香的独特品质。

下面我们用工夫泡法来泡一泡普洱茶：

第一道—— 撬茶

用茶刀从各种普洱紧压茶(饼、砖、沱等)撬下适量(5～10 克)普洱茶。

第二道—— 投茶

将撬下来的普洱茶放入盖碗中。

第三道—— 洗茶

将沸水冲入盖碗中泡茶,这称为第一泡,一般情况下第一泡是不喝的,用来洗去茶中灰尘以及让茶叶遇水溶开,以便后几泡能有饱满地道的茶味。第一泡应迅速从杯中倒掉,避免茶味被过度洗走。

第四道—— 洗杯

第一泡茶可以倒入茶杯中洗洗杯子再倒掉,也称暖杯,可以让杯子待会儿盛茶汤时味道更醇厚。

第五道—— 第二泡

再次冲入沸水泡茶,这一泡开始是用来喝的了。

第六道—— 出汤

根据自身对茶味浓淡的喜好,泡一定时间后将茶汤倒出以便品尝(泡的时间越长,茶汤越浓,第二泡一般 30 秒钟即可出汤)。茶汤是从盖碗中倒进公道杯中,公道杯上面可加滤网以便滤除茶叶碎末。

第七道——分汤品茗

将公道杯中的茶汤分入各人的小茶杯中,就可一起分享地道的普洱茶了。

任务三　碳酸饮料认知与服务

一、碳酸饮料认知

碳酸饮料是一种含有大量二氧化碳气体的清凉解暑的饮料。它是用冷开水、柠檬酸、小苏打、白糖、柠檬香精、食用色素等原料按一定比例配制而成。碳酸饮料中的二氧化碳对胃壁有轻微的刺激作用,能加速胃液分泌,帮助消化。同时,二氧化碳会很快从体内排出,带走人体的热量,使人饮后有清凉的感觉。

碳酸饮料按配制原料可分为汤力水类、柠檬水类和可乐类三大类。

(一)汤力水类

汤力水类的碳酸饮料原料中小苏打的含量较高,很少单饮,常常作为稀释液,以稀释烈酒的浓度,中和酒的酸性,还可以起泡沫。常见的有:干姜水(Ginger Ale)、汤力水(Tonic Water)、苏打水(Soda Water)。

1. 干姜水

干姜水是以生姜为原料,加入柠檬、香料,再用焦麦芽着色制成的碳酸水。干姜水有

辣滋滋的刺激味，会使人食欲骤增，情绪高昂，其作用与苏打水类似，适用于各种鸡尾酒的调配。

2. 汤力水

汤力水诞生于英国，在欧美又称奎宁水，最初是作为滋补剂的商品名称，为工作于热带殖民地的英国人饮用，后来发展为女性的开胃饮料。第二次世界大战后，人们发现它易与金酒调和，由此诞生了世界闻名的金汤力鸡尾酒。另外，它与其他蒸馏酒也很容易调制，如与伏特加可调兑成伏特加汤力鸡尾酒。汤力水无色透明，含有奎宁（又称金鸡纳霜），入口略带咸苦味，后味却很爽口。

3. 苏打水

苏打水是指含有二氧化碳和矿物质的水。因在生成二氧化碳时使用了重碳酸苏打而得名。营养价值一般，但二氧化碳可刺激肠胃，使人产生舒爽感，有促进食欲的功效。通常将苏打水冰镇至 4～6 ℃，用于调制高球或菲士等长饮类鸡尾酒。另外，对苏打水进行再加工，加入砂糖、香料、酸味、色素等，可制成柠檬碳酸水、碳酸饮料等。著名的汤力水就是在苏打水中添加了滋补健身的奎宁等物质精制而成的。

（二）柠檬水类

柠檬水类的碳酸饮料原料中果汁含量较高，加以微量的香精和色素，具有水果风味，经常用于单饮。常见的有柠檬汽水（Lemonade）、雪碧（Sprite）、芬达（Fanta）。

（三）可乐类

可乐类碳酸饮料是一种由美国人独创的特殊饮料，是在含有咖啡因和柯拉籽提炼液中加入砂糖和多种香料后再用苏打水稀释制成的饮料，其中以可口可乐最为著名。除此以外，尚有许多国家的众多厂商出产不同的可乐饮料，各家的配方不尽相同，各具特色。

近年来，可口可乐是美国向全世界推销的最有影响力的饮料之一，实际上，可乐类饮品有两个品牌，即可口可乐（Coca Cola）和百事可乐（Pepsi Cola）。这两个品牌的口味很相近，只是分别由两个不同的饮料公司出品。除此之外，世界上许多国家也研制生产出了一些新型可乐类碳酸饮料，如我国的非常可乐、崂山可乐和天府可乐等。可乐类碳酸饮料可以单饮，也可以用来稀释烈酒。

二、碳酸饮料服务

（一）碳酸饮料机的操作

酒吧通常配备碳酸饮料机，一般是将浓缩糖浆瓶与二氧化碳罐安装在一起。糖浆由管道接出后流经冰冻箱底部冰冻板，迅速变凉。二氧化碳通过管道在冰冻箱下的自动碳酸化器中与过滤后的水混合成无杂质的碳酸气，然后从碳酸化器流到冰冻板冷却，最后糖浆和碳酸气流进喷头前的软管中。当打开喷头时，糖浆和碳酸气按 5∶1 的比例混合后喷出。

目前市场上常见的糖浆品牌有可口可乐、百事可乐、雪碧、七喜等。

（二）瓶装碳酸饮料服务

瓶装碳酸饮料是酒吧常用饮品，便于运输、储存，饮用前冰镇口感更好，保持碳酸气的

时间更长。在服务中，应注意以下几点：

1. 碳酸饮料的载杯通常为海波杯，并配以吸管和杯垫。

2. 碳酸饮料适宜的饮用温度为4～8 ℃，因此在饮用前应冷藏，并在杯中加入冰块，还可放一片柠檬加以调味。

3. 开瓶时不能摇动，避免饮料喷出溅到客人身上。

4. 不能将碳酸饮料放入摇酒壶中调制鸡尾酒。

5. 碳酸饮料一般斟倒八分满。

任务四　果蔬汁饮料认知与服务

一、果蔬汁饮料认知

以新鲜或冷藏果蔬为原料，经过清洗、挑选后，采用压榨、浸提、离心等物理方法得到的果蔬汁液，称为果蔬汁，因此果蔬汁也有“液体果蔬”之称。以果蔬汁为基料，通过加糖、酸味剂、香精、色素等调制的产品，称为果蔬汁饮料。

果蔬汁饮料是营养丰富、容易消化的理想饮料，含有丰富的营养成分，包括人体所需的蛋白质、氨基酸、磷脂、各种维生素，以及钙、磷、铁、镁、钾、钠、铜、锌等微量元素，可刺激肠胃分泌，帮助消化，还可以使小肠上部呈酸性，有助于钙、磷等微量元素的吸收。但因果蔬汁饮料中含有一定水分，具有不稳定、易发酵、生霉变质的特点，故要特别注意它的保质期和保存条件。

果蔬汁饮料按配制原料可分为果汁类饮料和蔬菜汁饮料两大类。

(一)果汁类饮料

果汁类饮料是指由新鲜水果榨汁而成的一种饮料。因为各种不同水果的果汁含有不同的维生素等营养，所以果汁饮料被视为是一种对健康有益的饮料，但其缺点是缺乏水果所拥有的纤维素、含有过高的糖分。常见果汁有苹果汁、西柚汁、奇异果汁、杧果汁、凤梨汁、西瓜汁、葡萄汁、柳橙汁、椰子汁、柠檬汁、草莓汁和木瓜汁等。

按照生产工艺不同，果汁类饮料可以分为以下几种类型：

1. 浓缩果汁

浓缩果汁是在水果榨成原汁后再采用低温真空浓缩的方法，蒸发掉一部分水分做成的。在配制100%果汁时，需在浓缩果汁原料中还原加入果汁在浓缩过程中失去的天然水分等量的水，制成具有原水果果肉的色泽、风味和可溶性固形物含量的制品，不得加糖、色素、防腐剂、香料、乳化剂及人工甘味剂，需冷冻保存，以防变质。

浓缩果汁作为果汁类饮料的基本原料，也可加水稀释并直接饮用，同时也是酒吧调酒的基本原料之一。

2. 纯天然果汁

纯天然果汁是指由新鲜成熟果实直接榨汁，不稀释、不发酵的纯粹果汁；也指由浓缩果汁稀释复原成原榨汁状态的果汁。通常，酒吧中会有两种纯天然果汁：一种是购买的瓶装制品；另一种是酒吧调酒师用水果榨汁获取的。餐厅或酒吧经常出售的纯天然果汁有：橙汁、菠萝汁、柠檬汁、西柚汁、苹果汁、青柠汁、雪梨汁、草莓汁、椰子汁、葡萄汁、黄梅汁、芒果汁、桃汁、甘蔗汁、西瓜汁。

3. 果汁饮料

果汁饮料是用天然果汁加入糖、水、柠檬酸、香料及其他原料调配至适宜酸甜度制成的饮品，其原果汁含量不少于10%。现在市场销售的多数果汁饮料属于此类，各大饮料厂商均有生产各种口味的此类果汁饮料。

4. 水果饮料

水果饮料是指在果汁或浓缩果汁中加入水、糖、酸味剂等调制而成的清汁或混汁制品，其果汁含量不低于5%。水果饮料以水果名＋饮料命名，例如苹果饮料、菠萝饮料、橘子饮料等。在购买时注意与果汁饮料名称上的不同，如苹果汁饮料属于果汁饮料，而苹果饮料属于水果饮料，二者仅一字之差，但成分构成和营养价值却有很大差别。

5. 天然果浆

天然果浆是采用水分较低或黏度较高的果实，经破碎筛滤后所得的稠厚状加工制品。一般供宾客稀释后饮用。

6. 果肉果汁

果肉果汁也称带果肉果汁，是果肉经打浆、粉碎后呈微粒化混悬液，再添加适量的糖、香料、酸味剂调制而成的果汁。果肉果汁一般要求原果浆含量在45%以上，果肉细粒含量在20%以上，并具有一定的稠度。

7. 发酵果汁

发酵果汁是在果汁中加入酵母进行发酵，得到含酒精5%左右的发酵液，再添加适量的柠檬酸、糖、水调配成酒精含量低于0.5%的软饮料。此类饮料既具有鲜果的香味，又略带醇香的味道，常加入碳酸气体，口感爽适。

在购买鲜果汁的过程中，对包装的选择尤为重要。考虑到果汁的新鲜度和避光要求，除了关心果汁的生产日期外，还要特别观察包装的阻光程度。目前，欧美发达国家的绝大部分鲜果汁都采用了最先进的利乐砖型无菌包装技术。它采用特殊的复合包装材料，有极佳的阻光性和隔氧性，能有效地保护果汁免受光线、空气和微生物的侵入。即使在常温下，这种包装也能长时间地保持果汁的新鲜和品质。

(二)蔬菜汁饮料

蔬菜汁饮料是使用一种或多种新鲜蔬菜汁或冷藏蔬菜汁、发酵蔬菜汁，加入食盐或糖等配料，经脱气、均质及杀菌后制成的饮品。

常见的蔬菜汁饮料有胡萝卜汁、番茄汁、西芹汁、南瓜汁、芦荟汁、芦笋汁等。我国长

期以来对蔬菜有鲜食的习惯，因此蔬菜汁饮料在我国尚难得到较快的发展，目前我国多数厂商以生产销售果蔬复合型饮料为主，以满足消费者群体的需要。

二、果蔬汁饮料服务

果蔬汁饮料可供直接饮用或稀释后饮用，也可以作为鸡尾酒的辅料来使用，在服务时应注意以下几点：

1. 果蔬汁饮料在饮用前，需先放入冰箱冷藏，最佳饮用温度为 10 ℃左右。
2. 果蔬汁载杯为海波杯，配吸管和杯垫。
3. 不宜在杯中加冰块饮用。
4. 鲜榨果蔬汁一般不加热饮用，尤其是西瓜汁。
5. 果蔬汁斟量一般为八分满。
6. 鲜榨果蔬汁的保鲜时间为 24 小时，罐装果蔬汁开启后可保存 3～5 天，稀释后的浓缩果汁只能存放 2 天，所以应尽量做到用多少兑多少，以免浪费。

任务五　乳品饮料认知与服务

一、乳品饮料认知

很早以前，牛奶就是人类的主要食品之一。在古代，人们饮用的牛奶来自自家饲养的牛。而现在，新的发明使乳制品工业成了重要的行业。1851 年，盖尔 · 波登发明了从牛奶中提取水分的方法，延长了牛奶的保存期。4 年后，路易斯 · 巴斯德发明了低温灭菌法，使牛奶可以保存更长时间。之后，随着灌装机械的发明，一种特制的牛奶瓶也应运而生。这些发明对牛奶工业产生了巨大影响，也意味着牛奶可以贮藏更长的时间。从此，乳品饮料在软饮料行业中独树一帜，成为人们日常生活中十分普遍的饮料。

(一)乳品饮料的分类

1. 新鲜牛奶类

鲜奶大多采用巴氏消毒法，即将牛奶加热至 62～66 ℃，并维持此温度 30 分钟，既能杀死全部病菌，又能保持牛奶的营养成分，消毒效果达到 99%；也可以采用高温短时间消毒法，即将牛奶加热至 80～85 ℃，维持 10～15 秒，或加热至 72～75 ℃，维持 15～16 秒。新鲜牛奶分为以下几个类别：

(1)全脂牛奶：脂肪含量为 3.0%，如纯牛奶。

(2)低脂牛奶：所含的脂肪约是新鲜普通牛奶脂肪含量的一半左右，为 1.0%～1.5%。

2. 含乳饮料类

(1)发酵型含乳饮料

牛乳经杀菌、降温、添加特定的乳酸菌发酵剂，再经均质或不均质恒温发酵、冷却、包装等工序制成的饮料，称为发酵型含乳饮料。常见的有酸型含乳饮料(酸乳)和酸奶。

①酸乳：在添加(或不添加)乳粉(或脱脂乳粉)的乳(杀菌乳或浓缩乳)中，由于保加利亚乳杆菌和嗜热链球菌的作用进行乳酸发酵而制成的凝乳状制品，成品中含有大量活性微生物。

②酸奶：以新鲜的牛奶为原料，经过巴氏杀菌后再向牛奶中添加有益菌(发酵剂)，经发酵后，再冷却灌装的一种牛奶制品。目前市场上酸奶制品以凝固型、搅拌型和添加各种果汁果酱等辅料的果味型为多。酸奶不但保留了牛奶的所有优点，而且经加工后还扬长避短，成为更加适合于人类的营养保健品，具有增强食欲、刺激肠道蠕动、促进机体的物质代谢的功效。

(2)配制型含乳饮料

配制型含乳饮料是以鲜乳或乳粉为原料，加入水、糖、酸味剂等调制而成的产品，其中蛋白质含量不低于1.0%的称为乳饮料，蛋白质含量不低于0.7%的称为乳酸饮料。配制型含乳饮料的主要品种有咖啡乳饮料、可可乳饮料、果汁乳饮料、巧克力乳饮料、红茶乳饮料、蛋乳饮料、麦精乳饮料、配制乳酸饮料等。

3. 乳粉类

乳粉是以乳为原料，经过巴氏杀菌、真空浓缩、喷雾干燥而制成的粉末状产品，一般情况下，水分含量在4%以下，是一种常见的固体饮料。常见品种有全脂乳粉、全脂和糖乳粉、脱脂乳粉、婴儿配方乳粉等。

4. 冰激凌类

冰激凌以牛乳或其制品为主要原料，加入糖类、蛋类、香料、稳定剂等，经混合配制、杀菌冷冻成为松软状的冷冻食品。冰激凌口味很多，如巧克力味、香草味、茶味、咖啡味、水果味等。酒吧常见的冰激凌产品有以下几种：

(1)冰激凌圣代(Sundae)

冰激凌圣代创始于美国。传说美国有一个州，其州长认为星期日是“安息日”，不应吃东西。于是每逢星期日就禁售冰激凌。但星期日想买冰激凌的人很多，于是商贩想出办法，把各种糖浆淋在冰激凌上，盖一层切碎的水果，使冰激凌“改头换面”，以免遭禁售。当时取名“星期日(Sunday)”，后来改名为“Sundae”，于是圣代就诞生了。

冰激凌圣代有许多种，常见的有鲜草莓圣代(Fresh Strawberry Sundae)、鲜柠檬圣代(Fresh Lemon Sundae)、鲜橙圣代(Fresh Orange Sundae)、巧克力胡桃圣代(Chocolate Walnut Sundae)、荔枝圣代(Lychee Sundae)。

(2)巴菲(Parfait)

巴菲又称法式圣代，是将甜酒或糖浆放在高脚玻璃杯中，放入各种冰激凌，再淋上鲜奶油。巴菲的特点是酒香、奶香、果香齐备，很有特殊风味。常见的有巧克力巴菲(Chocolate Parfait)、仙境巴菲(Fairy Land Parfait)、赤豆巴菲(Red Bean Parfait)。

(3)奶昔(Milk Shake)

奶昔是将牛奶、冰激凌等搅拌成浓厚起泡沫的流质，香滑可口，清凉芳香，是夏令消暑饮料。常见的有荔枝奶昔(Lychee Milk Shake)、白兰地奶昔(Brandy Milk Shake)、香蕉奶昔(Banana Milk Shake)。

(4)冰激凌苏打汽水(Ice Cream Soda)

冰激凌苏打汽水是由各种冰激凌加苏打水等调制而成，是炎热天气的解渴饮品。常见的有柠檬冰激凌苏打水(Lemon Ice Cream Soda)、橙子冰激凌苏打水(Orange Ice Cream Soda)。

(二)乳品饮料储存的注意事项

乳品饮料的储存应注意以下几点：

1. 乳品饮料在室温下容易腐烂变质，应在 4 ℃以下冷藏。
2. 牛奶易吸收异味，在冷藏时应包装严密，与其他有刺激性气味的食品隔离。
3. 牛奶不宜冷藏时间太长，应每天饮用新鲜牛奶。
4. 冰激凌应在－18 ℃以下冷冻储存。

二、乳品饮料服务

(一)热奶服务

1. 冬天和早餐适合饮用热奶。
2. 将牛奶加热到 77 ℃左右，用预热的杯子服务，一般用咖啡杯配咖啡勺服务。斟量一般为八分满。
3. 加热牛奶时，注意不宜使用铜制器皿，因为铜会破坏牛奶中的维生素 C，从而降低营养价值；加热过程中不宜放糖，否则牛奶和糖在高温下产生结合物——果糖基赖氨酸，会严重破坏牛奶中蛋白质的营养价值。
4. 早餐牛奶适宜与面包、饼干等食品搭配食用，不宜与含草酸的巧克力混合食用。

(二)冰奶服务

1. 冰奶适合在夏天饮用。
2. 冰奶应用海波杯配吸管、杯垫服务，斟量一般为八分满。
3. 服务中应注意保质、保鲜，应把消毒过的牛奶放在 4 ℃以下冷藏。

(三)酸奶服务

1. 酸奶在低温时饮用风味最佳。
2. 酸奶应用海波杯配吸管、杯垫服务，斟量一般为八分满。
3. 酸奶应低温保存，存放时间不宜过长。

(四)冰激凌服务

冰激凌应用专用的冰激凌碗和勺服务。

任务六　其他饮料认知与服务

一、可可(Cocoa)

可可是驰名世界的三大饮料之一(另外两种是咖啡和茶)。可可树属梧桐科,常绿乔木,果实为长卵形,呈红、黄或褐色,种子扁平,果壳厚而硬。可可原产于美洲热带地区,在我国广东、台湾等地有栽培。可可的种子(可可豆)经焙炒、粉碎后即为可可粉。可可也可以用来配制饮料,如我国生产的著名速溶饮品"高乐高",便是以可可粉为主要原料生产的。可可还可以供药用,具有强心、利尿的功效。

可可不仅可以加热饮用,也可以与配制酒调制成人们喜爱的鸡尾酒来饮用,例如把60毫升爱尔兰布什米尔牌威士忌酒和120毫升热巧克力倒入爱尔兰杯中,用调酒棒搅拌,再把搅拌过的鲜奶油放在上面,在奶油上放少许巧克力片,即调制成威士忌可可(Whiskey Cocoa)。

二、矿泉水

矿泉水是高山上的岩石中浸出的清泉,含有钾、钠、钙、磷、铁、铜、铝、锌、锰等多种人体不可缺少的矿物质,它以其水质好、无杂质污染、营养丰富而深受人们的欢迎,是调制鸡尾酒及混合饮料的最佳用水。矿泉水味有微咸和微甜两种,根据其特征分有气泡和无气泡两种,饮之清凉爽口,可助消化。

目前世界上生产矿泉水的国家和厂商很多,其中较为著名的品牌当首推法国的依云矿泉水(Evian Water)和巴黎水(Perrier Water),这两种矿泉水不仅在法国本土销售,而且还远销世界各地。其中,依云矿泉水曾被抽样化验,证明其水质特纯,所含物质对人体皮肤有保养作用。而我国较好的矿泉水是崂山矿泉水。

矿泉水饮用的载杯是海波杯,可放一片柠檬片,使水的味道更好。

资料链接　矿泉水的定义、特征和饮用标准

一、矿泉水的定义

我国国家标准规定,天然矿泉水是从地下深处自然涌出的或经钻井采集的,含有一定量的矿物盐、微量元素或其他成分,在一定区域采取预防措施避免污染的水;在通常情况下,其化学成分、流量、水温等动态在天然波动范围内相对稳定。

德国关于矿泉水的定义为矿泉水是天然的,为天然或人工开出的地下水,1kg这种

水含有不少于1000mg溶解的盐类或250mg游离二氧化碳。它是在矿泉所在地,用消费者使用的限定容器装瓶的饮用水。

法国对矿泉水的定义如下(1922年1月12日公布,1957年5月24日修订):矿泉水、天然矿泉水是指它具有医疗特性,并由有关管理部门批准开发,而开发单位又具备有效的管理条件。

英国对天然矿泉水的定义:天然矿泉水是指来源于地下水并通过泉口、井、钻孔或其他出口抽取出来供人饮用的水。

二、矿泉水的特征和生产要求

1. 矿泉水是一种矿产资源,是来自地下深处自然涌出的或经人工发掘的深部循环的地下水。

2. 以含有一定量的矿物盐或微量元素,或二氧化碳气体为特征。在通常情况下,其化学成分、流量、温度等动态应相对稳定。

3. 应在保证水源卫生、细菌学指标安全的条件下开采和瓶装。在不改变饮用天然矿泉水的特性和主要成分的条件下,允许暴气、倾析、过滤和除去超标而影响感观性能的铁和锰,或加入二氧化碳。

4. 禁止用容器将原水运至异地进行灌装。

三、矿泉水饮用标准

天然矿泉水在我国来说是比较缺少的,市面上所销售的矿泉水大多是由自来水、地下水等进行处理或者人工添加矿物元素的水。在与天然的矿泉水水质对比中,所含有的矿物质相差比较大。

三、植物蛋白饮料

植物蛋白饮料是以植物果仁、果肉(如花生、杏仁、核桃仁、椰子等)及大豆等为原料,经纯化、研磨、去残渣后,加入或不加入风味剂(如糖类、乳、咖啡、可可、果蔬汁、着色剂和食用香精等),再经过脱臭、均质等制得的高压杀菌或无菌包装的乳状饮料。它含有植物蛋白等多种营养成分。常见的植物蛋白饮料有椰子汁、杏仁露、花生奶、豆奶等。

杏仁露、花生奶、豆奶适合冬天热饮,但不要空腹饮用豆类等植物蛋白饮料,也不要过量饮用,一次饮用过多容易引起过食性蛋白质消化不良症,出现腹胀、腹泻等不适症状。

四、运动饮料

运动饮料是针对体育运动而研制的一种饮料,具有较好的口感,含有适量的糖(6%)、钠(0.05%)等,无碳酸盐和咖啡因,可补充人体因激烈运动流汗所流失的钠、钾、镁和碳水化合物,能填补因疲劳和体温上升所造成的消耗。由于运动饮料中的糖是葡萄糖、果糖和蔗糖混合物,有利于小肠的吸收,能尽快恢复肌糖原,从而起到补充能量和改善口感的作用。人在运动中出汗所丢失的电解质成分主要是钠、盐,体内缺钠、盐会引起抽筋、疲劳无力和身体过热,而运动饮料中刚好含有适量的钾、钠等电解质,能补充因运动而失去的电

解质。同时，运动饮料又可以刺激口渴感，而良好的口渴感可以刺激人体对液体的摄入量，有助于身体获得足够的水分。

运动饮料的营养成分能满足运动员或参加体育锻炼的人群的运动生理特点与特殊营养需求，并能相对提高一定的运动能力。同样，这种饮料也适用于劳动强度大以及高温条件下失汗较多的人员饮用。

运动饮料的著名品牌有上海的佳得乐(Gatorade)、美国可口可乐公司的劲力果汁(Powerade)、广州的怡冠和我国传统的运动饮料健力宝。

运动饮料适合在运动之后饮用，由于运动饮料的钠含量较高，高血压患者饮之势必使血压升得更高，所以，高血压患者不宜多饮运动饮料。

五、功能饮料

功能饮料又称保健饮料，是继碳酸饮料、果蔬汁饮料之后的新型饮品，被誉为21世纪的饮料，是当今饮料行业发展的新趋势。功能饮料能够帮助饮用者获得和补充有效的营养成分，促进神经、肌肉的功能，消除疲劳，提高大脑工作的效率，从而改善工作状态和体力，达到保健的作用。

功能饮料的品牌有银杏叶饮料、红牛、苦丁茶、苹果醋酸饮料以及可口可乐公司与宝洁公司合作推出的易利欣饮料等。其中，红牛有解渴、解酒、提神、醒脑、消除疲劳的功效，属于成人饮料，儿童不宜饮用。

六、冷冻饮品

现在流行的冷冻饮品除冰激凌饮品外，还有刨冰饮品、果汁加冰激凌、冰激凌加甜酒类等。

1. 刨冰饮品

刨冰饮品是指选用水果、果汁、赤豆等加牛奶、糖，上面加刨冰而制成的饮品，为大众化夏日饮品。常见的有赤豆刨冰、绿豆刨冰、橙子刨冰。

2. 其他冷冻饮品

其他饮品冷冻后饮用，非常可口。常见的有冰咖啡(Iced Coffee)、冰可可(Iced Cocoa)。

七、其他

除上述饮料外，还有根据某些特殊需要而研制的具有针对性的新型饮料。这些新型饮料有我国南方传统的凉茶饮料(如夏桑菊)，以及专供老人、幼儿饮用的无咖啡因、无钠、低糖、无化学添加剂饮料等。新型饮料的发展日新月异，品种繁多。

项目小结

本项目可使学生知道咖啡、茶、碳酸饮料等其他一系列无酒精饮料的基本知识、分类及著名品牌，并能为顾客提供各类饮料的服务；可使学生知道多种茶艺、多种咖啡机，会进行红茶茶艺、绿茶茶艺等多种茶艺的表演，会使用各种咖啡机，并会制作多种咖啡饮品。

实验实训

在校内实验室，分组练习煮咖啡、冲泡各类绿茶和乌龙茶，以掌握饮用与服务要领；组织学生到当地的超市去参观各类饮料，并学会识别。组织学生练习红茶茶艺、绿茶茶艺等多种茶艺的表演，参观本地著名酒吧或咖啡厅，认知不同种类的咖啡机，并练习使用。

思考与练习题

1. 咖啡有哪些功效？
2. 世界上有哪些著名的咖啡品种？
3. 咖啡机有哪几种？
4. 常见的咖啡饮品有哪几种？
5. 茶艺是什么？分类方法有哪些？
6. 试述茶的种类及其代表品种。
7. 乳品饮料有哪些种类？
8. 碳酸饮料主要有哪些种类？
9. 世界著名的矿泉水有哪些？
10. 世界著名的运动饮料有哪些？
11. 世界著名的功能饮料有哪些？

模块

酒吧接待与服务

项目

酒吧接待

学习目标

能知道酒吧的概念、种类及组成

能知道酒吧的设计与布局

能知道酒吧的组织结构、岗位设置与职责

能力目标

会使用酒吧常用的设备

会根据酒吧服务标准与接待程序进行服务

主要任务

- 任务一　酒吧认知
- 任务二　酒吧的组织结构及员工的岗位职责
- 任务三　酒吧的接待程序和服务标准

任务一　酒吧认知

一、酒吧的概念

“酒吧”一词源自英文“Bar”，意指出售酒品的柜台。现代人把酒吧定义为以销售各种酒类和饮料为主，兼营各种佐酒小吃，同时也是人们交友、聚会的场所。

二、酒吧的种类与组成

（一）酒吧的种类

1. 主酒吧(Main Bar)

主酒吧是酒店中的正式酒吧，以供应各类烈性酒、鸡尾酒和混合饮料为主。主酒吧的特点是客人坐在吧台前的高椅上，面对调酒师，欣赏调酒师的操作技艺。在这种酒吧中，调酒师扮演着十分重要的角色，他从准备材料到调制酒水都在客人的注视下进行。因此，调酒师必须自始至终保持良好的仪表仪容、友好和善的服务态度及流利的外语对话能力，更主要的是必须掌握熟练的调酒技艺及接待客人的能力。

2. 酒廊(Lounge)

酒廊以供应各种冷热饮品为主，同时也提供各种酒类及小吃，但不提供主食。这类酒吧的前台有一些吧椅，但客人一般不喜欢坐上去，而是坐在小圆桌旁。这类酒吧有两种形式：

(1)大堂吧(Lobby Lounge)

大堂吧设在酒店的大堂位置，供客人暂时休息、会客、等人、等车。

(2)音乐厅(Concert Hall)

音乐厅包括歌舞厅、卡拉 OK 厅等，为休闲、娱乐的客人提供酒水服务。音乐厅的服务员要有较全面的服务知识，懂得各种酒类的服务，会调制鸡尾酒和冷热饮品。

3. 服务酒吧(Service Bar)

服务酒吧是指设在中、西餐厅内的酒吧，调酒师不直接与客人打交道，而是按点酒单为客人提供酒水服务。服务酒吧的服务员要懂得各种酒的有关知识，掌握不同酒品的存放温度及饮用温度，准备好各种服务用具。

4. 宴会酒吧(Banquet Bar)

宴会酒吧是指根据宴会的场地、性质和参加宴会的人数临时摆设的酒吧，其特点是营业时间较短，营业量大，服务速度快。

常见的宴会酒吧的营业形式有以下几种：

(1)现金酒吧(Cash Bar)

现金酒吧是指参加宴会的客人取用酒水时须随取随付现金，宴会举办者不负责客人

在酒吧取用酒水的费用。这种酒吧多适用于大型宴会。

(2)一次性结账酒吧(Single Check Bar)

一次性结账酒吧是指客人在宴会上可随意取用酒水,所用费用在宴会结束后由宴会举办者向酒吧结账。

(二)酒吧的组成

酒吧由前吧、后吧和服务区域三部分组成。

1. 前吧

前吧由吧台和操作台组成。吧台前摆放一排圆凳或有靠背的高椅子。吧台台面上放置饮料,调酒师在这里为顾客提供酒水。

2. 后吧

后吧主要由靠墙放置的酒柜、冷藏柜、陈列柜等组成,具有展示和贮存的双重功能。

3. 服务区域

服务区域设有高级的小圆桌、低矮的椅子或沙发等配套家具,地面应铺满地毯。

三、酒吧的设计

酒吧是非常讲究情调和气氛的消费场所。一个经营成功的酒吧,不仅所提供的酒水和服务是上乘的,其形象和格调也往往是别具一格的,这就在于经营者对于酒吧的设计。酒吧的设计主要包括两方面的内容,即吧台的设计和气氛的设计。

(一)吧台的设计

目前,国际上许多著名的酒吧都致力于吧台造型的独特化,推出了许多新颖别致的吧台设计。不过,万变不离其宗,吧台的造型大致可设计成以下几种形式:

1. 直线形

所谓直线形吧台,即直接与顾客接触的范围只有一条直线形长台,酒吧可凸出室内,也可以凹入房间内的一端。这类吧台的优点是调酒师不会在操作时把后背朝向客人,并且视野开阔,可以对室内客人保持有效照应。

2. 椭圆形或马蹄形

这类吧台一般是凸出室内的。椭圆形吧台大多安排一个或更多的操作点,在各个方向都可以招呼客人,给客人一种亲近感。但是当客人较多而调酒师又很少的时候,调酒师很难同时照顾到各方向的顾客,操作时有时难免把后背朝向一方客人,而使某些客人受到冷遇。

3. 环形或中空的方形

这类吧台一般坐落于酒吧的中央,中部有一个"小岛"供陈列酒类和储存物品用。这类吧台能够充分展示酒类,也能为客人提供较大的空间,但是服务难度较大,有时一名调酒师要照顾四个服务区域,有一些服务区域则不能在有效的照应之中。

(二)气氛的设计

酒吧的气氛将决定人们是否来饮酒,哪一类人来,停留多久,花多少钱,是否再来。人

们为什么来酒吧呢？有的人为了松弛情绪，有的人为了社交需要。如果酒吧能满足顾客的这些需求，便拥有了成功的第一因素。

1. 通过装饰来创造气氛

酒吧的装饰要根据所确定的目标顾客来确定。装饰包括设备及附属品的放置，包括墙壁、地板、天花板、照明和窗户的设计以及特殊的展示、前吧和后吧的布置等，应使之协调起来。如果顾客希望酒吧是优雅奢华的，可以通过贵重的设备、发光的银器、水晶玻璃制品、鲜花、音乐、艺术珍品、名贵酒品、穿着讲究的侍者以及理想的服务来体现。总之，装饰不能简单地模仿，而应该以顾客为中心，创造一个温暖、充满人性的环境。

2. 设计要求

首先，灯光设计要新颖、柔和、讲求区域照明。一般来说，吧台内外局部面积的照明度稍大，这是为了便于调酒师工作，同时吸引客人对吧台的注意力；而坐席区照明度相对要小一些，给客人以一种温馨感。其次，根据客人的周转率来考虑房间的使用面积，通常认为：空旷的大间不如隔成小间更显得安静、优雅，可采用屏风或低矮的间隔物作隔断；酒吧间的天花板高度约 9 英尺，但在凹凸小间的天花板高度要低些，这类雅座更会令客人感兴趣。再次，设备及桌椅要求质量高档，摆放得体，力求舒适，同时要降低工作区域的噪声，装置隔音设备，采用软面家具，地面铺满地毯，在天花板上安装吸音装置。另外，要设置高标准的空气调节系统，冷热要自动调节，以保持酒吧内的一定温度和湿度。

（三）名称的设计

每间酒吧都应依据自己独特的风格设计一个别致动听的名字，以体现其特点，并使客人过目不忘，起到促销的作用。名称的设计可以依据酒吧的装饰特点、提供的主要娱乐项目和主要饮品以及所属饭店等来确定。

任务二　酒吧的组织结构及员工的岗位职责

一、酒吧的组织结构

由于各饭店的档次及餐饮规模不同，酒吧的组织结构可根据实际需要制定或改变，酒吧的组织结构如图 8-1 所示。

有些四星级或五星级大饭店，一般设立酒水部（Beverage Department），管辖范围包括舞厅、咖啡厅和大堂酒吧等。在国外或中国香港地区，酒吧经理通常也兼管咖啡厅。

酒吧的人员构成通常由饭店中酒吧的数量来决定。在一般情况下，每个酒吧配备调酒师和实习生 4～5 人，主酒吧配备领班、调酒师、实习生 5～6 人。酒廊可根据座位数来配备人员，通常 10～15 个座位配备 1 人。以上配备为两班制需要人数，一班制时人数可减少。

例如：某饭店共有各类酒吧 5 个，其人员配备如下：

酒吧经理　　1人
酒吧副经理　　1人
酒吧领班　　2～3人
调酒师　　15～16人
实习生　　4人

人员配备可根据营业状况的不同而做相应的调整。

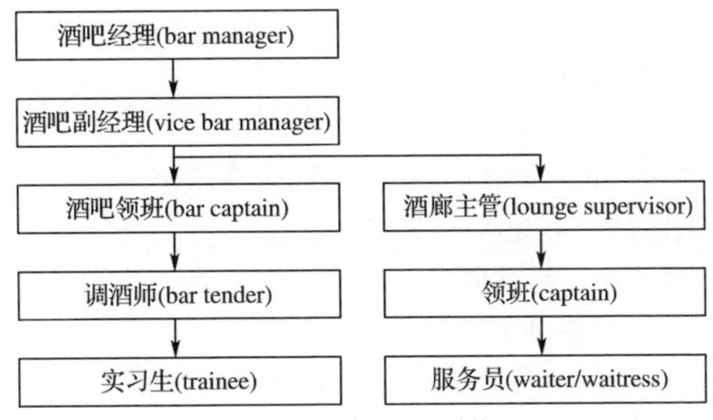

图 8-1 酒吧的组织结构

二、员工的岗位职责

酒吧是餐饮部门的一个重要组成部分，每个岗位上的员工都必须在自己的职责范围内，尽力做好本职工作，以求酒吧处于最佳的营业状态。下面介绍酒吧员工的岗位职责。

(一)酒吧经理

酒吧经理是酒吧运营的决策人和指挥者，所以，他不仅需要通晓技术性、专业性的问题，更重要的是要做好管理和协调工作。

(1)在酒店向餐饮部经理负责，在独立酒吧对经营成败负责。

(2)指导酒吧的所有作业，包括供应酒水、制订销售计划。

(3)检查饮品及器材的存量和报告。

(4)签发正规用品。

(5)督导饮品调配和创作配方。

(6)检查营业场地内外的整洁和安全。

(7)考察下属品行、出勤及工作情况，做好评估并执行纪律。

(8)编排员工工作时间表，合理安排员工休假。

(9)根据需要调动安排员工工作。

(10)制订培训计划，安排培训内容，进行员工培训。

(11)控制酒水成本，防止浪费，减少损耗，严防失窃。

(12)处理客人投诉，调解员工纠纷。

(13)监督完成每月工作报告、每月酒水盘点工作，并向餐饮部经理汇报工作情况。

(14)沟通上下级关系，向下级传达上级决策，向上级反映员工情况。

（二）酒吧领班

(1)直接向酒吧经理负责。

(2)保证酒吧处于良好的运行中。

(3)督导下属员工努力工作。

(4)负责各种酒水服务，熟悉酒水的服务程序和价格。

(5)根据配方鉴定混合饮料的味道，熟悉其分量并能够指导下属员工。

(6)协助经理制定鸡尾酒的配方以及各类酒水的分量标准。

(7)根据销售需要保持酒吧的酒水存货。

(8)负责各类宴会的酒水预备和各项准备工作。

(9)管理及检查酒水销售时的开单、结账工作。

(10)控制酒水损耗，减少浪费，防止失窃。

(11)根据客人需要重新配制酒水。

(12)指导下属员工做好各项准备工作。

(13)检查每日工作情况，如酒水存量、员工意外事故、新员工报到等。

(14)检查员工出勤情况，安排人力，防止岗位缺员。

(15)分派下属员工工作。

(16)检查食品仓库存货情况。

(17)向上司提供合理化建议。

(18)处理客人投诉，调解员工纠纷。

(19)培训下属员工，对员工表现做出鉴定。

（三）调酒师

无论什么类型的酒吧，对调酒师的要求主要有两个方面：专业化的工作能力和良好的服务态度。

(1)直接向酒吧领班负责。

(2)根据销售状况每月从食品仓库领取所需酒水。

(3)按每月营业需要从仓库领取酒杯、银器、棉织品、水果等物品。

(4)清洁酒吧各种家具，拖擦地板。

(5)将冰盒的冰块加满，以备营业需要。

(6)摆好各类酒水及所需的饮品，以方便工作。

(7)准备各种装饰水果，如柠檬片、橙角等。

(8)将空瓶、空罐送回清洗间清洗。

(9)补充各种酒水。

(10)营业中为客人更换烟灰缸。

(11)从清洗间将干净的酒杯取回酒吧。

(12)将啤酒、白葡萄酒、香槟和果汁放进冰箱保存。

(13)在营业中保持酒吧的干净和整洁。

(14)把垃圾送到垃圾房。

(15)补充鲜榨果汁和浓缩果汁。

(16)准备糖浆以备调酒时使用。

(17)在宴会前摆好各类服务酒水。

(18)供应各类酒水及调制鸡尾酒。

(19)使各项出品达到饭店的要求和标准。

(四)实习生

(1)直接向酒吧领班负责。

(2)每天按照提货单到食品仓库提货,取冰块,更换棉织品,补充器具。

(3)清理酒吧的设备和设施,如冰柜、制冰机、工作台、清洗盆、冰桶和酒吧的工具(搅拌机、量杯、摇酒器等)。

(4)经常清洁酒吧的地板及所有用具。

(5)做好营业前的准备工作,如榨橙汁、将冰块装到冰盒里、切好柠檬片等。

(6)协助调酒师放好陈列的酒水。

(7)根据酒吧领班和调酒师的指导补充酒水。

(8)用干净的烟灰缸换下用过的烟灰缸并清洗干净。

(9)补充酒杯,空闲时用洁杯布擦亮酒杯。

(10)补充冰柜中应冷冻的酒水,如啤酒、白葡萄酒、香槟及其他饮料。

(11)保持酒吧的干净、整洁。

(12)帮助调酒师清点存货。

(13)清理垃圾,并将客人用过的杯、碟送到清洗间。

(14)帮助调酒师布置酒吧台。

(15)熟悉各类酒水、各种杯子类型及酒水的价格。

(16)摆好货架上的瓶装酒,并分类存放整齐。

(17)酒水入仓时,用干布或湿布擦干净所有的瓶子。

(18)在酒吧领班或调酒师的指导下制作一些简单的饮品或鸡尾酒。

(19)整理、存放酒吧的各种表格。

(20)在营业繁忙时,帮助调酒师招呼客人。

(五)服务员

(1)直接向酒吧领班负责。

(2)在酒吧范围内招呼客人。

(3)根据客人的要求填写酒水供应单,到酒吧取酒水,并负责取单据给客人结账。

(4)按客人要求供应酒水,提供令客人满意的服务。

(5)保持酒吧的整齐、清洁,包括开始营业前及客人离去后摆好餐椅等。

(6)做好营业前的一切准备工作,如准备咖啡杯、碟、点心叉、茶壶和茶杯等。

(7)协助放好陈列的酒水。

(8)补足酒杯,空闲时擦亮酒杯。

(9)用干净的烟灰缸换下用过的烟灰缸。

(10)清理垃圾及客人用过的杯、碟,并送到清洗间。

(11)熟悉各类酒水、各种杯子类型及酒水的价格。

(12)熟悉服务程序和要求。

(13)能用正确的英语与客人应答。

(14)营业繁忙时,协助调酒师制作各种饮品或鸡尾酒。

(15)协助调酒师清点存货,做好销售记录。

(16)协助填写酒吧的各种表格。

任务三　酒吧的接待程序和服务标准

一、酒吧的接待程序

酒吧服务具有一定的技术性,尤其是在社会交往的正式活动和规模较大的餐饮活动中,酒吧服务的技术性显得十分突出。对于专营酒水的酒吧而言,酒吧服务就更为重要,它直接关系着酒吧经营的成败,所以酒吧经营必须以“服务第一”为宗旨。

(一)营业前的准备工作

酒吧服务员在开始服务前有大量的工作要做。这些工作属于准备性工作,管理者应当为酒吧服务员留出完成这些工作的时间,这样他们才能将酒吧收拾妥当,做好接待顾客的前期准备。营业前的准备工作俗称“开吧”,主要包括清洁工作、领货工作、酒水补充、酒吧摆设和调酒准备工作等。

1. 清洁工作

酒吧要求保持绝对卫生,这主要基于两点考虑:顾客的健康和顾客的感受。洁净而优雅的酒吧、闪亮且吸引人的玻璃器皿、新鲜漂亮的鸡尾酒装饰物、精致的银盘和不锈钢设备、摆放有序的中外名酒等,都是顾客可以直接看得见的,所以酒吧的卫生条件显得十分重要。清洁工作主要包括下列几项:

(1)吧台与工作台的清洁:先用湿毛巾擦,如有污迹则可用清洁剂,最后用干毛巾擦干。

(2)冰箱三天左右清洗一次,先用湿毛巾和清洁剂擦洗污迹,再用清水擦洗干净。

(3)地面每日要多次擦洗。

(4)用湿毛巾每日将瓶装酒及罐装饮料的表面擦干净以符合食品卫生标准。

(5)即使没有使用过的酒杯也应每天消毒。

2. 领货工作

首先是补充前一天的酒品,每天将酒吧所需领用的酒水数量(参照存货标准)填写进酒水领货单,送酒吧经理签字后,到食品仓库保管员处取酒领货。酒杯和瓷器以及各种表格(酒水供应单、领货单、调拨单等)、笔、记录本、棉织品等用品,皆应按照规定的领用手续

进行领用。

3. 酒水补充

将领回来的酒水分类放好，依据先进先出的原则进行服务，避免酒水过期浪费。接下来启动制冰机，使酒吧在营业期间有足够的冰块。

4. 酒吧摆设

酒吧摆设主要是指瓶装酒的摆设和酒杯的摆设。酒吧摆设要遵循的原则是美观大方、有吸引力、方便工作和专业性强。

5. 调酒准备工作

大多数调制鸡尾酒所用的装饰性配料在酒吧正式营业前应准备好，如打开樱桃和橄榄罐头，将鲜橙、柠檬切成要求的形状。若要用其他物品如薄荷、糖浆等，都应按照质量标准备好。

（二）营业中的工作程序

营业中的工作程序主要包括以下几个步骤：

呈递酒单→（客人点酒水）调酒师或服务员开单→收款员立账→调酒师配制酒水→供应酒水→席间服务→结账→送客。

1. 呈递酒单

酒单是指酒吧供应酒水品种的单子。如前所述，它通常包括以下内容：酒水种类、酒名、容器、杯价和瓶价；好的酒单还要标出出产地和酿酒年份，甚至有酒品的照片（尤其是鸡尾酒）。另外，还应将酒单中的各种酒水进行编号，以解除客人点酒时所发生的拼读酒品名称上的困难。当客人坐下后，服务员或调酒师应及时地将酒单递给客人，然后暂时离开，使客人有时间详阅，片刻后再上前询问客人的需求。如果客人要求服务员或调酒师提出建议，服务员或调酒师应权衡客人的偏爱及配饮原则行事。

2. 调酒师或服务员开单

调酒师或服务员要有条不紊并准确地开单，从某位客人开始沿顺时针方向依次为客人开单，同时注意“女士优先”的原则。开单时要求站立服务，要先复述一遍客人点的酒水，等客人确认后再落单，同时在酒水名称旁简要标明其客人的特征，以免供应时出错。对于柜台旁的客人，允许调酒师先给客人调制并供应酒水，然后再开单。

3. 收款员立账

餐桌服务员将订单分别交给收款员及调酒师或酒柜服务员各一份，自己留一份备查。

4. 调酒师配制酒水

调酒师按照订单上的要求准确迅速地提供酒水饮料。对于柜台边的客人，调酒师要先为早到的客人调制酒水，若有五六位客人同时点酒水时，不必慌张忙乱，可先一一答应下来，再按次序调制。若客人有疑问，调酒师一定要应答客人，不能不理睬客人只顾自己做事。

5. 供应酒水

一般采用木制圆托盘，把酒水均匀地放在托盘上（高的、重的餐具要放在靠近中心处

的内侧),找好重心,左手托盘。从最先开单的那位客人开始,顺时针绕台从客位右侧递送饮料杯或酒杯,然后将听装饮料或瓶装酒水从客人右后侧顺时针绕台给客人,并斟入饮料杯或酒杯中。每递送或斟倒一份酒水时,应先说明一下名称,以澄清订单中的错误。

6. 席间服务

要注意观察台面,看到客人的酒水快喝完时要询问客人是否再加一杯或再加一瓶。客人使用过的烟灰缸要及时更换,要经常为客人斟酒水(客人抽烟时要为其点火)。吧台调酒师要经常清理台面,清洗酒杯。餐桌服务员也要及时清理台面上的空瓶、空罐及酒杯,以保证酒吧的整洁和工作的连续性。

7. 结账

如果由收款员负责结账,酒吧服务员要将客人引到结账处,并告诉收款员该客人的坐席号,或由调酒师将账单交给客人,客人拿着账单到结账处结账。如果由调酒师结账,对于柜台坐席的客人,调酒师可直接将账单交给客人确认承付;对于餐桌坐席的客人,则由酒吧服务员从调酒师处拿来账单交给客人确认承付;对于住宿客人或在饭店内有账号的客人,则请其确认签字就可以了。

8. 送客

结账后应向客人道谢并礼貌地送行。

(三)营业后的工作程序

营业后的工作程序又称"收吧",包括清理酒吧、完成每日工作报告、清点酒水、检查火灾隐患、关闭电源开关等。

1. 清理酒吧

营业结束后,要等客人全部离开才能动手收拾酒吧。先把脏的酒杯全部送到清洗间,清洁消毒后再取回;垃圾桶送垃圾间倒空,清洗干净;陈列酒水和散卖酒及调酒用酒都要分类放入柜中锁好;水果装饰物要放回冰箱中保存并用保鲜纸封好;凡是开了罐的汽水、啤酒和其他易拉罐饮料(果汁除外)要全部处理掉;酒吧台、工作台水池要清洗一遍。

2. 完成每日工作报告

每日工作报告主要有以下几个项目:当日营业额、客人人数、平均消费、特别事件和客人投诉。每日工作报告主要供上级掌握酒吧的详细营业状况和服务情况。

3. 清点酒水

把当天所销售出的酒水按第二联供应单数目及酒吧现存的酒水数目,填写到酒水记录簿上,贵重瓶装酒要精确到 0.1 瓶。

4. 检查火灾隐患

把酒吧检查一遍,看有没有引起火灾的隐患,特别是掉落在地上的烟头。消除火灾隐患是酒吧的一项非常重要的工作。

5. 关闭电源开关

除冰箱外所有的电器开关都要关闭并留意把所有的门窗锁好。

二、酒吧的服务标准

(一)调酒服务标准

在酒吧，客人与调酒师之间只隔着吧台，调酒师的任何动作都在客人的目光之下。所以调酒师不但要注意调酒的方法、步骤，还要留意操作姿势及卫生标准。

1. 姿势、动作

调酒师在调酒时要注意姿势端正，不要弯腰或蹲下；应尽量面对客人，要大方，不掩饰；任何不雅的姿势都直接影响客人的情绪；动作要潇洒、轻松、自然、准确，不要紧张。用手拿杯时要握杯子的底部，不要握杯子的上部，更不能用手指碰杯口；调制过程中尽可能使用各种工具，不要用手，特别是不准用手代替冰夹抓冰块放进杯中。

2. 先后顺序与时间

调酒师在调酒时要注意客人到来的先后顺序，要先为早到的客人调制酒水；调制任何酒水的时间都不能太长，以免使客人不耐烦。这就要求调酒师平时多练习，调制时动作要快捷熟练。一般，果汁、汽水、矿泉水、啤酒在1分钟之内调制完成，混合饮料在1分钟至2分钟调制完成，鸡尾酒包括装饰品在2分钟至4分钟调制完成。

3. 卫生标准

在酒吧调酒一定要注意卫生标准。稀释果汁和调制饮料要用凉开水，无凉开水时可用容器盛满冰块倒入开水中使用，不能直接用自来水。调酒师要经常洗手，保持手部清洁，因为配制酒水时有时需直接用手，例如做装饰物等。凡是过期变质的酒水、腐烂变质的水果及食品严禁使用。要特别留意新鲜果汁、鲜牛奶和稀释后果汁的保鲜期以及天气和温度。

4. 观察、询问与良好服务

要注意观察酒吧台面，当客人的酒水将要喝完时要询问客人是否再加一杯；看客人使用的烟灰缸是否需要更换；检查酒吧吧台表面有无酒水残迹，经常用干净的湿毛巾擦抹；要适时为客人斟倒酒水；客人抽烟时要为客人点火；让客人在不知不觉中获得各项服务。

5. 清理工作台

工作台是配制、供应酒水的地方，位置很小，要注意经常清洁与整理。每次调制完酒水后一定要把用完的酒水放回原来的位置，不要堆放在工作台上，以免影响操作。斟酒时滴下或不小心洒在工作台上的酒水要及时擦干净，专用于清洁的湿毛巾要叠成整齐的方形，不要随手抓成一团。

(二)待客服务标准(服务员及调酒师)

1. 迎接客人

客人来到酒吧时，要主动招呼客人，面带微笑地向客人问好，并用优美的姿势请客人进入酒吧。若是熟悉的客人，可以直接称呼客人的姓氏，使客人觉得有亲切感。

2. 引领客人入座

引领客人到合适的座位前。一般，单个客人可引领到酒吧台前的酒吧椅就座，两位或

几位客人可引领到沙发或小台就座。服务员(调酒师)要帮客人拉椅子,请客人入座,要记住“女士优先”的原则。

3. 递上酒水单

客人入座后可立即递上酒水单(先递给女士)。如果几批客人同时到达,要先一一招呼客人坐下后再递酒水单。酒水单要直接递到客人手中,不要放在台面上。如果客人在互相谈话,可以稍等片刻,或者说:“先生/女士,请看酒水单”,然后把酒水单递给客人。要特别留意酒水单是否干净平整,千万不要把肮脏的或模糊不清的酒水单递给客人。

4. 请客人点酒水

递上酒水单后稍等一会儿,可微笑地问客人:“先生/女士,我能为您点单吗?”“请问您要喝点什么呢?”如果客人没有做出决定,服务员(调酒师)可以为客人提建议或解释酒水单,但要清楚酒吧中供应的酒水品种。如果客人在谈话或仔细看酒水单,那么不必着急,可以再等一会儿。有时客人请调酒师介绍酒水时,要先问客人喜欢喝什么味道的酒水再给以介绍。

5. 写酒水供应单

等客人点了酒水后要重复说一次酒水名称,客人确认了再写酒水供应单。为了减少差错,酒水供应单上要写清楚座号、台号、服务员姓名、酒水品种、数量及特别要求。写酒水供应单时也要注意“女士优先”的原则,并要记清楚每种酒水的价格,以回答客人的询问。

6. 酒水供应服务

调制好酒水后可先将酒水、纸巾、杯垫和小食(酒吧常免费为客人提供一些花生、薯片等小食)放在托盘中,用左手端起走近客人,并说:“这是您点的酒水。”上完酒水后可说:“请您品尝。”对于在酒吧椅上就座的客人可直接将酒水、纸巾、杯垫拿到酒吧台上而不必用托盘。使用托盘时要注意将大杯的酒水放在靠近身边的位置。除此之外,要先看看托盘是否清洁,有水迹要擦干净后再使用。上酒水给客人时从客人的右手边端上。几位客人同坐一台时,如果记不清哪一位客人点什么酒水,要问清楚每位客人所点的酒水后再端上去。

7. 为客人斟倒酒水

当客人喝了大约半杯酒水的情况下,要为客人斟倒酒水。要用右手拿起酒瓶或酒罐为客人斟满酒水,注意不要满到杯口,一般斟至杯的八成满就可以了。

8. 撤空杯或空瓶罐

经常观察客人的酒水是不是快要喝完了。如果杯中只剩一点酒水,而台上已经没有酒瓶或酒罐,就可以走到客人身边,问客人是否要再来一杯酒水。如果客人要的下一杯酒水与杯子里的酒水相同,可以不换杯;如果不同就另外用新杯给客人斟倒新点的酒水。当客人杯中的酒水已经喝完时,可以拿着托盘走到客人身边问:“可以收去您的空杯子吗?”客人点头允许后再把杯子撤到托盘上收走。

9. 结账

客人要求结账时，要立即到收款员处取账单。拿到账单后要检查一遍，看台号、酒水的品种、数量是否准确，再把账单拿到客人面前，并礼貌地说："这是您的账单，多谢。"切记不可以大声地读出账单上的消费额，有些做东的客人不希望他的朋友知道账单的数目。如果客人认为账单有误，绝对不能同客人争辩，应立即到收款员那里重新把供应单和账单核对一遍，若有错误马上改正，并向客人致歉；没有错误时，可以向客人解释清楚每一个项目的价格，取得客人的谅解。

10. 送客

客人结账后，可以帮助客人移开椅子，为客人起身提供方便。如客人有存放衣物，根据客人交回的记号牌帮客人取回，并提醒客人核实一下。然后送客人到门口，说："多谢光临""再见"等。注意说话时要面带微笑，面向客人。

知识链接　×××宾馆酒吧服务程序

1. 迎客

要求：微笑；见到来宾即上前招呼问候。

2. 带位

要求：指示动作，在客人稍前侧引领入座。接待旅行团客人时要问清人数，准备好台椅后再带位。

3. 拉凳，示座

要求：到位后即主动上前拉凳，并示意客人就座。

4. 递送酒牌

要求：翻开酒牌递给客人(先女后男)。

5. 整理台面

要求：把花瓶、烟盅、意见卡移至无人坐的地方。

6. 问饮品

要求：介绍特饮，描述鸡尾酒的配方。烈酒类需问明加冰还是净饮，或是加上其他饮料。

7. 复述酒水供应单

要求：把客人所点酒水复述一遍，检查有无错漏，接待外国旅行团客人要问清楚是分单还是合单。

8. 落单

要求：按要求写上日期、工号、人数，需附上特殊注明的饮品，要在酒水供应单上显示出来。属于鸡尾酒的要写鸡尾酒名，而不是写配方，所有酒水供应单均需打上时间。

9. 出酒水

要求：用托盘备好纸巾、杯垫等。

10. 酒水上台

要求：从客人右侧送上饮品，并说明品名。饮品放于客人面前，先女后男，要求不能一次在同一位置上齐，纸巾等放于易取之处。朱古力、冰水、白兰地、甜酒等放成品字形。

11. 添酒水，换烟灰缸

要求：巡台时为客人倒满啤酒、汽水，收掉空罐，离台前再询问是否需另一杯饮品。用正确的方法换烟灰缸。

12. 准备账单

要求：预先打好账单，分单的要分清楚，并核对账单，属改错的单要有班长以上人员签名方有效。

13. 结账，谢客

要求：用账单夹把账单夹好，递给客人，并多谢客人。若客人付现款，要在客人面前清点数目，签单的客人需有房卡或钥匙等证明。持有宾馆所发的以"8"字号为先的金卡者，为酒店长住客，可享有九折优惠。零钱、底单要送还给客人。在客人离开前，再次道谢，并欢迎下次光临。

三、酒吧服务注意事项

1. 应随时检查酒水、配料是否符合卫生质量要求，如发现变质应及时处理。
2. 按标准配方正确调制，所有调酒用的基酒和辅料都需用量杯，严格控制酒水成本。
3. 为使单个客人不感到寂寞，调酒师可适当陪其聊天，但应注意不能影响工作。
4. 为醉酒客人结账时应特别注意，最好请其同伴协助。
5. 认真聆听并处理客人对酒水和服务的投诉。如客人对某种酒水不满，应设法补救或重新调制一杯。
6. 不可催促客人点酒、饮酒，任何时候都不能流露出不耐烦的表情。
7. 将进口烈性酒瓶单独收集存放，其他需回收的酒瓶收入指定的盒、箱之中。
8. 填写交接班记录时，应把有关内容填写清楚，并注明完成的时间。
9. 记住常客的姓名及饮酒爱好，主动、热情为其提供满意的服务。

项目小结

本项目可使学生知道酒吧的含义、酒吧的种类与组成，知道酒吧的组织结构设置，并会使用酒吧中常见的各类设备，会根据酒吧的操作标准进行对客服务。

实验实训

分组调研或实地访问本地的酒吧，了解其设计与布局情况，参观其常见的设备，学会使用与保养设备，了解当地一间酒吧的操作标准与服务要领。

组织学生对本市区内营业性酒吧的数量、种类、营业收入、服务水平等情况，进行全面调查，并与其中一两家有特色的酒吧进行合作，建立实训基地。

思考与练习题

1. 什么是酒吧？
2. 酒吧的种类有哪些？
3. 酒吧常见的组织结构有哪些？
4. 简述调酒师的岗位职责。
5. 简述酒吧对客服务的一般标准与操作程序。

项目
九

酒吧常用器具和设备使用

学习目标

能识别酒吧常用的各种杯具并知道其用途
能识别酒吧各种常用设备并知道其功能、特点

能力目标

会使用酒吧各种调酒器具
会使用酒吧制冷设备、清洗消毒设备

主要任务

- 任务一　酒吧常用器具使用
- 任务二　酒吧常用设备使用

任务一　酒吧常用器具使用

一、酒吧常用杯具

饮用不同酒水需使用不同类型的酒杯，我们通常把酒杯也称为载杯。每种酒杯都有多种容量规格，出于长期的习惯，有的鸡尾酒或洋酒对酒杯的模样及大小有固定的选择。调酒师在调制鸡尾酒时，一般可根据所配混合酒的总量选用酒杯，一般以能余出1/8～1/4的空间为好，千万不能装得太满，以免使饮用者饮用时感到尴尬。酒杯的容量习惯用盎司(oz)来计算，现在又统一按毫升(mL)来计算，1 oz=29.3 mL。

鸡尾酒与酒杯，如同鲜花与绿叶、美女与丽装，相得益彰。鸡尾酒酒杯虽不像时装那样层出不穷，却也不时有适应特定的配方、口味、颜色的佳品诞生，供爱好者选用。鸡尾酒酒杯有其固定的品种，有经验者只要看到杯子的样式，便知杯内是何种鸡尾酒了。饮酒的时候，要创造气氛，同时使酒的色、香、味完全发挥出来，选用相应的酒杯是很重要的。

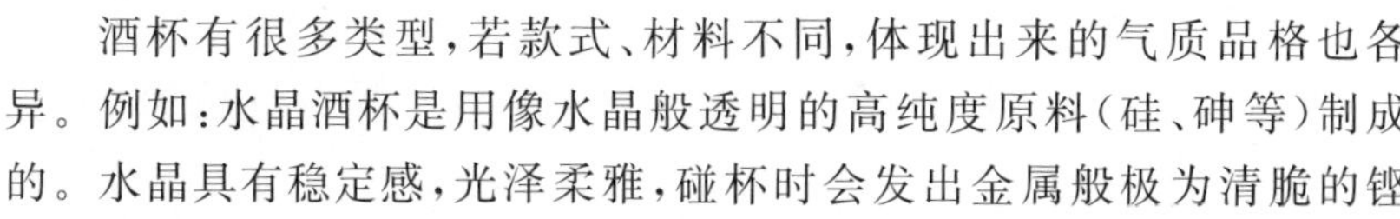

酒杯有很多类型，若款式、材料不同，体现出来的气质品格也各异。例如：水晶酒杯是用像水晶般透明的高纯度原料(硅、砷等)制成的。水晶具有稳定感，光泽柔雅，碰杯时会发出金属般极为清脆的铿锵声。但是在一般的酒吧，昂贵的材料制造的水晶酒杯是不实用的，与其拿来作酒杯，不如作装饰品，否则服务人员战战兢兢地拿酒杯，岂不大煞风景？所以，只要选择适于饮酒人趣味的且适当的玻璃杯就可以了。

1. 鸡尾酒杯(Cocktail Glass)

由于鸡尾酒是配方最多的混合酒，鸡尾酒主要是以鸡尾酒杯作载杯，所以鸡尾酒杯是混合酒最常用的酒杯。鸡尾酒杯是高脚杯的一种，杯皿呈三角形，皿底为圆锥形，脚修长或圆粗，光洁而透明，杯皿的容量为2～6 oz，其中4.5 oz容量的杯皿被用得最多。鸡尾酒杯还可以是各种形状的异形杯，但所有的鸡尾酒杯必须具备以下条件：

(1)不带任何花纹和色彩，色彩会混淆酒的颜色。

(2)不可用塑料杯，塑料会使酒走味。

(3)一定是高脚的，便于手握。因为鸡尾酒要尽量保持其冰冷度，手的触摸会使其变暖。

2. 海波杯(Highball G1ass)

所谓的海波杯即直筒杯，一般容量为8～12 oz，常用于调制各种长饮类的简单混合饮料，如金汤力等。

3. 柯林杯(Collins Glass)

柯林杯又称长饮杯，形状与海波杯相似，但比海波杯细而长，是像烟囱一样的直筒杯，

其容量为 12 oz。柯林杯常用于盛放汤姆柯林斯一类的长饮，也用于盛放其他长饮类混合酒，一般配有吸管。

4. 白兰地杯(Brandy Glass)

白兰地杯是一种酷似郁金香形状的酒杯，酒杯腰部丰满，杯口缩窄。使用时以手掌托着杯身，让手温传入杯中使酒略暖，并轻轻摇晃杯子，以充分享受杯中的酒香。这种杯子容量很大，通常为 8 oz 左右。但饮用白兰地时一般只倒 1 oz 左右，酒太多不易很快温热，故难以充分品尝到它的酒味。

5. 香槟杯(Champagne Glass)

香槟杯常用于祝酒的场合，用其盛放鸡尾酒也很普遍。香槟杯分两种：浅碟形香槟杯(Champagne Saucer)和郁金香形香槟杯(Champagne Tulip)。前者指高脚、开口浅杯，可用于盛放鸡尾酒或软饮料，也可盛放小吃；后者状似切头的郁金香外形，收口，可用来盛放香槟酒，适合细饮慢啜，以充分享受酒在杯中起泡的乐趣。香槟杯的容量为 3～6 oz，以 4 oz左右容量的香槟杯用途最广。

6. 葡萄酒杯(Wine Glass)

葡萄酒杯为无色透明的高脚杯，杯口稍向内收，杯口直径约为 6.5 cm。葡萄酒杯分为白葡萄酒杯(White Wine Glass)和红葡萄酒杯(Red Wine Glass)两种，前者容量为 4～8 oz，后者容量为 8～12 oz，红葡萄酒杯比白葡萄酒杯杯肚稍大。为能充分领略葡萄酒的色、香、味，酒杯的玻璃以薄为佳。

7. 古典杯(Old Fashioned Glass)

古典杯又称为老式杯或岩石杯(Rock Glass)。它是过去英国人饮用威士忌酒、其他蒸馏酒和主饮料的载杯，也常用于盛放鸡尾酒，现多用此杯盛放加冰烈酒。古典杯呈直筒状，杯口与杯身等粗或稍大，无脚，容量为 6～8 oz，以 8 oz 容量的古典杯居多。古典杯最大的特点是壁厚，杯体矮，有“矮壮、结实”的外形。这种造型是由英国人的传统饮酒习惯造成的，他们在杯中调酒，喜欢碰杯，所以要求酒杯结实，具有稳定感。

8. 果汁杯(Juice Glass)

果汁杯为高筒直身杯，比海波杯稍小一号，容量为 6～8 oz，用于盛载新鲜果汁。

9. 利口杯(Liqueur Glass)

利口杯是一种容量为 1 oz 的小型有脚杯，杯身为管状，可用来饮用五光十色的利口酒、彩虹酒等，也可用于伏特加、特基拉、罗姆酒的净饮，又名兴奋酒杯。

10. 雪利酒杯(Sherry Glass)

雪利酒杯类似鸡尾酒杯，细长而精致，容量为 2 oz，用于盛载雪利酒。

11. 波特酒杯(Port Glass)

波特酒杯是饮用波特酒时使用的杯子，较葡萄酒杯小一圈，容量为 2 oz 左右。

12. 甜酒杯(Pony Glass)

在外国，因甜酒的产地不同，酒的品质也各异。为适应不同的酒品，杯型也多种多样。法国的甜酒杯较大，杯的上部略长，呈郁金香形，容量为 4～5 oz。饮酒时，一般只斟 2/3 杯；有些地方不像西欧那样流行大杯，只用 2～3 oz 的较小型的酒杯，盛酒量约为 2/3 杯。一般的酒杯都是无色透明的，但盛白色甜酒时可用淡绿色的酒杯。

13. 啤酒杯(Beer Glass)

啤酒杯有两种：一种是普通的啤酒杯，它是常用饮水杯的变形杯。杯身较长，直筒形或近直筒形，容量为 10 oz 以上，无脚或有墩形矮脚。啤酒起泡性强，泡沫持久，占用空间大，故要求杯容大，安放平稳，平底直筒（身）大玻璃杯恰好适用；另一种是带把的啤酒杯，容量为 12～18 oz，一般在酒吧中饮用生啤酒时使用。

14. 爱尔兰咖啡杯(Irish Coffee Glass)

爱尔兰咖啡杯是调制爱尔兰咖啡的专用杯，容量为 6 oz，形状近似于葡萄酒杯。

常见的酒吧用杯，如图 9-1 所示。

图 9-1　常见的酒吧用杯

二、常用调酒器具

1. 调酒壶(Cocktail Shaker)

调酒壶由壶盖、滤冰器及壶体三部分组成，其功能是用来摇匀投放壶中的调酒材料和冰块，使酒迅速冷却。调酒壶通常用银、铬合金或不锈钢等金属材料制造。目前，市场上

常见的调酒壶分大、中、小三号。

2. 量酒器(Measurer)

量酒器俗称葫芦头,是称量酒的工具。量酒器有不同型号,多为上部30毫升、下部45毫升的组合型,也有15毫升与30毫升的组合型。

3. 调酒杯(Mixing Glass)

调酒杯别名“吧杯”“混合器”或“师傅杯”。它一般以玻璃制造,杯身较厚,其用途和调酒壶一样,只是不必用手摇荡,把所需的材料放入杯中,用调酒棒轻轻搅匀调和就可以了。通常,调酒杯杯身都印有容量的码尺,供投料时参考。

4. 吧匙(Bar Spoon)

吧匙又称调酒匙。在调制鸡尾酒时,特别是用高身杯时,要配备专用的吧匙。它的柄很长,中间成螺旋状,以便于旋转杯中的液体和其他材料。

5. 调酒棒(Mixing Stirrer Muddler)

调酒棒是使用调酒杯调酒时用来搅拌的工具,大多是塑料制品,也有用玻璃制成的。

6. 滤冰器(Stainless Cocktail Strainer)

在用调酒杯调酒投放冰块时,必须用滤冰器过滤,留住冰粒后,将混合好的酒倒进载杯。滤冰器通常用不锈钢制造。

7. 榨汁器(Squeezer)

通常用的榨汁器是塑料制品,用法简单,只要把切开的水果(主要是柠檬、柑橘)放在榨汁器上用手一拧即可出汁。榨汁器的头部呈山形,只要将切开的水果套在突出部分,一面轻压,一面转动,果汁便从突出部分的周围流下;但不可用力太大,以免使果皮细胞的成分也被挤出来,使水果原汁出现苦涩味。如果要榨苹果汁、西瓜汁或雪梨汁之类的,就要用电动榨汁器了。

8. 冰桶(Ice Bucket)

冰桶为不锈钢或玻璃制品,供载冰块用,有时用市场上出售的大口保温瓶代替冰桶效果更好。

9. 冰夹(Ice Tongs)

冰夹是用不锈钢制造的,用来夹取冰块并放置酒中。

10. 冰铲(Ice Scoop)

冰铲在往杯子或调酒壶等容器中放冰块时使用。

11. 碎冰器(Ice Smash)

碎冰器是把普通冰块碎成小冰块时使用的器具。

12. 冰锥(Ice Awl)

冰锥是用于凿碎冰块的锥子,在调制兑水威士忌或岩石酒时使用。

13. 香槟桶(Champagne Cooler)

香槟桶是银器或不锈钢制品。桶内盛碎冰块和水,以供冰镇香槟酒、汽酒、白葡萄酒

用，有时也可用一般桶代替。

14. 香槟塞(Champagne Bottle Shutter)

香槟塞是在打开香槟后，用作塞瓶的瓶塞。

15. 挤柠檬器(Lemon Squeezer)

挤柠檬器是挤新鲜柠檬汁用。

16. 柠檬夹(Lemon Tongs)

柠檬夹是夹柠檬片用。

17. 宾治盆(Punch Bowl)

宾治盆是装什锦果宾治或冰块用。

18. 漏斗(Funnel)

漏斗是倒果汁、饮料用。

19. 滤酒器(Decanter)

滤酒器有几种规格，如 168 mL、500 mL、1 000 mL 等，用于过滤红葡萄酒或出售散装红、白葡萄酒。

20. 水罐(Water Pitcher)

水罐的容量规格为 1 000 mL，装冰水、果汁用。

21. 砧板(Cutting Board)

砧板用以切生果和制作装饰品用。

22. 水果刀(Knife)

水果刀为不锈钢制品，用以切生果片用。

23. 开瓶器(Bottle Opener)

开瓶器用于开啤酒、汽水类的瓶塞。

24. 开塞钻(Cork Opener)

开塞钻用于开瓶的软木塞。

25. 杠杆开塞钻(Corkscrew)

杠杆开塞钻用于开比较难开的瓶子的软木塞。

26. 特色牙签(Toothpick)

特色牙签用以串插各种水果点缀品。特色牙签是用竹、木或塑料制成的，其造型有万国旗系列、动物系列、水果系列等，也是一种装饰品。

27. 吸管(Straw/Pipette)

吸饮料用。

28. 杯垫(Cup Mat)

杯垫即杯子底垫，是直径约 10 cm 的圆垫，有纸制、塑料制、皮制、金属制等，其中以吸

水性能好的厚纸为佳。

29. 洁杯布(Cup Towel)

洁杯布是棉麻制的擦杯子用的揩布。

除此之外,酒吧中还有烟灰缸、烛台、桌牌、抽纸桶等客用物品。

任务二　酒吧常用设备使用

一、制冷设备

1. 冰箱(雪柜、冰柜)

冰箱(雪柜、冰柜)是酒吧中用于冷冻酒水等饮料,保存适量酒品和其他调酒用品的设备,大小型号可根据酒吧规模、环境等条件选用。冰箱(雪柜、冰柜)内要求温度保持在4 ℃至8 ℃。冰箱(雪柜、冰柜)内部分层,以便存放不同种类的酒品和调酒用品。通常白葡萄酒、香槟、玫瑰红葡萄酒、啤酒需放入冷藏层。

2. 立式冷柜

立式冷柜是专门存放香槟和白葡萄酒用的,其全部材料是木制的,里面分成横竖成行的格子,香槟及白葡萄酒横插入格子存放,酒的标签朝上,瓶口朝外,温度保持为8～12 ℃,保持酒瓶木塞湿润。

3. 制冰机

制冰机是酒吧中制作冰块的机器,可自行选用不同的型号。冰块分为四方体、圆体、扁圆体和长方条等。四方体冰块使用起来较方便美观,且不易融化。

4. 碎冰机

酒吧中因调酒需要许多碎冰,碎冰机也是一种制冰机,但制出来的冰为碎粒状。

5. 生啤机

一般客人喜欢喝冰啤酒,生啤机专为此设计。生啤机分为两部分:气瓶和制冷设备。气瓶装二氧化碳用,输出管连接到生啤酒桶,有开关控制输出气压,气压低表明气体已用完,需另换新气瓶。制冷设备是急冷型的,整桶的生啤酒无须冷藏,连接制冷设备后,输出来的便是冷冻的生啤酒,泡沫厚度可由开关控制。生啤机不用时,必须断开电源并取出进入生啤酒桶的管子。生啤机每15天需由专业人员清洗一次。

二、清洗与消毒设备

酒水经营企业为了达到食品经营卫生安全标准必须安装洗涤槽和消毒柜,通常安装在工作台旁边。为了便于操作,吧台每个工作区域至少应有两个水槽,通常使用不锈钢材质的洗涤槽。

很多酒吧会有洗杯机和消毒柜。

洗杯机：洗杯机中有自动喷射装置和高温蒸气管。较大的洗杯机，可放入整盘的杯子进行清洗，一般将酒杯放入杯筛中再进入洗杯机里，调好程序按下电钮即可清洗。有比较先进的洗杯机还有自动输入清洁剂和催干剂装置，同时带有消毒功能。洗杯机有许多种，型号各异，可根据需要选用，如一种较小型的旋转式洗杯机，每次只能洗一个杯子，一般装在酒吧台的边上。

消毒柜：消毒柜是指通过紫外线、远红外线、高温、臭氧等方式，给食具、餐具、杯具等物品进行杀菌消毒、保温除湿的工具，一般有红外线消毒和臭氧消毒两种方式。消毒柜外形一般为柜箱状，柜身大部分材质为不锈钢。目前，在市场上可以见到的消毒柜有挂式、立式、台式的，还有单门和双门的，以及不同容积的。

三、其他常用设备

1. 咖啡机

咖啡机是制作咖啡不可缺少的设备，分为半自动和全自动两种。

半自动咖啡机需要操作者自己填粉和压粉，根据每个人的口味，选择合适的咖啡粉量和压粉力度来提供口味各不相同的咖啡，故称之为真正专业的咖啡机。这种咖啡机可利用恰当的蒸汽压力，轻松做出意式咖啡。

全自动咖啡机是利用电子技术实现磨粉、压粉、装粉、冲泡、清除残渣等制作咖啡全过程的自动控制设备。这种咖啡机的主要优点是现磨咖啡豆，使用方便快捷，效率高，操作人员不需要培训。但是结构比较复杂、需要良好保养、维护费用较高是这种机器的缺点。全自动咖啡机可以制作新鲜的意式咖啡和普通咖啡。目前，全自动咖啡机根据用户的需求开发出许多新的功能，如磨豆粗细的调节，制作意大利香浓咖啡、意大利奶沫咖啡和美式清咖啡等。

2. 咖啡豆研磨机

咖啡豆研磨机是将咖啡豆研磨成咖啡粉的机器，分为手动和电动两种。

3. 咖啡虹吸壶

咖啡虹吸壶由上壶、下壶、滤网（冲泡时安置于上壶的底部）与支架（用于固定下壶）组成。上壶略成漏斗状，其下缘的细管可伸入下壶，冲泡时滤网应置于上壶的底部即细管的上方。火源有两种：酒精灯与液化气。它是利用虹吸原理，用沸腾的水冲咖啡粉，焖煮出咖啡原味。它适用于中度研磨的咖啡粉、略带酸味的咖啡粉，以及中纯度的咖啡粉。有人说因为它能萃取出咖啡中最完美的部分，尤其是咖啡豆中带有那种爽口而明亮的酸，而酸中又带有一种醇香，所以是不少咖啡迷的最爱。

4. 咖啡保温炉

咖啡保温炉的作用是将煮好的咖啡装入大容器中，放在炉上保持温度。

5. 电动搅拌机

电动搅拌机属高速电动器，用以搅拌材料，专门调制分量多或材料中有固体实物难以

充分混合的鸡尾酒。

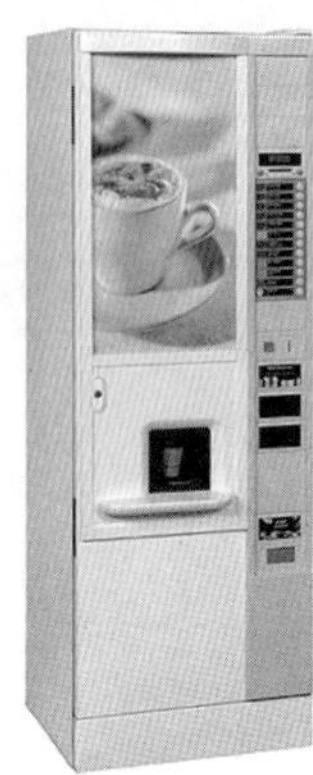

6. 自动热饮售货机

自动热饮售货机能容咖啡豆1.5千克，奶粉2.1千克，可储存杯子250只，可存糖250份，用以制作7种不同的热饮，包括热牛奶、热巧克力、热咖啡等，能现磨咖啡豆，制作出品质优秀的新鲜咖啡。根据需要设定输出种类和输出量。通过投硬币或磁卡系统自动完成销售。

7. 苏打枪

苏打枪是销售碳酸饮料的设备，可销售苏打水、汤力水、可乐、七喜、姜汁汽水、薄荷水等。

8. 果汁机

果汁机有多种型号，主要作用：一是冷冻果汁；二是自动稀释果汁（浓缩果汁放入后可自动与水混合）。

9. 榨汁机

榨汁机用于榨鲜橙汁或柠檬汁。

10. 奶昔搅拌机

奶昔搅拌机用于搅拌奶昔（一种用鲜牛奶加冰激凌搅拌而成的饮料）。

11. 冰激凌机

冰激凌机是为了生产冰激凌而专门设计的自动化设备，一般按出料口的数量分为单头、三头、七头或更多头的冰激凌机。

12. 酒水收款机

酒水收款机是酒水经营中使用收款结账的机器，方便收款和记录账目。

根据销售需要，有的酒水经营企业还使用其他一些设备，例如使用带有加热设备的咖啡车，可以现场制作咖啡。

项目小结

本项目可使学生知道酒吧常用的器具主要包括各式载杯、调酒器具，如调酒壶、吧匙、量酒器等；酒吧常用的设备包括制冷设备、清洗设备和制作咖啡、果汁等饮料的电器。

实验实训

组织学生调研与参观本地的知名酒吧，从而识别酒吧中常用的各种杯具，认识并使用、操作酒吧内常用设备。

思考与练习题

1. 酒吧常用的杯具有哪些?
2. 酒吧常用的调酒器具有哪些?
3. 酒吧常用的制冷设备有哪些?

项目十 鸡尾酒服务

学习目标

能知道鸡尾酒的概念与特点
能知道鸡尾酒的不同分类
能知道鸡尾酒的基本结构

能力目标

掌握鸡尾酒的调制方法
会调制六类鸡尾酒
会制作简单的水果拼盘

主要任务

- 任务一　鸡尾酒常识
- 任务二　鸡尾酒调制
- 任务三　世界著名鸡尾酒配方认知
- 任务四　水果拼盘制作

任务一　鸡尾酒常识

一、鸡尾酒的概念

鸡尾酒是以一种或几种酒品(主要是蒸馏酒,有少许发酵酒)为基酒,添加其他辅料,如汽水、果汁等,用一定的方法调制而成,并以一定装饰物点缀的酒精饮料,是酒味温和、酒度适中的混合饮料,是一种色、香、味、形俱佳的艺术酒品。

因为鸡尾酒是使用不同材料、不同方法调制而成的,因此形成了许多各具特色的新型酒品,但是任何一款鸡尾酒都必须能够在谐调的味觉中保持其刺激感,否则便失去了鸡尾酒的风格。

(一)生津开胃、增进食欲

鸡尾酒酸甜苦辣咸,五味俱全,尤其是在餐前饮用,可以起到生津开胃、增进食欲的作用。因此,无论使用何种材料调配,都不应脱离这一基本要点。

(二)能缓解疲劳,创造轻松热烈的气氛

享用经过精心调制的鸡尾酒,可以缓解人们紧张的神经,放松筋骨,消除疲劳。同时,饮用鸡尾酒后,人的话会多起来,人与人之间的交流也随之增加,交谈的气氛也更趋热烈和谐。

(三)口味绝佳,易于被大众接受

由于鸡尾酒的调制使用了诸多味道不同的酒品,因此,它可以满足不同口味的需求,使绝大多数享用者都可以获得快感。

(四)具有观赏和品尝双重价值

一份好的鸡尾酒在色、香、味、形等方面都应有其独到之处,尤其是酒的色彩和整体造型,非常讲究艺术性,具有较好的观赏性。

二、鸡尾酒的起源和发展

关于鸡尾酒的起源有很多种说法,有人认为起源于英国,有人认为起源于美国,还有人认为起源于法国,但这些都无法考证。不过,第一次有关"鸡尾酒"的文字记载是在1806年,出自美国的《平衡》杂志,记载了鸡尾酒是用酒精、糖、水(或冰)或苦味酒混合的饮料。

1862年,吉利·托马斯(Jerry Thomas)出版了第一本关于鸡尾酒的专著——《如何调制鸡尾酒》,他是鸡尾酒发展过程中的一个关键人物,他走遍欧洲大小城市,搜集配酒秘方,并用玻璃杯开始配制混合饮料。从那时起,鸡尾酒就开始成为人们野餐和狩猎旅行的必备品。因在调酒方面的研究成果和丰富经验,他被称为这方面的专家和教授。20年之后的1882年,哈里·约翰逊(Hilly Johnson)著有《调酒师手册》(Bartender's Manual)一

书，该书记载了当时最流行的鸡尾酒的调配方法，至今还深受欢迎。

到20世纪初的1920年，鸡尾酒在美国很快流行起来，后来传到世界各地，1920～1937年被称为“鸡尾酒的时代”。第二次世界大战期间，鸡尾酒的消费在西方军人、青年男女中已成为一种风气。第二次世界大战后，鸡尾酒已成为人们休闲、社交的一种媒介。鸡尾酒之所以流行，一是因为它所具有的色、香、味能吸引众多的消费者；二是稀释淡化后的酒被大多数人，尤其被女士喜爱。如今，鸡尾酒已成为所有混合饮料的统称，到了20世纪七八十年代，传统的混合饮料深受欢迎，而且消费者口味的淡化也有效地促进了鸡尾酒的发展。

三、鸡尾酒的分类

鸡尾酒的历史并不久远，但发展的速度十分惊人。目前，世界上流行的鸡尾酒配方已有三四千种之多，且数量还在不断地增加。由于鸡尾酒种类众多，所以分类的方法也不尽相同。

（一）按鸡尾酒的饮用时间分类

鸡尾酒按照饮用时间和场合可分为餐前鸡尾酒、餐后鸡尾酒、佐餐鸡尾酒、派对鸡尾酒和夏日鸡尾酒等。

1. 餐前鸡尾酒

餐前鸡尾酒又称为开胃鸡尾酒，主要是在餐前饮用，起生津开胃的作用，这类鸡尾酒通常糖分含量较少，口味或酸或干烈，即使是甜型餐前鸡尾酒，口味也不是十分甜腻。常见的餐前鸡尾酒有马丁尼、曼哈顿及各类酸酒等。

2. 餐后鸡尾酒

餐后鸡尾酒是餐后佐餐饮品，有助于消化，因而口味较甜，且酒中含有较多利口酒，尤其是香草类利口酒，这类利口酒中掺入了诸多药材，饮后能化解食物淤结，促进消化。常见的餐后鸡尾酒有亚历山大等。

3. 佐餐鸡尾酒

佐餐鸡尾酒是晚餐时佐餐用的鸡尾酒，一般口味较辣，酒品色泽鲜艳，而且非常注重酒品与菜肴口味的搭配，有些可以作为头盆汤的替代品。在一些较为正规和高雅的用餐场合，通常以葡萄酒佐餐，而较少使用鸡尾酒佐餐。

4. 派对鸡尾酒

派对鸡尾酒是在一些聚会场合使用的鸡尾酒，其特点是非常注重酒品的口味和色彩搭配，酒精含量较低。派对鸡尾酒既可以满足人们实际的需要，又可以烘托派对的气氛，很受年轻人的喜爱，常见的有特吉拉日出、自由古巴、马颈等。

5. 夏日鸡尾酒

夏日鸡尾酒清凉爽口，具有生津解渴的功效，尤其是在热带地区或盛夏酷暑时饮用，味美怡神，香醇可口，常见的有冷饮类、柯林类鸡尾酒。

（二）按鸡尾酒的容量和酒精含量分类

许多欧美人将鸡尾酒习惯地分为短饮类鸡尾酒和长饮类鸡尾酒，但是这种分类法只不过是习惯分类法，没有具体的酒精含量指标，并且有些鸡尾酒是很难被划分为短饮类鸡尾酒或长饮类鸡尾酒的。

1. 短饮类鸡尾酒

短饮类鸡尾酒是指容量约为 2 oz，酒精含量高的鸡尾酒。短饮类中的烈性酒常占总量的 1/3 或 1/2 以上，香料味浓重，并多以三角形鸡尾酒杯盛装，有时也用酸酒杯和古典杯盛装。这种鸡尾酒应当快饮，否则就会失去其独特的味道和特色。

2. 长饮类鸡尾酒

长饮类鸡尾酒是指容量为 6 oz 以上，酒精含量低的鸡尾酒，常用水杯、海波杯、冷饮杯盛装，其中苏打水、奎宁水、果汁或水的含量较多。这种鸡尾酒可慢慢饮用，不必担心酒会走味。

（三）按鸡尾酒的基酒分类

1. 白兰地酒类

以白兰地酒为基酒调制的各种鸡尾酒，如亚历山大、B&B 等。

2. 威士忌酒类

以威士忌酒为基酒调制的各种鸡尾酒，如威士忌酸、干曼哈顿等。

3. 金酒类

以金酒为基酒调制的各种鸡尾酒，如干马丁尼、红粉佳人。

4. 伏特加酒类

以伏特加酒为基酒调制的各种鸡尾酒，如咸狗、血红玛丽等。

5. 朗姆酒类

以朗姆酒为基酒调制的各种鸡尾酒，如自由古巴、百加地等。

6. 特吉拉酒类

以特吉拉酒为基酒调制的各种鸡尾酒，如特吉拉日出、玛格丽特、斗牛士等。

7. 香槟酒类

以香槟酒为基酒调制的各种鸡尾酒，如香槟鸡尾酒等。

8. 利口酒类

以利口酒为基酒调制的各种鸡尾酒，如多色酒、阿美利加诺等。

9. 葡萄酒类

以葡萄酒为基酒调制的各种鸡尾酒，如红葡萄宾治、夏布丽杯等。

(四)根据鸡尾酒的配制特点分类

1. 亚历山大类

亚历山大是以鲜奶油、咖啡利口酒或可可利口酒加烈性酒配制的短饮类鸡尾酒,用摇酒器制成,装在鸡尾酒杯内。名品有:亚历山大、金亚历山大等。

2. 哥连士类

哥连士有时被称作"考林斯",属于长饮类鸡尾酒。它由烈性酒加柠檬汁、苏打水和糖等调配而成,用高杯盛装。名品有:白兰地哥连士、汤姆哥连士等。

3. 柯林类

"柯林"又名"清凉饮料",柯林类属于长饮类鸡尾酒。它由蒸馏酒加上柠檬汁或青柠汁,再加上姜汁汽水或苏打水组成,用海波杯或柯林杯(冷饮杯)盛装。名品有:威士忌柯林、高地柯林、兰姆柯林等。

4. 菲士类

菲士类与哥连士类鸡尾酒很相近,以金酒加柠檬汁和苏打水混合而成,用海波杯或冷饮杯盛装,属于长饮类鸡尾酒。有时菲士中加入生蛋清或蛋黄,与烈性酒、柠檬汁一起放入摇酒器中混合,使酒液起泡,最后再加入苏打水。目前,也可用其他烈性酒或利口酒代替金酒来配制此类酒。名品有:金色菲士、银色菲士、皇家菲士等。

5. 漂浮类

漂浮类也称"彩虹鸡尾酒"。它是根据酒水的比重或密度,通过比重较大的酒水在下面,比重较小的酒水在上面的原理,用几种不同颜色的酒调制而成的鸡尾酒。这种酒的调制方法是:先将糖分含量最多(即比重最大)的酒或果汁倒入杯中,再按比重由大至小的顺序依次沿着吧匙背和杯壁轻轻地将其他酒水倒入杯中,不可搅动,使各色酒水依次漂浮,分出层次,呈彩带状等。彩虹鸡尾酒常以利口酒杯或彩虹酒杯盛装。漂浮类鸡尾酒中的多数品种属于短饮类鸡尾酒,也有一些属于长饮类鸡尾酒。名品有:天使之吻、B&B、法国彩虹酒。

6. 海波类

海波类也称"高球类鸡尾酒",前者是英文的音译,后者是英文的意译。这类鸡尾酒的酒精含量较低,属于长饮类鸡尾酒。它以白兰地或威士忌等烈性酒或葡萄酒为基酒,加入苏打水或姜汁汽水,在杯中用调酒棒搅拌而成,装在加冰块的海波杯中。名品有:威士忌苏打、金汤力、兰姆可乐、自由古巴等。

7. 马丁尼类

马丁尼类属于短饮类鸡尾酒。它以金酒为基酒,加入少许味美思酒(或苦酒)及冰块,直接在酒杯或调酒杯中用吧匙搅拌而成,用鸡尾酒杯盛装,在酒杯内放一个橄榄或柠檬皮作为装饰。名品有:干马丁尼、甜马丁尼、马丁尼等。

8. 司令类

司令类是人们喜爱的一种长饮类鸡尾酒。它以烈性酒加柠檬汁、糖粉和矿泉水(或苏打水)配制而成,有时加入一些调味的利口酒。它的配制方法是先用摇酒器,把柠檬汁、糖粉摇匀后,再倒入加有冰块的海波杯中,然后加矿泉水或苏打水,用高杯或海波杯盛装,也可以在饮用杯内直接调配。名品有:新加坡司令、白兰地司令、金司令等。

9. 酸酒类

酸酒是以烈性酒为基酒加入柠檬汁或橙汁,经调酒器混合而成的短饮类鸡尾酒。通常,酸酒类中的酸味原料比其他类型的鸡尾酒多一些。酸味鸡尾酒中的酸味来自柠檬汁、橙汁等水果汁和带有酸味的利口酒,用酸酒杯或海波杯盛装。酸酒可作为开胃酒。名品有:威士忌酸酒、金酸酒等。

四、鸡尾酒的命名

鸡尾酒的命名方法有很多,也很灵活,了解和研究鸡尾酒的命名方法,有利于控制酒水质量,并开发新的酒水产品。常用的鸡尾酒命名方法有如下几种:

(一)以鸡尾酒的原料名称命名

1. B&B

该鸡尾酒名称中的两个英文字母分别代表了两种原料名称,即白兰地(Brandy)和修士酒(Benedictine)。

2. 金汤力

该鸡尾酒由“金酒”和“汤力水”两种原料配制而成。

(二)以鸡尾酒的基酒名称加上鸡尾酒种类的名称命名

1. 白兰地亚历山大

白兰地是以葡萄发酵蒸馏而成的蒸馏酒;亚历山大是短饮类鸡尾酒中的一个种类。

2. 金菲士

金酒是以谷物和杜松子等为原料蒸馏而成的无色烈性酒;菲士是鸡尾酒中的一个种类。

(三)以鸡尾酒的种类名称加上它的口味特色命名

1. 干马丁尼

干马丁尼是短饮类鸡尾酒的一个种类,而“干”是指不带甜味的。

2. 甜曼哈顿

甜曼哈顿是短饮类鸡尾酒中的一个种类。

(四)以著名的人物或职务名称命名

戴安娜是希腊神话故事中的女神。这种鸡尾酒用波特酒杯盛装,先在杯中放入碎冰块,然后放入 30 毫升白色薄荷酒,再放入 10 毫升白兰地酒,酒液呈浅黄褐色并带有薄荷香味。

(五)以著名的地点和单位名称命名

1. 弗吉尼亚

弗吉尼亚是美国一个州的州名,位于美国的东海岸,是个风景秀丽的地方。这种以旅游地地名命名的鸡尾酒颜色美观,味道略甜。它以 45 毫升的千金酒和 15 毫升的柠檬汁,再加上 2 滴石榴汁混合,放入鸡尾酒杯中,是人们夏季常饮用的鸡尾酒。

2. 哈佛

哈佛是以大学名称命名的鸡尾酒。该酒以 30 毫升白兰地酒加上 30 毫升干味美思酒及 1 滴苦酒,与少量糖粉混合而成,倒入鸡尾酒杯中。由于该鸡尾酒的酒度适中,口味清淡,适合很多人饮用。因此,像世界著名的大学哈佛一样,它可满足世界各地人们的需求。

(六)以鸡尾酒的形象命名

1. 马颈

马颈是以鸡尾酒的装饰物命名的。切成螺旋状的柠檬皮挂在杯内,很像马的身体,而挂在酒杯边缘上的柠檬皮很像马的头部和颈部。

2. 红粉佳人

红粉佳人是以金酒、柠檬汁和生鸡蛋清等为原料配制的鸡尾酒。它以粉红色漂着白色泡沫的形象展现在人们面前,再加上红色樱桃和青柠檬皮作为装饰,显得格外漂亮,因此而得名。

五、鸡尾酒的结构

(一)酒谱

酒谱就是鸡尾酒的配方,是调制鸡尾酒的方法和说明。常见的鸡尾酒酒谱有两种:标准酒谱和指导性酒谱。

1. 标准酒谱

标准酒谱是某一酒吧所规定的标准化酒谱。这种酒谱是在酒吧所拥有的原料、用杯、调酒用具等一定条件下做的具体规定。任何一个调酒师都必须严格按照酒谱所规定的原料、用量及程序去操作。标准酒谱是一个酒吧用来控制成本和质量的基础,也是做好酒吧管理和控制的标准。

2. 指导性酒谱

指导性酒谱是一种仅起学习和参考作用的酒谱。书中所列举的酒谱均属于这一类,因为这类酒谱所规定的原料、用量以及配制的程序都可以根据具体条件进行修改。

在学习过程中,我们可以通过指导性酒谱,首先掌握酒谱的基本结构,在不断摸索中掌握鸡尾酒调制的基本规律,从而掌握鸡尾酒的族系。

(二)鸡尾酒的基本结构

鸡尾酒的种类繁多,但无论哪一类鸡尾酒,都有一些共同之处。一般来说,鸡尾酒由以下几部分组成。

1. 基酒

基酒，又称为酒基，它是构成鸡尾酒的主体，决定了鸡尾酒的酒品特色。可以用作基酒的材料包括各类烈酒，如威士忌、白兰地、金酒、朗姆酒、伏特加、特吉拉、中国白酒、葡萄酒、香槟酒等。酒吧里用作基酒的酒品一般都是质量较好，但价格较为便宜的流行品牌，这类酒被称为酒吧特备酒。使用酒吧特备酒，一方面，是为了更好地控制酒水成本，因为同一类酒品的品牌很多，价格也各不相同，有的甚至相差数十倍；另一方面，也是为了确保鸡尾酒口味的统一，避免宾客投诉。基酒在配方中的分量有很多种表示方法，目前国际调酒师协会（IBA）统一以“份”为单位表示，一份为40毫升，也有用毫升、量杯等为单位来表示的。

2. 辅料

辅料，又称为鸡尾酒的缓和剂或调味调香材料，它们与基酒充分混合后，可以缓和基酒强烈的刺激味，更能发挥鸡尾酒的特色，同时又能增添鸡尾酒的色彩，使鸡尾酒五彩斑斓。可用作辅料的材料很多，主要有以下几种：

（1）碳酸类饮料。如可乐、雪碧、七喜、苏打水、干姜汽水等。它们与基酒相混配，使基酒变得更加清新爽口。

（2）果汁类饮料。包括各种罐装或现榨果汁，如橙汁、柠檬汁、菠萝汁、西柚汁等。

（3）调味调香材料。使用最多的为各类利口酒，如蓝色的橙皮酒、绿色的薄荷酒、咖啡色的咖啡甘露、棕色的可可酒等。

（4）其他。如糖、奶油、牛奶、丁香、肉桂、巧克力粉、辣椒油、安哥斯杜拉苦精、胡椒粉等。

3. 装饰物

一份调制完美的鸡尾酒就像一套精美的时装，酒是体，杯是装，而杯边的装饰物就如同时装的饰物一样，具有画龙点睛之妙用。例如，一颗小小的樱桃或橄榄可以增加鸡尾酒的感官享受，使整个鸡尾酒和谐、完美、统一。当然，很多鸡尾酒并不添加任何装饰物，但若是需要装饰物的鸡尾酒却不去装饰就会显得过于简陋。鸡尾酒的装饰物有一些是约定俗成的，有一些是可以依靠调酒师的想象力去创造的。制作鸡尾酒的装饰物是一门艺术，是调酒师艺术创造的结晶。固然，有些装饰物有调味作用，如马丁尼中的一小片柠檬皮、金汤力中的柠檬片等，但更多鸡尾酒的装饰物是鸡尾酒的艺术表现形式。

装饰物可以被制作成各种形状，给人以艺术的享受。特别是各个季节对时令水果的利用，更能显示调酒师的艺术和美的创造力功底。

可用于鸡尾酒装饰材料的有以下几种：

（1）樱桃

常用于装饰的樱桃为红色，此外，还有黄色樱桃、绿色樱桃和蓝色樱桃。除了使用去核无把的樱桃外，还可以使用粒大饱满且带把的樱桃来装饰鸡尾酒。樱桃是酒吧最常用的必备饰物。

（2）橄榄

橄榄主要用于马丁尼等鸡尾酒的装饰。一般使用地中海品种的小橄榄，通常是去核

去蒂后盐渍成罐;也有用大橄榄的,去核后塞进杏仁、洋葱、咸鱼等。除青橄榄外,偶尔也使用黑色橄榄。

(3)珍珠洋葱

大小如小手指第一节,呈圆形,透明状,故有"珍珠洋葱"之称。

(4)水果

水果是酒吧最常用的装饰品之一,主要有水果片,如橙片、柠檬片等;水果楔,如苹果、梨、菠萝、杧果、香蕉等。水果皮也是很好的装饰材料,如柠檬皮,皮中的柠檬油可以增加酒的香味。有些水果的硬壳本身就是很好的鸡尾酒盛器,如菠萝,掏空果肉后用来盛装鸡尾酒,别有一番风味。使用水果制作饰物时必须使用新鲜的,变质的或瓶装、罐装的水果都会破坏酒的味道。

(5)糖

糖可以用来缓解柠檬汁的酸味,有些酒还需要用糖来"糖圈杯口",增加其美感。用糖时必须使用精研细白糖,切不可以用糖精。此外,糖还可以制成糖浆作为调酒辅料。

(6)精盐

精盐用来做配料调制血红玛丽等,也可以用来"盐圈杯口"。

(7)蔬菜

常用于装饰的蔬菜有薄荷叶、芹菜、红萝卜条、小黄瓜等。

(8)花草

各种应时鲜花也是极好的鸡尾酒装饰材料,它们不但可以衬托出鸡尾酒的完美形象,还可以用来装饰鸡尾酒,但使用时必须注意卫生。

(9)其他

用于鸡尾酒装饰的还有各种彩色的小花伞、动物酒签等。一些香料,如茴香、丁香、肉桂粉、豆蔻粉、苦精等既可以增加酒的味道,又可以起装饰作用。

任务二　鸡尾酒调制

一、鸡尾酒调制术语

1. 酒吧(Bar)

酒吧的英文单词是"Bar",这一单词由过去横于客人与酒桶(主人)间的栅栏引申而来,后来指向客人提供饮料的柜台。今天的酒吧是指提供各种酒品且环境幽静典雅的社交娱乐场所。

2. 调酒师(Bartender)

调酒师,顾名思义是指调制各种鸡尾酒及各色饮料的技师。

3. 家庭酒吧(Housebar)

为随时领略酒的世界,您不妨在家里设置一个简易酒吧。家庭酒吧可根据个人爱好自行设计。一般应具备如下器具:摇酒器、调酒杯、过滤网、吧匙、碎冰器、搅拌器、量杯、酒签及关于调制鸡尾酒的参考书。只要具备上述器具并加以调制,就可调成各种可口的鸡尾酒,增添业余生活的乐趣。

4. 烈酒(Spirits)

烈酒是指酒精含量较高的酒,广义上讲,包括了所有蒸馏酒,如金酒、伏特加、罗姆酒、特吉拉酒以及中国的茅台、五粮液等无色透明的蒸馏酒。烈酒在我国又被称为白酒。

5. 基酒(Base)

基酒是调配鸡尾酒时必不可少的基本原料酒。作为基酒的酒须是蒸馏酒、酿造酒、配制酒中的一种或几种,一般以前两种为多。

6. 餐前鸡尾酒(Aperitif Cocktail)

餐前鸡尾酒又称开胃鸡尾酒。过去主要指马天尼、曼哈顿两种,现在以葡萄酒、雪利酒等为基酒的辣味鸡尾酒也已成为餐前鸡尾酒的新成员。

7. 软饮料(Soft Drink)

碳酸饮料、果汁、乳酸饮料以及咖啡、红茶等均被称为软饮料。

8. 混合饮料(Mixed Drink)

混合饮料泛指鸡尾酒。按材料的种类或做法,大体可分为短饮和长饮两类。短饮一般指用冰冷却后注入带脚的杯子且短时间内饮用的饮料;长饮又分为冷饮和热饮两种,一般用水杯、柯林杯和高脚水杯等大型酒具做容器。冷饮多为消暑佳品,杯中放入冰块后,将会使饮者长时间感到凉爽。热饮为冬季必需,杯中加入热水或热牛奶等。

9. 干、半干(Dry、Semi-dry)

干、半干是指酒混合后的味为辣味而不是甜味的酒。

10. 风格(Style)

风格是指品酒时使用的专业术语,有品位、味道等意思。

11. 份酒(Share)

份酒为一种简便的量酒方法,即将酒倒入普通玻璃杯(容量约 240 mL)后用手指来度量,一手指量约为 30 mL,又称单份;二手指量约为 60 mL,又称双份。

12. 追水(Chaser)

追水是指为缓和度数高的酒所追加的冰水,即喝一口酒,接着喝一口冰水。

13. I. B. A

I. B. A 是 International Bartenders Association 的缩写,是指国际调酒师协会。

14. 配方(Recipe)

配方是调剂分量和调和方法的说明。

15. 斟注(Pour)

斟注即把酒倒入杯子里,或倒入调酒器内的说法。

16. 切薄片(Slice)

切薄片是指把柠檬、橙等切成薄片,厚薄要适当。

17. 剥皮(Peel)

剥皮是指切剥果皮,用柠檬皮和橙皮的汁淋于酒面上,增加香味。切皮要切成薄片,不能带着果品肉质,否则难扭出汁水。

18. 榨汁(Squeeze)

调制鸡尾酒最好用新鲜果汁做材料,可用压榨机榨出新鲜果汁。

19. 糖浆(Syrup)

鸡尾酒大多是甜味,需要糖分,但酒是冷的,加砂糖不易溶解,加糖浆容易溶解。

20. 过滤(Sieve)

鸡尾酒在摇壶内摇匀或调酒杯内搅匀后,用滤冰器滤去冰块,并将酒倒入鸡尾酒杯或其他杯内,称为过滤。

二、鸡尾酒调制基本原则

1. 要制定酒吧的鸡尾酒标准配方、标准成本、标准酒杯、标准配制程序及标准服务方法。

2. 严格按照配方中原料的种类、商标、规格、年限和数量标准来配制鸡尾酒,严禁使用代用品或劣质的酒、果汁、汽水等原料。

3. 使用正确的调酒工具,调酒器、调酒杯等各种载杯不要混用、代用。调酒杯必须干净、透明、光亮。调酒时,手只能接触杯的下部。

4. 调酒时,必须用量杯计量主要基酒、调味酒和果汁的需要量,不要随意把原料倒入杯中。

5. 配制鸡尾酒时,应按照标准的工作程序,需要用的酒水先放在工作台上,再准备好工具、酒杯、调味品和装饰品,并放在方便的地方,然后开始调制。将调制好的鸡尾酒倒入酒杯递给客人后,应立即清理台面,将酒水和工具放回原处。不可一边调制鸡尾酒,一边寻找酒水和工具。

6. 要注意客人到来的先后顺序,应先为早到的客人服务。同时来的客人,可以先为女士服务。

7. 使用摇酒器调制鸡尾酒时动作要快,用力摇动,动作要大方,可用手腕左右摇动,也可用手臂上下晃动,摇至摇酒器表面起霜后,立即将酒滤入酒杯中。同时,手心不要接触摇酒器,以免冰块过量融化,冲淡鸡尾酒的味道。

8. 恰当掌握搅拌和摇荡的时间,一般 15 下左右即可,时间太短温度不够低,时间太长

会造成冰块融化过多，饮料浓度太稀。调制任何酒水的时间都不能过长，以免客人等得不耐烦。一般来说，果汁、汽水、矿泉水、啤酒可在1分钟内完成；混合饮料可用1～2分钟完成；鸡尾酒包括装饰物可用2～4分钟完成。

9. 酒杯装载混合酒不能太满或太少，杯口留的空隙以杯高的1/8至1/4为宜。

10. 会起泡的配料不能放入摇酒器、电动搅拌器或榨汁机中，如配方中有会起泡的配料且需用摇和法或搅和法调制时，则应先加入其他材料摇晃，最后加入起泡配料。

11. 加料时先放入冰块或碎冰，再加苦精、糖浆、果汁等副料，最后加入基酒。

12. 调酒壶里如有剩余的酒，不可长时间地在调酒壶中放置，应尽快滤入干净的酒杯中，以备他用。

13. 调制一杯以上的酒，浓淡要一样。具体做法：可将酒杯都排在操作台上，先往各杯中倒入一半酒，然后再依次倒满，公平分配，使酒色、酒味不会有浓淡的区别。

14. 为了使各种材料完全混合，应尽量多采用糖浆、糖水，尽量少用糖块、砂糖等难溶于酒和果汁的材料。如用糖块或砂糖，应先把糖放入杯内，用一点水或苏打水等搅溶后再加其他材料。

15. 以正确的姿势调制混合酒，尤其使用摇酒器时切忌摇头晃脑或身子左右摇摆、前仰后合，以免使顾客感到扫兴。动作应短暂、猛烈、敏捷。

16. 调制鸡尾酒时一定要使用新鲜的果汁和冰块，使用当天切配好的新鲜水果制作装饰物，并使用经过冷藏的果汁、汽水及啤酒。

17. 使用电动搅拌机时，一定要使用碎冰块。

18. 使用后的量杯和吧匙一定要浸泡在水中，洗去它们的气味，以免影响下一款鸡尾酒的质量。浸泡量杯的水应经常换，使水保持干净、新鲜。

19. 不要用手接触酒水、冰块、杯边和装饰物，以保持酒水的卫生和质量。

20. 在调酒中“加苏打水或矿泉水至满”这句话是针对容量适量的酒杯而言，根据配方的要求，最后加满苏打水或其他材料。对容量较大的酒杯，则需要掌握加量的多少，一味地“加满”，只会使酒味变淡。

21. 一定要养成调配制作完毕后将瓶子盖紧并复位的好习惯。开瓶时用拇指旋开盖，倒完酒后，应用食指盖上盖，客人走后将瓶盖拧紧。

22. 拿瓶用左手、右手均可，摇时一般用右手。

23. 调酒人员必须保持双手非常干净，因为在许多情况下是需要用手直接操作的。

24. 酒瓶快空时，应开启一瓶新酒，不要把空瓶显示在客人面前，更不要用两个瓶里的同一酒品来为客人调制同一份鸡尾酒。

三、传统鸡尾酒的调制

（一）传统鸡尾酒调制的方法

传统鸡尾酒调制的方法也称为英式调制或古典式调制方法，主要有四种，即调和法、摇和法、兑和法、搅和法。

1. 调和法（也称搅拌法）（Stirring）

调和法是将碎冰块和酒水按配方量倒进调酒杯，用吧匙或调酒棒沿杯壁按顺时针方

向均匀搅拌，直至调酒杯的杯体出现冰霜时，再用滤冰器将调好的鸡尾酒滤入杯中。

微课

英式鸡尾酒的四种调制方法

2. 摇和法(Shaking)(也称摇荡法)

摇和法是把冰块与酒水按配方分量倒进调酒壶中摇荡，摇匀后过滤掉冰块，再将酒倒入杯中。注意手心不要接触壶体，以免手温使冰块融化。在摇荡过程中，要掌握好时间，时间太长冰块会化成水而冲淡酒味，通常摇到调酒壶表面结霜即可。摇和法操作的姿势有单手摇壶和双手摇壶两种。

单手摇壶的要求：力量要大，速度和节奏要快，动作要连贯，手腕使壶呈"S"形或三角形方向摇动。具体操作姿势：右手食指卡住壶盖，用大拇指、中指、无名指夹住壶身两边，手心不与壶身接触。摇壶时，依靠手腕的力量用力摇晃，小臂轻松地在身体右侧自然地上下摇动，使酒充分混合。

双手摇壶的要求：两臂略抬起呈伸曲动作，手腕使壶呈三角形方向摇动。具体操作姿势：左手中指按住壶底，大拇指按住中间过滤盖处，食指、无名指及小指夹住壶身；右手的大拇指压住壶盖，其余手指夹住壶身，双手协调用力将壶抱起，壶头朝向自己，壶底朝外并略向上方，在身体的左上方或正前上方摇壶。

3. 兑和法(Building)

兑和法是将配方中的酒液按照分量依次直接倒入酒杯中，即把不同色泽、不同糖分的酒依次沿吧匙及杯壁徐徐注入一个酒杯内，各色之间互不混淆，层次分明，色彩艳丽，恰似雨后彩虹，此种方法多用于调制彩虹酒。

4. 搅和法(Blending)

此法适用于基酒与某些固体实物混合的饮品。搅和法分为电动搅和法和手摇搅和法，用电动搅和法调酒速度快、省力，但调出的饮品味道不及手摇搅和法调出的柔和。

(二)传统鸡尾酒调制的规范动作

1. 传瓶→示瓶→开瓶→量酒

传瓶，把酒瓶从酒柜或操作台上传到手中的过程。传瓶一般有从左手传到右手或从下方传到上方两种情形。用左手拿瓶颈部传到右手上，用右手拿住瓶的中间部位，或直接用右手从瓶的颈部上提至瓶中间部位。要求动作快、稳。

示瓶，把酒瓶展示给客人。用左手托住瓶底部，右手拿住瓶颈部，呈 45 度把商标面向客人。从传瓶到示瓶是一个连贯的动作。

开瓶，用右手拿住瓶身，左手中指逆时针方向向外拉酒瓶盖，用力得当时可一次拉开，并用左手拇指和食指夹起瓶盖。开瓶是在酒吧没有专用倒酒器时使用的方法。

量酒，开瓶后立即用左手的中指、食指与无名指夹起量杯（根据需要选择量杯大小），两臂略微抬起呈环抱状，把量杯放在靠近容器的正前上方约一寸处，量杯要端平。右手将酒倒入量杯，倒满后收瓶，左手同时将酒倒进所用的容器中。放下量杯，用左手将夹着的瓶盖盖上，拇指顺时针方向将瓶盖拧紧，然后用右手将酒瓶放回原位置。

2. 握杯、溜杯、温烫

握杯，古典杯、海波杯、哥连士等平底杯应用指尖部握住杯子底部，切忌用手掌拿杯

口。高脚杯应拿细柄部。

溜杯，将酒杯冷却后用来盛酒。通常有以下几种情况：

(1)冰镇酒杯：将酒杯放在冰箱内冰镇。

(2)放入上霜机：将酒杯放入上霜机上霜。

(3)加冰块：在杯中加冰块冰镇。

(4)溜杯：杯中加冰块使其快速旋转至冷却。

温烫，将酒杯烫热后用来盛饮料。通常有以下几种情况：

(1)火烤：用蜡烛来烤杯，使其变热。

(2)燃烧：将高酒精烈酒放入杯中燃烧，至酒杯发热。

(3)水烫：用热水将杯烫热。

3. 搅拌

搅拌是混合饮料的方法之一。它是用吧匙在调酒杯或饮用杯中搅动冰块使饮料混合。具体操作要求用左手握杯底，右手按照握“毛笔”姿势，使吧匙背靠杯边按顺时针方向快速旋转。搅拌五六圈后，将滤冰器放在调酒杯口，迅速将调好的饮料滤出。

4. 摇壶

摇壶是使用调酒壶来混合饮料的方法。具体操作形式有单手和双手两种。

5. 上霜

上霜指在杯口边沾上糖粉或盐粉。具体要求是用柠檬皮擦杯口边，要求匀称。操作前要把酒杯擦干，然后将酒杯口放入糖粉或盐粉中，沾完后把多余的糖粉或盐粉弹去。

6. 调酒全过程

短饮：选杯→放入冰块→溜杯→选择调酒用具→传瓶→示瓶→开瓶→量酒→搅拌(或摇壶)→过滤→装饰→服务。

长饮：选杯→放入冰块→传瓶→示瓶→开瓶→量酒→搅拌(或掺兑)→装饰→服务。

四、花式鸡尾酒的调制

花式调酒最早起源于美国，20 世纪 80 年代开始盛行于欧美各国，现风靡世界各地，其特点是在调酒过程中加入一些花样的调酒动作以及魔幻般的互动游戏，起到活跃酒吧气氛、提高娱乐性、与客人拉近关系的作用。

花式调酒在传统的调酒过程中加入一些音乐、舞蹈、杂技等，无疑为喝酒本身这件事增色不少。花式调酒给酒文化注入了时尚元素，让酒吧的气氛骤然活跃起来。做一个调酒师首先需要激情，调酒界盛传一句话：好的调酒师既会调酒又会“调情”；一个合格的调酒师一定要记得所有的调酒配方；要在感官上取悦客人就要合理地搭配颜色；最后是性格，作为调酒师要性格开朗，善于沟通。

(一)花式调酒基本动作

1. 翻瓶

这是花式调酒的基础动作，左右手都要熟练掌握。

2. 手心横向、纵向旋转酒瓶

手心横向、纵向旋转酒瓶是为了锻炼手腕控制酒瓶的力度。

3. 抛掷酒瓶一周半倒酒、卡酒、回瓶

抛掷酒瓶一周半倒酒、卡酒、回瓶，是花式调酒最常用的倒酒技巧，左右手都要熟练掌握。

4. 直立起瓶手背立

这是锻炼酒瓶立于手背上。

5. 一周拖瓶

6. 正面翻转酒瓶两周翻起瓶

7. 正面两周倒手

正面两周倒手是花式调酒最常用的倒手技巧。

8. 抢抓瓶

9. 手腕翻转瓶

10. 背后直立起瓶

11. 背后翻转酒瓶两周起瓶

12. 反倒手

13. 抛瓶一周手背立瓶

14. 背后抛掷酒瓶

这是花式调酒中非常重要的动作。

15. 绕腰部抛掷酒瓶

16. 绕腰部抛掷酒瓶手背立

17. 外向反抓

18. 转身拍瓶背后接

19. 头后方接瓶

20. 滚瓶

(二)花式调酒组合动作

1. 翻瓶：1＋2 翻瓶、2＋3 翻瓶、3＋4 翻瓶。

2. 抛掷酒瓶一周半倒酒＋卡酒＋回瓶。

3. 直立起瓶手背立＋拖瓶(60 秒)＋两周撤瓶。

4. 正面翻转酒瓶两周起瓶＋正面两周倒手＋抛掷酒瓶一周半倒酒、卡酒、回瓶＋手腕翻转瓶＋抢抓瓶。

5. 背后直立起瓶＋反倒手＋翻转两周背接。

6. 手抛瓶一周立瓶＋两周撤瓶＋背后抛掷酒瓶手背立瓶。

7. 外向反抓＋绕腰部抛掷酒瓶＋转身拍瓶背后接。

8. 头后方接瓶＋滚瓶＋反倒手＋外向反抓＋绕腰部抛掷酒瓶＋转身拍瓶背后接。

任务三 世界著名鸡尾酒配方认知

鸡尾酒因为基酒组成不同,主要分为六类,下面介绍20款世界流行的以六大基酒为基础的鸡尾酒配方。

一、白兰地类

1. 白兰地亚历山大(Brandy Alexander Cocktail)

基酒:白兰地 2/3盎司

辅料:棕色可可甜酒 2/3盎司

鲜奶油 2/3盎司

制法:将上述材料加冰块充分摇匀,滤入鸡尾酒杯后用一块柠檬皮放在酒面上,再用一颗樱桃进行装饰并在酒面撒上少许豆蔻粉。

2. 边车(Side Car)

基酒:白兰地 1.5盎司

辅料:橙皮香甜酒 1/4盎司

柠檬汁 1/4盎司

制法:将上述材料摇匀后注入鸡尾酒杯,饰以红樱桃。这款鸡尾酒带有酸甜味,口味非常清爽,能消除疲劳,所以适合餐后饮用。

3. 马颈(Horse's Neck)

基酒:白兰地 1.5盎司

辅料:干姜水 适量

制法:用调和法先将冰块放进柯林杯中,倒入白兰地;加满干姜水,用吧匙搅拌,最后用水果刀小心地将整个柠檬皮削下来,不能断裂,将柠檬皮放入杯内,另一端挂在杯边装饰。

二、威士忌类

1. 干曼哈顿(Dry Manhattan)

基酒:黑麦威士忌 1盎司

辅料:干味美思 2/3盎司

安哥斯特拉苦精 1滴

制法:在调酒杯中加入冰块,注入上述材料,搅匀后滤入鸡尾酒杯,用樱桃装饰。

2. 生锈钉(Rusty Nail)

基酒:苏格兰威士忌 1盎司

辅料:杜林标甜酒 1盎司

制法：将碎冰放入老式杯中，注入上述材料慢慢搅匀即成。这是著名的鸡尾酒之一，四季皆宜饮用，酒味芳醇，且有活血养颜之功效。

3. 古典鸡尾酒(Old Fashioned)

基酒：威士忌　　1.5 盎司

辅料：方糖　　1 块

苦精　　1 滴

苏打水　　2 匙

制法：在老式杯中放入苦精、方糖、苏打水，将糖搅拌后加入冰块、威士忌，放入一片柠檬皮，并饰以橘皮和樱桃。这也是著名的鸡尾酒品种之一，酸甜适中，很受欢迎。

三、金酒类

1. 干马天尼(Dry Martini)

基酒：金酒　　1.5 盎司

辅料：干味美思　　5 滴

制法：加冰块搅匀后滤入鸡尾酒杯，用橄榄和柠檬皮装饰。

2. 吉普森(Gibson)

基酒：金酒　　1 盎司

辅料：干味美思　　2/3 盎司

制法：将上述材料加冰摇匀后滤入鸡尾酒杯，然后放入一颗小洋葱。它的别名为“无苦汁的马天尼”，饮用时可放入柠檬皮，口味更加清爽。

3. 红粉佳人(Pink Lady)

基酒：金酒　　1.5 盎司

辅料：柠檬汁　　1/2 盎司

石榴糖浆　　2 茶匙

蛋白　　1 个

制法：将上述材料加冰摇匀至起泡沫，滤入鸡尾酒杯，以红樱桃点缀。这是颇负盛名的鸡尾酒，就如同粉红色的佳人一样，很受女士们欢迎。这种酒颜色鲜红美艳，酒味芳香，入口润滑，适宜四季饮用。

4. 金菲士(Gin Fizz)

基酒：金酒　　2 盎司

辅料：君度酒　　2 盎司

鲜柠檬汁　　2/3 盎司

蛋黄　　1 个

糖粉　　2 茶匙

苏打水　　适量

制法：将碎冰放入调酒壶，注入酒料，摇匀至起泡沫，倒入高球杯中，并在杯中注满苏打水。这种鸡尾酒酒香味甜，入口润滑，常饮可消除疲劳，振奋精神，尤其适宜夏季饮用。

5. 新加坡司令(Singapore Gin Sling)

基酒：金酒　　1.5 盎司
辅料：君度酒　　1/4 盎司
　　石榴糖浆　　1 盎司
　　柠檬汁　　1 盎司
　　苦精　　2 滴
　　苏打水　　适量

制法：将各种酒料加冰块，摇匀后滤入柯林杯内，并加满苏打水，用樱桃和柠檬片装饰。这种鸡尾酒适宜暑热季节饮用，酒味甜润可口，色泽艳丽。

四、伏特加类

1. 螺丝钻(Screw Driver)

基酒：伏特加　　1.5 盎司
辅料：鲜橙汁　　4 盎司

制法：将碎冰置于阔口矮型杯中，注入酒和橙汁并搅匀，以鲜橙作为点缀，这是一款世界著名的鸡尾酒，四季皆宜，酒性温和，气味芬芳，能提神健胃，颇受各界人士欢迎。

2. 血玛丽(Bloody Mary)

基酒：伏特加　　1.5 盎司
辅料：番茄汁　　4 盎司
　　辣酱油　　1/2 茶匙
　　精细盐　　1/2 茶匙
　　黑胡椒　　1/2 茶匙

制法：在老式杯中放入两块冰块，按顺序在杯中加入伏特加和番茄汁，然后再撒上辣酱油、精细盐、黑胡椒等，最后放入一片柠檬片，用芹菜秆搅匀即可。这是一款世界范围内流行的鸡尾酒，甜、酸、苦、辣四味俱全，富有刺激性，夏季饮用可增进食欲。

3. 环游世界(Around the World)

基酒：伏特加　　1.5 盎司
辅料：菠萝汁　　4.5 盎司
　　绿薄荷酒　　1 盎司

制法：用调和法先将半杯冰块放到柯林杯中，用量杯将伏特加、菠萝汁量入杯中，用吧匙搅拌后倒入绿薄荷酒中，不再搅拌，让绿薄荷酒沉入底部，效果是上面黄色、下面绿色。然后把菠萝角切成 1 厘米厚的 1/4 圆片，连皮一起更好看，用酒签穿上红樱桃将菠萝角连在一起，挂在杯边，并将一片薄荷叶放入杯中。

4. 咸狗(Salty Dog)

基酒：伏特加酒　　1.5 盎司

辅料：西柚汁　　　　　　1盎司

制法：先用一片柠檬擦平底杯杯口，然后倒转杯子在盐碟中轻转，让杯口沾满盐，加冰块到杯中，再用量杯将伏特加、西柚汁量入杯中，用酒吧匙搅拌均匀，不用装饰。

五、朗姆酒类

1. 百家地(Bacardi)

基酒：百家地朗姆酒　　　　1/5盎司

辅料：鲜柠檬汁　　　　　　1/4盎司

石榴糖浆　　　　　　3/4盎司

制法：将冰块置于调酒壶内，注入基酒、鲜柠檬汁和石榴糖浆充分摇匀，滤入鸡尾酒杯，以一颗红樱桃点缀。

2. 自由古巴(Cuba Liberty)

基酒：深色朗姆　　　　　　1/2盎司

辅料：可口可乐　　　　　　1瓶

制法：在高球杯内加入三块冰块，并放入一片柠檬片，然后加入朗姆酒，用可乐加满酒杯。这是一种内容非常丰富的饮料，如用淡色朗姆酒代替深色朗姆酒，那么它的香气就会被可口可乐的味道盖过去，所以最好使用香气较强的深色朗姆酒。这种酒酒味香醇甜美，宜夏天饮用，更适合酒量浅的人饮用，有去疲劳、助消化、促进新陈代谢的功效。

六、特吉拉类

1. 玛格丽特(Margarita Cocktail)

基酒：特吉拉酒　　　　　　1盎司

辅料：橙皮香甜酒　　　　　1/2盎司

鲜柠檬汁　　　　　　1盎司

制法：先将浅碟香槟杯用精细盐圈上杯口待用，并将上述材料加冰摇匀后滤入杯中，饰以一片柠檬片即可。

2. 特吉拉日出(Tequila Sunrise)

基酒：特吉拉酒　　　　　　1盎司

辅料：橙汁　　　　　　　　适量

石榴糖浆　　　　　　1/2盎司

制法：在高脚杯中加适量冰块，量入特吉拉酒，加满橙汁，然后沿着杯壁放入石榴糖浆，使其沉入杯底，并使其自然升起呈太阳喷薄欲出状。

七、其他类

青草蜢(Grasshopper Cocktail)

材料：　白可可甜酒　　　　　2/3盎司

绿薄荷甜酒　　　　　2/3 盎司
鲜奶油(或炼乳)　　　2/3 盎司

制法:将上述材料充分摇匀,使利口酒与鲜奶油充分混合,滤入鸡尾酒杯,用一颗樱桃进行装饰。

任务四　水果拼盘制作

水果拼盘是酒吧菜单中的常见产品,是指选用各种新鲜的水果,运用拼排、组合、雕刻等各种手法,把水果原料制作成写意或写实的水果盘饰。水果拼盘可以起到美化宴席、烘托气氛、增进友谊的作用。

水果拼盘口味属于甜味,做法属拌菜类。制作水果拼盘首先要有好的命题构思,然后挑选各种水果,利用水果的本色,来制作各种造型生动、形态各异的水果拼盘,增进食欲。

一、选料

从水果的色泽、形状、口味、营养价值、外观完美度等多方面对水果进行选择。选择的几种水果组合在一起,搭配应协调。最重要的一点是水果本身应是熟的、新鲜的、卫生的。制作水果拼盘,要多用当季水果,减少使用水果罐头或不使用水果罐头。原料要随用随取,不要提前制作或长时间存放。同时注意制作拼盘的水果不能太熟,否则会影响加工和摆放。

二、构思

制作水果拼盘的目的是使简单的个体水果通过形状、色彩等几方面艺术性地结合为一个整体,以色彩和美观取胜,从而刺激客人的感官,增进食欲。水果拼盘虽比不上冷拼和食品雕刻那样复杂,但也不能随便应付,制作前应充分考虑到宴会的主题,并进一步为其命名。

三、色彩搭配

大部分人将水果作为饭后食品,也就是人们在酒足饭饱之后才想到食用水果。这时,大多数人已没有多少食欲,这就为水果拼盘设计者提出了一个难题:什么样的色、香、味、形才能重新引起人们的食欲?水果的色、香、味是我们无法改变的,若改变了可能也失去了本身的意义。但我们可以根据想象将各种颜色的水果艺术地搭配成一个整体,通过艳丽的色彩唤起人们对食物的欲望。水果颜色的搭配一般有对比色搭配、相近色搭配及多色搭配三种。红配绿、黑配白便是标准的对比色搭配;红、黄、橙是相近色搭配;红、绿、紫、黑、白是丰富的多色搭配。

四、艺术造型与器皿选择

根据选定水果的色彩和形状来进一步确定整盘的造型。整盘水果的造型要用器皿来

辅助，不同的艺术造型要选择不同形状、不同规格的器皿，例如长形的水果造型不能选择圆盘来盛放。另外，还要考虑到盘边的水果花边装饰，也应符合整体美并能衬托主体造型。

至于器皿质地的选择，一方面可根据酒吧的档次，一方面可根据果盘的价格来确定。酒吧常用的果盘为玻璃制品，高档些的有水晶制品、金银制品。

五、刀功

选好水果、造型和器皿，便可动手制作了。操作时应注意，刀功方面应以简单易做、方便出品为原则。

（一）拼盘常用刀法

水果拼盘用刀要比雕刻简单得多。一般用西餐法式厨刀和宝龄刀即可。下面介绍一下水果拼盘常见的刀法：

1. 打皮

用小刀削去原料的外表皮，一般是指不能食用的部分。如水果洗干净后皮可食用的就不用削皮。有些水果去皮后暴露在空气中，会迅速发生色泽改变，去皮后应迅速浸入柠檬水中护色。

2. 横刀

横刀是指向与原料生长的自然纹路相垂直的方向施刀。用横刀可切块、切片。

3. 纵刀

纵刀是指向与原料生长的自然纹路相同的方向施刀。用纵刀可切块、切片。

4. 斜刀

斜刀是指向与原料生长的自然纹路成一夹角的方向施刀。用斜刀可切块、切片。

5. 剥

用刀将不能食用的部分剥开，如柑、橘等。

6. 锯齿刀

用切刀在原料上每直刀一刀，接着就斜刀一刀，两对刀口的方向成一夹角，刀口成对相交，使刀口相交处的部分脱离而呈锯齿形。

7. 勺挖

用勺将水果挖成球形，多用于瓜类。

8. 挤或挖

用刀挖去水果不能食用的部分，如果核仁等。

水果加工应注意以下原则：

1. 无论采用何种方法，水果的厚薄、大小以能被直接食用为宜。

2. 水果的原料应明显可辨。

(二)各类水果常用刀法

1. 柑橘类

柑橘形状较大,表皮厚而易剥,如果食之口感一般,所以可用表皮进行表皮造型,即将表皮与肉进行正确分离,然后将表皮加工成篮或盅状盛器,里面盛入一些颜色鲜艳的圆果,如樱桃、荔枝、橘瓣、葡萄等,取出来的果肉可用来做围边装饰。柠檬和甜橙的用途基本一样,一般带皮使用。由于果肉与表皮不易剥离,大多数是加工成薄形圆片或半圆,用叠、摆、串等方法制成花边。

2. 瓜类

西瓜、哈密瓜的肉质丰满,有一定的韧性,可加工成球形、三角形、长方形等几何形状。形状可大可小,不同的形状进行规则的美术拼摆,既方便食用又有艺术造型。另外,利用瓜类表皮与肉质色泽相异,有鲜明对比度,将瓜肉掏空,在外表皮上刻出线条的简单平面,将整个瓜体制成盅状、盘状、篮状或底衬,效果较好。这类水果需配食用签。

3. 樱桃、荔枝类

这一类水果形状较小,颜色艳丽,果肉软嫩多汁,多用于装饰或点缀盅、篮等盛具的内容物。

六、出品

应做到现做现出品。拼盘造型尽量迅速,防止营养、水分流失,尤其要保证水果的整洁卫生,同时配置相应的实用工具及适量餐巾纸。

七、制作水果拼盘实例

1. 主料

西瓜 1/4 个。

2. 辅料

猕猴桃 5 个,青脆瓜半个,车厘子 12 颗。

3. 制作工艺

(1)西瓜洗净取肉,留皮;猕猴桃去皮,青脆瓜去皮待用。

(2)将西瓜皮修成薄皮,用刀尖在皮上划规则的花纹,并且卷起,在两端接口处用牙签固定成瓜皮艺术装饰物。

(3)在猕猴桃中部用 V 形戳刀打开果肉。

(4)将瓜皮艺术装饰物固定在盘一边,将西瓜切成均匀的厚片(可以带瓜皮)放在盘上,接着放上戳开的猕猴桃,将青脆瓜用刀斜切成片,规则地排在盘中央,呈圆形,撒上车厘子即可。

4. 成品特点

色彩鲜艳,口味多样,造型美观,艺术感强。

5. 操作关键

(1)每片原料都要切均匀,不要太薄,太薄会影响口感。

(2)注意色泽的搭配。

项目小结

本项目可使学生知道鸡尾酒的原料包括基酒、辅料和装饰物;配方也称酒谱,每一款鸡尾酒都应以相应的酒谱为依据;调酒用具主要包括各式载杯、器具,如调酒壶、吧匙、量酒器等;调酒技法主要有四种,即调和法、摇和法、兑和法与搅和法;每一款鸡尾酒都必须规定使用其中某一种方法来调制;调酒术语是在酒品调制及酒吧服务中经常会接触到的行业语言;调酒的基本原则是调酒师在调酒时应遵循的行为准则;制作水果拼盘应有好的命题构思,精心选料,利用水果的本色进行色彩搭配,以制作各种造型生动、形态各异的水果拼盘。

实验实训

在校内实训室,组织学生练习擦酒杯,练习用四种调制鸡尾酒的方法调制 7～8 款鸡尾酒;练习简单的水果拼盘的制作。

思考与练习题

1. 鸡尾酒的概念是什么?分类方法有哪些?
2. 鸡尾酒的原料包括哪几类?
3. 常见的鸡尾酒载杯有哪些种类?
4. 鸡尾酒的配方包括哪几项内容?
5. 举例说明鸡尾酒的常用调制方法及其特点。
6. 写出 5 种以金酒为基酒的鸡尾酒配方及其调制方法。
7. 写出 4 种以伏特加为基酒的鸡尾酒配方及其调制方法。
8. 写出 2 种以特吉拉酒为基酒的鸡尾酒配方及其调制方法。
9. 制作水果拼盘常用的刀法有哪些?

模块

酒吧运营与酒会筹划

酒吧运营

学习目标

知道酒吧日常管理的主要内容
知道人员的配备与工作安排

能力目标

会进行酒吧的质量管理
会进行酒水的采购控制、验收控制、酒水的库存与发放
会做酒吧几种酒水的损耗控制

主要任务

- 任务一　酒吧的日常管理
- 任务二　酒水的成本控制

任务一　酒吧的日常管理

一、酒吧人员的配备与工作安排

(一)酒吧人员的配备

酒吧人员的配备根据两项原则:一是酒吧的工作时间;二是营业状况。酒吧的营业时间多为上午 11 点至凌晨 1 点,上午几乎没有客人光顾,下午客人也不多,从傍晚到午夜是营业高峰时间。营业状况主要看每天的营业额及供应酒水的杯数。一般的主酒吧(座位在 30 个左右)每天可配备 4～5 人。酒廊或服务酒吧每 50 个座位每天配备调酒师 2 人,如果营业时间短,可相应减少人员配备。餐厅或咖啡厅每 30 个座位每天配备调酒师 1 人。营业状况繁忙时,可按每日供应 100 杯饮料配备调酒师 1 人的比例,如某酒吧每日供应饮料 450 杯,可配备调酒师 5 人。如此类推。

(二)酒吧工作安排

酒吧工作安排是指按酒吧日工作量的多少来安排人员。通常,上午时间只是开吧和领货,可以少安排人员;晚上营业繁忙,所以多安排人员。在交接班时,上下班的人员必须有半小时至一小时的交接时间,以清点酒水和办理交接班手续。酒吧采取轮休制,节假日可取消休息,在生意清闲时补休。工作量特别大或营业超计划时可安排调酒师加班加点,同时给予足够的补偿。

二、酒吧的质量管理

(一)每日工作检查表

每日工作检查表用以检查酒吧每日工作状况及完成情况,由每日值班的调酒师根据工作完成情况填写签名。每日工作检查表如表 11-1 所示。

表 11-1　　每日工作检查表

项目	完成情况	备注	签名
领货			
酒吧清洁			
补充酒杯			
更换布单			
冰冻酒水			
早班清点酒			
酒吧摆设			

（续表）

项目	完成情况	备注	签名
准备装饰物和配料			
稀释果汁			
领佐酒小吃			
摆台（酒水单、花瓶、烟灰缸）			
电器、设备工作状态			
取冰块			

日期：　　年　　月　　日

（二）酒吧的服务和供应

酒吧经营能否成功，除了本身的装修格调外，主要取决于调酒师的服务质量和酒水的供应质量。首先，服务要礼貌周到，面带微笑。微笑的作用很大，不但能给客人以亲切感，而且能解决许多麻烦事情；其次，要求调酒师训练有素，对酒吧的工作都要熟悉，操作熟练，能回答客人有关酒吧及酒水牌的问题。高质量的酒吧服务员既要热情主动，又要按程序去做。供应质量是一个关键，所有酒水都要严格按照配方要求，绝不可以任意取代或减少分量，更不能使用过期或变质的酒水。特别要留意果汁的保鲜时间，保鲜期一过绝不可使用；所有汽水类饮料，在开瓶（罐）两小时后都不能用以调制饮料；凡是不合格的饮品不能出售给客人。

（三）工作报告

酒水员要完成每日工作报告。每日工作报告内容主要有五项：营业额、客人人数、平均消费、操作情况和特殊事件。根据营业额可以看出酒吧当天的经营及盈亏情况；根据客人人数可以看出座位的使用率与客源情况；根据平均消费可以看出酒吧成本和营业额的关系。酒吧里经常有许多意想不到的情况和突发事件，要妥善处理，登记在册，并视情况及时上报。

（四）防止工作中的各种漏洞

1. 单据漏洞

（1）单据领用无记录

单据一旦丢失或出现问题没有责任人，无法查证。针对这一漏洞的解决办法是：建立领取记录。

（2）单据无人核对号码、数量。

在单据使用后如发现无人核对，会有员工存在侥幸心理，利用这样的漏洞进行作弊。应成立日审部门，进行每日的单据核对工作。

（3）单据化单脚不规则

如果单据化单脚不规则，容易在使用后被人继续填写品种进行贪污，因接手的人过多而无法进行查证。针对这一漏洞的解决办法是：按规定填写酒水单。

2. 服务员作弊

(1)借用酒水

服务员向熟悉的吧台人员借用酒水进行销售。针对这一漏洞的解决办法是:吧台酒水不外借,违者重罚。

(2)剩余酒水

服务员将客人结完账后的酒水私藏,转手卖给其他客人,获取利润。针对这一漏洞的解决办法是:客人结完账后,应请主管级以上人员进行检查,将剩余酒水返还酒吧。

(3)服务员存酒

将剩余酒水找人带签后存放吧台,另日贩卖。针对这一漏洞的解决办法是:吧台只存放高级酒类,一是省空间,二是不让服务人员有机可乘,另由主管请客人签字后送吧台存放。

(4)服务员私带酒水进场

服务员私带酒水进场后进行贩卖而获利润。针对这一漏洞的解决办法是:在员工进场前由保安与主管级以上人员进行检查、监督,包括带入的与本公司相同品牌的酒水。

(5)哄抬物价,赚取差价

服务员没有把酒单给客人,虚报物价。针对这一漏洞的解决办法是:每桌要求必须放置酒水单,客人来后也需留有一份酒水牌。

3. 服务员、吧台联合作弊

(1)利用返还酒水

吧台人员将客人剩余酒水重新利用,不再进行登记入账,服务员进行二次销售。针对这一漏洞的解决办法是:应建立返还登记本,厅面的主管与酒吧主管共同签字坐实。

(2)利用过期存酒

吧台人员将已存放过期的酒水拿出,让服务员进行销售。针对这一漏洞的解决办法是:吧台只存放高级酒类,酒吧主管定期检查存酒,进行登记上报处理。

(3)借取服务员酒水

有预谋地使用“我出酒你售卖”的方法来谋取利润。针对这一漏洞的解决办法是:酒吧主管在收市后进行酒水每日盘点,如发现缺少,按公司销售价格当日补足。

(4)将返还的剩余开瓶酒水进行勾兑,与服务员进行再次销售

针对这一漏洞的解决办法是:酒吧主管与厅面的主管联合监督服务员,不可将开瓶酒水返还酒吧,另外,酒吧主管收市盘点时,若发现盘点后有盈余的酒水,应立即登记入账。

(5)多次使用无账物品

无账物品如鲜花、冰块等,不使用单据而直接出品。针对这一漏洞的解决办法是:吧台主管与厅面的主管应经常保持沟通与监督。

4. 收银员、服务员联合作弊

(1)退酒水

在客人买单后,有剩余酒水未及时返还酒吧,服务员通过收银员,退掉酒水,获取利

润。针对这一漏洞的解决办法是：收银员在客人买单后立即封单，如需要更改，必须由主管签字，并与厅面的主管、酒吧主管共同确认。

(2)作废单据

将结完账后的单据作废，用剩余的酒水或其他酒水顶替返还酒吧，共同分享利润。针对这一漏洞的解决办法是：酒吧主管、厅面的主管应及时监督检查。

知识链接　**按酒水的分类次序设计的酒水单**

软饮类和矿泉水 Soft Drink and Mineral Water

可口可乐 Coca Cola	¥23.00
健怡可乐 Diet Coke	¥23.00
雪碧 Sprite	¥23.00
新奇士橙汁 Sunkist Orange	¥23.00
汤力水 Tonic Water	¥23.00
干姜水 Ginger Ale	¥23.00
巴黎水 Perrier Water	¥28.00
甘露矿泉水 Pierval Water	¥28.00
屈臣氏蒸馏水 Watson's Distilled Water	¥23.00
麒麟山矿泉水 Qilin Shan Water	¥23.00

果汁与杂饮 Juice and Squash

橙汁 Orange Juice	¥23.00
番茄汁 Tomato Juice	¥23.00
菠萝汁 Pineapple Juice	¥23.00
西柚汁 Grapefruit Juice	¥23.00
柠檬或橙杂饮 Lemon or Orange Squash	¥30.00
杂果宾治 Fruit Punch	¥30.00
鲜榨果汁或蔬菜汁 Fresh Fruit or Vegetable Juice	¥35.00

啤酒 Beer

喜力 Heineken	¥28.00
嘉士伯 Carlsberg	¥25.00
生力 San Miguel	¥25.00
卢云堡 Lowenbrau	¥25.00
麒麟 Kirin	¥25.00
虎牌 Tiger	¥25.00
珠江 Pearl River	¥23.00
健力士 Guinness Stout	¥28.00
进口生啤(大) Imported Draught(Large)	¥25.00

本地生啤(大) Local Draught(Large)	¥22.00
爱尔兰威士忌 Irish Whisky	
约翰杰姆森 John Jamson	¥28.00
纯麦芽威士忌 Malt Whisky	
格兰菲迪 Glenfiddich	¥32.00
波本威士忌 Bourbon Whisky	
占边 Jim Beam	¥28.00
杰克丹尼斯 Jack Daniel's	¥28.00
黑麦威士忌 Rye Whisky	
加拿大俱乐部 Canadian Club	¥28.00
施格兰 Seagram's V. O	¥28.00
干邑及雅文邑 Cognac and Armagnac	
人头马路易十三 Remy Martin Louis Ⅷ	¥488.00
人头马 X. O Remy Martin X. O	¥78.00
轩尼诗 X. O Hennessy X. O	¥78.00
御鹿 Hine X. O	¥78.00
豪达 Otard X. O	¥78.00
马爹利蓝带 Martell Corden Blue	¥68.00
人头马特级 Remy Martin de Club	¥68.00
长颈 F. O. V	¥68.00
雅文邑 Armagnac X. O	¥78.00
人头马 V. S. O. P Remy Martin V. S. O. P	¥35.00
马爹利 V. S. O. P Martell V. S. O. P	¥35.00
轩尼诗 V. S. O. P Hennessy V. S. O. P	¥35.00
拿破仑 V. S. O. P Courvoisier V. S. O. P	¥35.00
伏特加 Vodka	
瑞典 Absolute	¥28.00
芬兰 Finlandia	¥28.00
红牌 Stolichnaya	¥28.00
皇冠 Smirnoff	¥28.00
朗姆酒 Rum	
百家地 Bacardi	¥28.00
美雅士 Myer's	¥28.00
摩根船长 Captain Morgan	¥28.00

龙舌兰 Tequila	
白金武士 Tequila Sausa White	￥28.00
金帅快活 Tequila Cuervo Gold	￥28.00
餐后甜酒 Liqueur	
杏仁酒 Amaretto	￥32.00
百利甜 Bailey's Irish Cream	￥32.00
君度 Cointreau	￥32.00
薄荷酒 Creme de Menthe	￥32.00
金万利 Grand Marnier	￥32.00
甘露咖啡酒 Kahlua	￥32.00
修士酒 Benedictine D. O. M	￥32.00
加连安奴 Galliano	￥32.00
添万利 Tia Maria	￥32.00
鸡尾酒及长饮 Cocktail & Long Drinks	
得其利 Daiquiri	￥32.00
黑俄罗斯 Black Russian	￥32.00
血玛丽 Bloody Mary	￥32.00
渐入佳境 Screw Driver	￥32.00
椰林飘香 Pina Colada	￥32.00
曼哈顿 Manhattan	￥32,00
玛格丽特 Margarita	￥32.00
新加坡司令 Singapore Sling	￥32.00
汤哥连士 Tom Collins	￥32.00
长岛冰茶 Long lsland lce tea	￥48.00
雪球 Snow Ball	￥32.00
流行鸡尾酒 Popular Cocktail	
七色彩虹 Rainbow	￥68.00
B-52 B-52	￥48.00
冰冻玛格丽特 Frozen Margarita	￥48.00
林宝坚尼 Lamborghini	￥88.00
火球 Fire Ball	￥48.00
试管婴儿 Test Tube Baby	￥48.00
性感沙滩 Sex on the Beach	￥68.00

特式咖啡 Coffee Creation

皇家咖啡 Royal Coffee	¥35.00
牙买加咖啡 Cafe Montego Bay	¥35.00
爱尔兰咖啡 Irish Coffee	¥35.00
魔鬼咖啡 Coffee Devil	¥35.00
佳人咖啡 Coffee Lady	¥35.00
维也纳咖啡 Viennese Coffee	¥35.00

咖啡/茶 Coffee/Tea

新鲜咖啡 Freshly Brewed Coffee	¥23.00
无咖啡因咖啡 Decaffeinated Coffee	¥25.00
意大利浓咖啡 Espresso	¥28.00
卡布其诺 Cappuccino	¥28.00
英式红茶 Black Tea	¥23.00
薄荷茶 Peppermint Tea	¥23.00
大吉岭茶 Darjeeling	¥23.00
绿茶 Green Tea	¥23.00
茉莉花茶 Jasmine Tea	¥23.00
铁观音茶 Tie Guan Yin	¥23.00
冰柠檬茶 Iced Lemon Tea	¥23.00
冰咖啡 Iced Coffee	¥23.00

任务二　酒水的成本控制

利润是酒吧经营的目的。要获得利润则需要有周密的计划，在计划的基础上实现对酒吧整个经营过程的控制，使经营取得成功。若没有很好地控制成本，不仅不可能获得利润，反而有可能连经营者的投资也损失殆尽。酒吧原料成本控制是酒吧经营者的主要职责之一，因此，应当制定原料采购、验收、贮存、领发、生产和销售控制标准及程序，以期获取高额利润。

一、原料的采购控制

原料采购控制的主要目的是：保证饮品所需的各种配料适当存货，保证各种配料的质量符合要求，以及保证按合理的价格进货。

原料采购控制的关键是：确定标准和标准程序，确定采购的计划、范围、品种、数量、价格和地点等内容。在做出采购决策之前，酒吧管理者必须首先确定本企业的酒水需求量。

(一)原料采购范围和品种计划

1.原料采购范围

(1)常用各类设备;

(2)酒吧日常用品、低值易耗品;

(3)各类酒水;

(4)酒吧调酒所需配料;

(5)各类饮料;

(6)各类水果;

(7)酒吧供应的小食品;

(8)各类调味品;

(9)杂项类。

2.原料采购品种

(1)酒品采购的种类

不同类型的酒吧有不同的酒单,酒单的内容直接与酒品的供应和采购有关。根据酒单,酒品采购一般包括以下几大类:餐前开胃酒类、鸡尾酒类、白兰地、威士忌金酒、朗姆酒、伏特加酒、啤酒类、葡萄酒、软饮料、咖啡、茶、热饮、小食品类、果饼类。

酒吧小食品常见的有饼干类、坚果类、蜜饯类、肉干鱼片及一些油炸小食品和三明治等快餐食品等。

(2)酒品采购的基本要求

保持酒吧经营所需的各种酒品及配件的适当存货;保证各种酒品的质量符合要求;保证按合理的价格进货。

(二)原料采购数量计划

1.影响采购数量的因素

为了避免出现采购数量过多或过少的问题,要确定一个适中的采购数量,这就要求酒吧的经营者必须了解影响采购数量的因素。

(1)销售的数量

在旺季,需要较多的原料,故要增加采购批量;而在酒水、食品销售数量减少,经营不景气时,则可压缩采购数量。在不同的季节,顾客对某一品种的需求也不相同。

(2)仓储设施的储藏能力

冷冻、冷藏空间的大小决定了采购数量的多少。

(3)企业的财政状况

企业经营较好时,可以适当增加采购量。而资金紧缺时,则要精打细算,适当减少采购量,加速周转。

(4)采购地点

如果采购地点较远,可以增加批量,减少批次,这样可以节省采购费用,防止原料意外断档。如果采购地点较近,采购方便,则可以减少批量,增加批次。

(5)市场供求状况的稳定程度

在经济发达地区,原料的市场供应比较稳定,企业在决定采购数量时,完全可以按照其消耗速度和供货天数来计算;而在市场供应不稳定的地区,有些原料忽多忽少,甚至几天买不到货,在这种情况下,可以一次多进货,防止用完时买不到。

(6)贮存期

酒吧购进酒水时按其基本特点和贮存的要求分别在不同的温度和湿度条件下贮存。各种酒水的贮存期不同,桶装鲜啤酒只能贮存相当短的一段时间,果酒和葡萄酒可贮存时间稍长一些,威士忌酒等烈酒可长期贮藏。一般说来,酒水可按贮存期的特点来进货,进货之后在贮藏室保存至生产需要时为止。酒水进货次数是由一系列因素决定的,例如,酒水存货可以占用资金数额的规定、进货难易、交货时间等。

(7)常量

除了确定定期订货的日期外,经营人员还应根据经验、使用情况等方面来控制常量。

2. 采购数量的确定

一般情况下,采购数量的确定应注意以下方面:

(1)最低存货点

(2)最高存货点

(3)时鲜水果、易变质原料采购数量的确定

这类原料一般容易变质,不可久存,购入后,应在较短的时间内使用,每次采购的数量可以根据下面的公式确定:

应采购数量=需使用数量-现有数量

(4)瓶酒、罐装食品采购数量的确定

这类原料不易变质,但并不意味着可以大批量采购,通常是使用常量存货,使库存保持在一个适当的水平。

3. 原料品牌的确定

一般情况下,酒水可分为指定品牌和通用品牌两种类型。在建立品质标准时,通用品牌的选择是一个重要步骤。只有在顾客具体说明需要哪一种牌子的酒时,才供应指定品牌;顾客未说明需要哪一种牌子,则供应通用品牌。如果一位顾客只讲明要一杯金汤力,就供应通用品牌。如顾客讲明要某一种牌子的威士忌加苏打水,就应给他斟上一杯由他指定牌子的酒水。酒吧通常的做法是:先从各类烈酒中选择一种价格较低或价格适中的牌子,作为通用品牌,其他牌子的烈酒作为指定品牌。因酒吧顾客和价格结构不同,因此各个酒吧选择的通用品牌也不同。选择通用品牌酒水是管理人员确定质量标准和成本指标的第一步。要确定酒水的质量,管理人员需考虑价格、顾客的偏爱和年龄、酒水的销路等一系列因素。因此,确定酒水的质量,就成为各个酒吧管理人员应做出的一项决策。

(1)质量标准的形式与内容

要保证酒吧提供的产品在质量上始终如一,就必须对产品制定质量标准。制定原料质量标准是保证成品质量的前提条件。

首先应清楚质量标准的含义。所谓采购原料的质量标准，或称为规格标准，是对所要采购的各种原料做出的详细而具体的规定，如原料产地、等级、性能、大小、个数、色泽、包装要求等。当然，并不是所有的原料都要有这样一个质量标准，但对于那些成本较高的原料，酒吧应制定其质量标准，以指导采购、避免浪费。

(2)采用质量标准的作用

采用质量标准，可以把好采购关，防止采购人员盲目地或不恰当地采购，以便于产品质量的控制。应把采购质量标准分发给有关货源单位，以使供货单位掌握酒吧的质量要求，避免产生误解和不必要的损失，便于采购的顺利进行。订货时，没有必要向供货单位重复解释原料的质量要求，如有可能，应将某种原料的质量标准分发给几个供货单位，这样有利于引起供货单位之间的竞争，使酒吧有机会选择最优价格，也有利于原料的验收；同时，可以防止采购部门与原料使用部门之间可能产生的矛盾，有助于提高调酒师的工作效率，减少浪费。

二、酒水采购的验收控制

验收是酒水采购的一个重要环节。做好验收工作，可以防止接收容易变质的原料，及时验收入库可防止原料无人看管，而发生丢失情况。因此，安全是建立酒水控制的关键因素之一，无论是酒水还是食品，都应贮存在安全的区域，以防止失窃。

(一)酒水验收

1. 酒水验收事项

(1)到货数量和采购清单、发货票上的数据一致

无论是哪个进货部门，均应向收货部提供一份采购清单，收货部门应根据采购清单核对发货票上的数量、品牌和价格。如果有不一致之处，验收员应根据经营人员的要求做好记录。无论出现什么问题，验收员都应汇报，请示解决。

收货部门的一项主要工作是核对到货数量和采购清单、发货票上的数量是否一致。验收员必须仔细清点瓶数、桶数、箱数。如果按箱进货，验收员应开箱检查瓶数是否正确。如果验收员了解整箱饮料的重量，也可以通过称重量检查。如果瓶子密封，验收员还应抽查瓶子是否已启封。

(2)核对发货票上的价格与订单上的价格是否一致

(3)检查酒水质量

收货部门应通过检查烈酒的度数、葡萄酒的年份、小桶啤酒的颜色、碳酸饮料的保质期等，检查酒水的质量是否符合要求。如果在验收之前，瓶子已经破碎，送来的酒水不是订购的牌号，或者到货数量不足，验收员应填写货物差误通知单。如果没有发货票，验收员应根据实际货物数量和订购单上的单价填写无购物发票收货单。验收之后，验收员应在每张发货票上盖上验收章，并签名，然后立即将酒水送到贮藏室。验收之后，验收员还

应根据发货票填写酒水验收日报表，然后送记账组，以便在进货日记账中入账。

2. 酒水验收日报表

酒水验收日报表是一种会计资料。由于各个酒吧的会计事务不同，因而酒水验收日报表的具体内容也有所不同。一般情况下，各个酒吧最好根据自己的情况需要，分别编制酒水验收日报表。

（二）退货与报损

（1）收货部门应根据验收细则严格验收，如发现酒水规格、质量、数量等有问题，应拒绝收货。

（2）收货人如发现不适宜本申购规格的，可直接通知采购部与供货商联系，办理退货、换货手续。

三、酒水的库存与发放

收货部门收到进货后，应立即通知库房管理员，尽快将所有酒水送到库房进行保管。在大型饭店里，可能会有几个酒吧，除了大型库房之外，各个酒吧也可以有小库房。在这类企业里，为了便于做好控制工作，所有酒水仍应通过大型库房转领到各自的小库房。

安全措施是酒水控制的一个关键因素。在小型酒吧里，酒水库房的钥匙由酒吧经理保管；在大中型企业里，酒水库房的钥匙则可能由同时负责食品原料与酒水贮藏保管工作的库房主管保管；为了加强控制、明确责任，钥匙除了库房主管掌管外，还有一把放在保险柜内，只有高层经营管理人员可以使用。

小型单独的酒水库房应靠近酒吧，可以减少分发酒水的时间。此外，酒水库房常设在容易进出、便于监视的地方，以便发料，并减少安全方面的问题。酒水库房的设计和安排应讲究科学性。理想的酒水库房应符合以下几个基本条件：

1. 有足够的贮存和活动空间

酒水库房的贮存空间应和企业的规模相称。地方过小，自然会影响酒品贮存的品种和数量。长存酒品和暂存酒品应分别存放，贮存空间应与之相适应。

2. 通风良好

通风换气的目的在于保持酒水库房中有较好的空气，如果酒精挥发过多，再加上空气不流通，会使易燃气体聚积，这是很危险的。

3. 保持干燥

酒水库房要保持相对干燥的环境，防止软木塞霉变和腐烂，防止酒瓶商标脱落和质变；但是过分干燥可能引起瓶塞干裂，造成过分挥发、氧化。

4. 隔绝自然采光和照明

自然光线，尤其是直射日光容易引起酒的变质，自然光线还可能使酒氧化的过程加

剧，造成酒味寡淡，酒液混浊、变色等现象。酒水库房最好采用电灯泡照明，其强度应适当控制。

5. 防震动和干扰

震动和干扰容易引起酒品早熟，有许多名贵的酒品在长期受震（运输震动）后常需“休息”两个星期，方可恢复原来的风格。

6. 清洁卫生

酒水库房内部应长期保持清洁卫生。酒水开箱后，所有酒水都应取出，存到适当的架子上去。

7. 适当的温度

酒水库房应保持适当的温度。软木塞的葡萄酒瓶应横放，以防止瓶塞干缩而引起酒水变质。一般来说，红葡萄酒的贮藏温度是 13 ℃左右；白葡萄酒和香槟的贮藏温度应略低些，为 8 ℃左右。在可能的条件下，啤酒和配制酒的贮存温度应保持适当，特别是小桶啤酒，要防止变质，更应保持在 5 ℃左右的贮存温度。

四、酒水的损耗控制

在酒水的销售过程中，由于调酒师操作不当，或服务员操作失误等原因，通常会造成酒水一定程度上的无谓损失，这将会削减酒吧的利润。如果实行一系列的标准化管理，便可以使损失降到最低。其中，掌握测量损失的方法是必不可少的控制手段。通常情况下，酒吧采用三种测量的方法来控制损耗。

（一）成本百分比法

成本百分比法是指在指定的时间内，比较消耗与消费的酒品成本，将得出的百分比数与标准的成本百分比数进行比较的方法。这一方法要求酒吧应有营业前、后的实际库存数，以及营业期内的酒品购入量。

（1）求出指定时期内可供销售的酒品值（＝营业前库存＋购进值）；

（2）求出指定时期内消耗酒品的成本（＝指定时期内可供销售的酒品值－营业后库存值）；

（3）求出指定时期内酒吧成本百分比（＝消耗酒品成本÷总销售值）。

因为啤酒、葡萄酒和烈酒不同，所以必须分别计算它们的成本百分比（成本百分比＝成本÷售价），将它们与计划的或标准的成本百分比相比较，也可以与前期的同类数字比较，如果比标准成本百分比高 0.5％以上，应找出原因。为了及时查找原因，酒吧管理者应每天或每星期核对库存量，并计算成本百分比。

（二）盎司法

盎司法与成本百分比法的原理相同，只是用盎司数来测量浪费的数量。

（1）求出消耗的盎司量＝营业前库存量－营业后库存量

（2）求出消耗的盎司总量：根据账单，计算出每一类酒品的销售次数，然后分别与每类

酒品的盎司数相乘，便得到每一类酒品的盎司量，最后将各类酒品的盎司量汇总，就是销售的盎司总量。

(3)求出浪费数量=消耗的盎司量-销售的盎司量

每个酒吧对浪费数量都有一个允许范围，据此标准衡量，以使浪费控制在最低点。

(三)潜在销售值法

所谓潜在销售值就是没有任何浪费的理想销售值，可以利用标准的酒品数量、零售价和每瓶酒的容量来计算。例如：某一种酒品，标准用量为每份 1 盎司，售价 15 元，每瓶容量是 33.8 盎司，那么，潜在的销售值便是 15×33.8=507(元)。但是，实际情况要复杂得多。

部分酒吧不止销售一种酒品，而且价格不一，所以潜在销售值要根据诸多变量来判断，只能采用加权平均法计算近似值。下面以金酒为例说明。

假定某酒吧供应 3 种含金酒的混合酒品。

1. 计算出每份金酒的平均量

酒名	销售份数	销售量(盎司)
Gimlet(1.5 盎司)	10	15
Martini(2 盎司)	40	80
Gin Tonic(1.5 盎司)	12	18
总计	62	113

每份金酒的平均用量=113÷62=1.82(盎司/份)

2. 每瓶金酒所卖份数

每瓶金酒所卖份数=33.8÷1.82=18.57(份)

3. 每份金酒的平均价格

酒名	销售份数	销售额(元)
Gimlet(1.5 盎司)	10	100
Martini(2 盎司)	40	600
Gin Tonic(1.5 盎司)	12	120
总 计	62	820

金酒平均售价=820÷62=13.23(元/份)

4. 每瓶金酒的潜在销售值

每瓶金酒的潜在销售值=13.23×18.57=245.68(元)

最后，与实际销售值比较：实际销售值应与潜在销售值相等。用加权平均法计算的潜在销售值是在瓶装烈酒成本、售价保持不变的前提下进行的，一旦发生变化还需重新计算。

项目小结

本项目可使学生知道酒吧的日常管理主要包括酒吧的人员配备及工作安排、酒吧的质量管理等几项内容。其中,酒吧的人员配备应根据酒吧的工作时间和酒吧的营业状况来掌握,酒吧的工作安排也应根据营业状况采取轮休制,合理安排工作班次,也可使学生学会酒吧的质量管理应从每日工作检查表、酒吧的服务与供应、酒吧工作报告这三方面着手。酒水的成本控制对经营成败起着决定性的作用,要求调酒师要了解酒水的成本率并能调节、指导酒吧营业。

实验实训

实训 1　到酒吧去了解酒吧经营者是如何进行成本控制的。

实训 2　某酒吧当月总计酒水成本为 15 505 元,当月酒水的总营业额为 78 980 元,酒吧规定成本率为 20%,分析酒水的成本控制是否合乎标准。

思考与练习题

1. 如何进行酒吧的人员配备?
2. 酒吧每日工作报告包括哪几项内容?
3. 酒吧质量管理包括哪几个方面的内容?
4. 如何进行酒水成本控制?

项目
十二

酒会筹划与管理

学习目标

知道酒会的不同类型
熟知承办酒会的工作程序

能力目标

会组织、承办不同类型的鸡尾酒会
会进行酒会的核算

主要任务

- 任务一　酒会的类型与酒吧设置
- 任务二　酒会的工作程序
- 任务三　酒会的筹划与核算

任务一　酒会的类型与酒吧设置

酒会最大的特点是打破了传统聚餐或宴会那种僵化的格局，与会者无论地位高低、身份贵贱、年龄长幼都可以在席间随意走动，轻松而不受任何拘束。酒会十分适宜制造热烈、融洽、和谐的气氛，为各种庆典活动所采用。另外，举办酒会规模大小、时间长短等都可以因人、因事而有所不同，比起正式宴会来说，既经济实惠，又可节省大量人力、物力，而且又不失隆重、热烈的气氛。

一、酒会的类型

酒会的分类有很多种，如根据主题、组织形式、收费方式分类等。

（一）根据主题分类

酒会一般都有较明确的主题，如婚礼酒会、开张酒会、招待酒会、庆祝庆典酒会、产品介绍酒会、签字仪式酒会、乔迁祝寿酒会等。这种分类对组织者很有意义，对于服务部门来说，只要针对各种不同的主题，配以不同的装饰、品种就可以了。

（二）根据组织形式分类

根据组织形式，酒会可分为两大类，即专门酒会和正式宴会前的酒会。专门酒会单独举行，包括签到、组织者和来宾致辞等，有的甚至是表演酒会，比如时装表演、歌舞表演等。专门酒会可分自助餐酒会和小食酒会，自助餐酒会一般在午餐或晚餐的时候进行，而小食酒会则多在下午的时候进行。宴会前的酒会比较简单，它的功能只是作为宴会前召集客人，在较盛大的宴会召开前不致使等候的客人受冷落的一种形式；也有的是把这种酒会作为宴会点题、致辞欢迎的机会，还有的是为了给客人提供一个自由交流、联络感情的场所。

（三）根据收费方式分类

1. 定时消费酒会

定时消费酒会也称为包时酒会，通常只需将客人的人数、时间定下后就可以安排了，消费多少则在酒会结束后结算。包时酒会的要点是“时间”，通常有一小时、一个半小时、两小时等。定下时间后，客人只能在固定的时间内参加酒会、喝酒水，时间一到将不再供应酒水。例如，有一个包时酒会是下午 5 点至 6 点，人数为 250 人。酒吧提供一小时饮用的酒水，即在 5 点前不供应酒水，5 点开始供应，客人可以随意饮用，但到 6 点整就不再供应任何酒水了。目前，这种包时酒会比较流行，主要是方便客人掌握时间。

2. 计量消费酒会

计量消费酒会是根据酒会过程中，客人所饮用的酒水数量进行结算的。这种酒会是不限时间、不限品种、不限数量地为客人提供酒水服务的一种酒会形式，一般有豪华型与普通型两种。普通型计量消费酒会是由客人提出要求，通常酒水品种只限于流行牌子；而豪华型计量消费酒会可以供应一些较著名品牌的酒水，供客人选择饮用。在酒会中，酒水

实际用量多少就计算多少，全部费用待酒会结束后再进行核算。

3. 定额消费酒会

定额消费酒会是按人均消费额提供酒水服务的酒会形式，如果客人的消费超过标准便不再提供酒水。这种酒会经常与自助餐连在一起。客人在预订酒会时，先确定每位来宾所消费的金额，然后确定酒水与食物各占的比例，食物部分由厨师长负责，酒水部分由酒吧管理人员负责。酒吧管理人员按照客人确认的消费额较合理地安排酒水的品种、品牌和数量。因此，举办这种形式的酒会，既要最大限度地满足客人的需求，又必须有效地控制酒会酒水的成本。

4. 现付消费酒会

现付消费酒会多用于表演晚会，主人只提供入场券和表演节目，参加酒会的客人必须现点现付，客人喜欢什么饮料、饮用多少由自己决定，但必须自己结账。这种酒会酒吧只预备一般品牌的酒水，客人来的主要目的是观看演出，而不是饮用酒水。这种酒会经常在许多大的饭店中举行，如时装表演、演唱会、舞会等。

除此之外，还有外卖式的酒会。由于有些客人希望在自己的公司或者家里举行酒会，以显示自己的身份和排场。酒吧就要按收费的标准类型准备酒水、器皿和酒吧工具，运到客人指定的地方。要注意的是，这种类型的酒会准备工作要做得充分，因为它不像在饭店里，缺什么可以临时补充。冰块和玻璃杯要准备得十分充足，要做好客人的住地不能提供冰块和清洗玻璃杯设备的准备工作。各种类型的酒水也要准备充足。除了定额消费酒会可以按定额运去酒水外，其他消费形式的酒会宁可多运一些品种、数量的酒水去，也不要等到酒水不够再回来取。

二、酒会酒吧设置

举行酒会的细节确定后，通常由宴会部经理出示一份宴会编排表。编排表中详细地列述了客人所定酒会的时间、日期、人数和要求，其中还分列各个部门的职责，以及厨房、酒吧器材安排，保安、餐厅服务，美术、工程等具体安排。酒会酒吧的设置形式分为软饮料酒吧、国产酒水酒吧、标准酒吧和豪华酒吧。

（一）软饮料酒吧

软饮料酒吧设置是指在酒水中不带有含酒精的饮料，通常只用果汁、汽水、矿泉水、杂果宾治等无酒精饮料来摆设酒吧，有时也会使用啤酒。这种酒吧设置多用在欢迎酒会、签字仪式酒会、产品介绍酒会和招待酒会上。

（二）国产酒水酒吧

国产酒水酒吧设置中，除了软饮料之外还使用几种国产酒。一般情况下，可利用5～6种国产酒，如茅台酒、五粮液酒、汾酒、剑南春酒、加饭酒、竹叶青酒等。这种酒吧设置多用在中餐的小型宴会中。

（三）标准酒吧

标准酒吧设置是酒会中使用最广泛的一种。由于各饭店、宾馆的实际情况不同，所使

用的酒水品种可能也不相同。在标准酒吧设置中除了用软饮料、啤酒外，较适宜使用9种烈性酒和开胃酒，9种烈性酒即金酒、威士忌、白兰地、朗姆酒、伏特加、甜味美思、干味美思、金巴利酒和杜本纳酒。80%以上的酒会酒吧设置都用标准酒吧。所以在饭店、宾馆中，标准酒吧使用的酒水品种应以一套“标准菜单”的形式确定下来。在标准酒吧中，一般只供应简单的混合饮料，不供应鸡尾酒，特别是复杂的鸡尾酒。

(四)豪华酒吧

豪华酒吧设置是在酒会中使用的酒水品种较多的一种设置形式，可根据客人的要求使用最名贵的酒水。豪华酒吧使用的酒水没有固定的形式，尽最大的努力满足客人的要求。

以上4种酒会酒吧设置形式在饭店、宾馆中经常被采用。但由于每个酒会的人数、消费不同，酒吧设置的数量、新供应的酒水品种也有差别。一般情况下，酒会酒吧设置的数量由酒会的人数来定，大约每150位客人设一个酒吧。品种则根据饭店的酒水价格和客人的消费要求，同客人商量决定。

任务二　酒会的工作程序

一、酒会前的工作程序

(一)人员安排

人员安排是在接到宴会部发出的宴会编排表后，根据酒会的形式、规模和人数，决定使用多少个调酒师及实习生，再按照酒会的时间来确定工作人员上班工作时间。在大中型酒会(200人以上)中，每个酒吧需设置调酒师2人，实习生1人；在小型酒会中，每个酒吧需设置调酒师1人，实习生1人。

(二)准备酒水

在酒会前一天要按酒会的来宾数、消费额来准备酒水的品种和数量，可按每人每小时准备3.5杯酒水计算，晚餐酒会可按每人3杯酒水计算，每杯酒水220毫升至280毫升。所有酒水应在酒会前两小时从仓库运到酒吧放好，以便有充足的时间来设置酒吧。

(三)预备酒杯

酒杯的数量要预备充足，可按酒会的人数乘以3.5的量来准备。例如，有一个300人的酒会，所需酒杯数量应是1050只。酒会酒杯的品种多用果汁杯、高球杯、柯林杯、啤酒杯等，其他杯用量很少，有少量备用即可。酒杯要在酒会前一小时全部洗干净，放入杯筛中，运到酒会场地。

(四)酒吧设置

按照宴会编排表的布置平面图设置酒吧。酒吧设置的方式有很多种，但要注重美观

和方便工作两个要点。酒吧要在酒会前 30 分钟设置完毕，并且反复仔细检查。酒吧应摆设宴会酒水销售表，宴会酒水销售表应将酒会中所使用的酒水品种、数量一一列出，调酒师可对照销售表选取酒水，并检查摆设好的酒吧。

(五)调果汁和什锦水果宾治

酒会中用量最多的就是果汁与什锦水果宾治，这两种饮料要在酒会前半小时根据人数调好，通常可按每人 2 杯计算，调好后拿到酒会场地。

(六)提前倒酒水入杯

一般小型酒会可以在客人到来以后，按客人的要求为客人斟酒水。若是大中型的酒会，人数较多，调酒师在数分钟内不可能同时供应那么多杯酒水，大部分的酒水要在客人到来前倒入杯中。大型酒会可提前二十分钟开始将酒水倒入杯中，中型酒会可提前十分钟开始将酒水倒入杯中。宴会一开始，由宴会服务员将酒水端在托盘上送给客人，以免造成酒吧拥挤的场面。

(七)各就各位

所有工作人员在酒会开始前二十分钟，必须整齐地穿好制服，站在自己的工作位置上。特别是大中型酒会，由于酒吧摆设多，调酒师如不按编排位置站立岗位，场面就很难控制。

二、酒会中的工作程序

(一)酒会开始时的操作

所有酒会在开始十分钟内是最拥挤的。到会的人员一下子涌入会场，如果酒水供应不及时的话，就会造成混乱的局面。第 1 轮的酒水，要按酒会的人数，在十分钟内全部完成，送到客人手中。大中型的酒会，调酒师要在酒吧里，将酒水不断地传递给客人和服务员。负责酒会指挥工作的酒吧经理、酒吧领班等还要巡视各酒吧摆设，看看是否有超负荷操作，如果有的话，应立即抽调人员支援。特别是靠近门口右边，因大部分人的习惯是偏向从右边取东西。

(二)放置第 2 轮酒杯

酒会开始十分钟后，酒吧的压力会渐渐减轻，这时到会的人手中都有酒水了，酒吧主管要督促调酒师和服务员将空酒杯迅速放回酒吧台，排列好，数量与第一轮相同。

(三)倒第 2 轮酒水

第 2 轮酒杯放好后，调酒师要马上将酒水倒入酒杯中备用，大约十五分钟后客人就会饮用第 2 杯酒水。酒杯及酒水必须排列好，按正方形或长方形来排列。

(四)到清洗间取杯

两轮酒水斟完后，酒吧主管就要分派服务员到清洗间将洗干净的酒杯不断地拿到酒吧补充，既要注意酒杯的清洁，又要使酒杯得到源源不断供应。

(五)补充酒水

在酒会中经常会因为人们饮用时的偏爱而使某种酒水很快用完，特别是大中型酒会中的果汁、什锦水果宾治和干邑白兰地。

因此，调酒师要经常观察和留意酒水的消耗量，在某种酒水将近用完时就要分派人员到酒吧调制这种酒水，以保证供应。

(六)酒会高潮

酒会高潮是指饮用酒水比较多的时刻，也就是酒吧供应最繁忙的时候。通常，酒会高潮是酒会开始后十分钟和酒会结束前十分钟以及宣读完祝酒词的时候。如果是自助餐酒会，在用餐前和用餐后也是酒会高潮，这些时间要求调酒师动作要快，出品要多，尽可能在短时间内将酒水送到客人手中。

(七)应对特别事项

有时客人会需要酒吧设置中没有准备的品种，如果是一般品牌的酒水，可以立即回仓库(酒吧仓库)去取，尽量满足客人的需要；如果是名贵的酒水，要先征求主人的同意后才能取用。当发生打碎酒杯或碰倒酒水的情况时，要求临场的调酒师立即处理，绝不可以袖手旁观。在人多的地方，碎玻璃杯及倒在地上的酒水很容易造成人员受伤，最好在数分钟内清理完毕，也可以立即用餐巾盖上再处理。其他的突发事件也要马上处理，如果自己处理不了，要立即上报经理。

(八)清点酒水用量

在酒会结束前十分钟，要对照宴会酒水销售表清点酒水，准确地点清所有酒水的实际用量，在酒会结束时统计出数字，交给收款员开单结账。

三、酒会后的工作程序

(一)填写酒水销售表

酒会一结束，所有酒吧设置的酒水用量应立即清点，并由调酒师开好酒水销售单，交到收款员处结账。这项工作要求数字准确、实事求是，不能乱填。许多客人对饮品的用量都很熟悉，知道数量是否合理，如果数量不合理会引起许多麻烦，调酒师一定要按照实际用量填写，不能报虚数。

(二)收吧工作

客人结账后，调酒师要清理酒吧，将所有剩下的酒水运回仓库，剩余的果汁和什锦水果宾治要立即放入冰箱存放或调拨到其他酒吧使用。酒杯要全部送到清洗间清洗，洗完后再装箱，并清点数量，记录消耗数字，将完好的酒杯装箱后退回给管事部。

(三)完成酒会销售表

酒会结束后，调酒师需要做一份酒会销售表(一式两联)，将酒会名称、时间、参加人数、酒水用量、调酒师签名等内容填写好。第一联送交成本会计计算成本，第二联送交酒吧经理保存。

任务三　酒会的筹划与核算

一、酒会的筹划

(一)酒会的人员安排

酒吧在接到酒会编排表后，主管人员要立即按照酒会的人数、形式和酒吧类型，合理地安排调酒师的工作时间和调酒师的人数。这项安排要尽可能提前一两天定好，并安排好工作时间，使酒会的工作能按计划进行。

有些酒会是临时安排的，这就要求主管人员迅速组织和抽调人员来操作。

调酒师不能按正常的工作时间上下班，工作时间只能根据酒会的时间来确定，经常会改变原来的工作时间表而另行安排。基本人员安排可参看下列数据：

50～100 人酒会，设酒吧 1 个，调酒师 2 人，酒会前 2 小时开始准备工作。

100～150 人酒会，设酒吧 1～2 个，调酒师 3 人，酒会前 2 小时开始准备工作。

150～250 人酒会，设酒吧 2 个，调酒师 4 人，酒会前 2 小时开始准备工作。

250～300 人酒会，设酒吧 2 个，调酒师 5 人，酒会前 2 小时开始准备工作。

300～400 人酒会，设酒吧 3 个，调酒师 6 人，酒会前 3 小时开始准备工作。

400～500 人酒会，设酒吧 3 个，调酒师 7 人，酒会前 3 小时开始准备工作。

500～1000 人酒会，设酒吧 4～5 个，调酒师 8～12 人，酒会前 4 小时开始准备工作。

如果人员不够，可以提早进行准备工作。

酒会开始前半小时，所有酒吧摆设及准备工作应全部完成(除临时接到的酒会外)。调酒师必须每两人在一个酒吧站好操作位置，并做大致分工，一人负责补充酒水、果汁和酒杯，一人负责出品。

300 人以下的酒会，调酒师可提前 10～15 分钟将酒水倒入杯中，杯数必须超过 300 杯，使所有客人一进场都能喝上酒水。300 人以上的酒会可提前 20 分钟将酒水倒入杯中，数量也要超过参加酒会的人数。

酒会开始后要不断补充酒水和酒杯，特别是开始后的 15 分钟，直至所有客人都有酒水在手，才可放慢节奏。接近尾声时要留意不要倒太多的酒水入杯，只按需求进行供应即可，以免造成浪费。

(二)酒水、用具准备

1. 酒水准备

酒水品种根据酒会的形式及消费额而定。例如：同样是 150 人的酒会，在几种情形下出品的酒水品种是不同的。(1)软饮酒会，消费额每人 15 元(纯酒水，不包括小食)。可出饮料品种 6 种；(2)定时消费酒会，消费额每人 25 元，可出酒水 10～12 种(酒 5～7 种，软饮料 5 种)；(3)计量消费酒会，可出酒水 13～15 种(酒 7～9 种，软饮料 6 种)；(4)自助餐酒会，每人纯酒水消费 30 元，可出酒水 13～15 种(酒 7～9 种，软饮料 6 种)。

酒会中酒水和饮料所占的百分比大致如下：

(1)软饮酒会：果汁占60%，汽水占20%，啤酒占10%，矿泉水占10%。预备时可以按这个比例准备各种酒水。

(2)定时消费酒会：果汁及特色鸡尾酒占50%，汽水占20%，啤酒占10%，其他烈酒及矿泉水占20%。

(3)计量消费酒会：果汁及特色鸡尾酒占50%，汽水占15%，啤酒占10%，混合饮料及其他酒水占25%。

(4)自助餐酒会：果汁占50%，汽水占20%，啤酒占15%，其他酒水占15%。

酒水的数量在酒会中通常以杯来计算，果汁每杯168毫升，汽水每杯196毫升，啤酒每杯280～336毫升。酒水是根据酒会的人数和时间来准备数量的，可以依照每小时每人准备酒水3杯至3.5杯(酒会时间超过1小时后，可按每延续1小时每人多3杯饮料的数量来供应)。酒会中所需用的果汁和特色鸡尾酒必须在酒会开始前20分钟调好。

2. 用具

用具与酒吧常用的工具相同，酒会以设酒吧的数量来准备工具的套数，每套工具包括开瓶器1个、吧匙1个、冰夹1个、水罐1个、酒刀1把，需要时可配摇酒器1个。每个酒吧可按酒会性质准备冰车一辆(作用是将需冷藏的酒水放入车中，加上冰块，以保持酒水的冷却温度)，无冰车的饭店可用大塑料桶代替，以及装果汁用的小塑料桶1～2个。

3. 酒杯

酒杯的数量一般以酒会人数的3倍为标准，例如：100人的酒会，准备300个酒杯。其中果汁杯占60%，柯林杯占30%，啤酒杯及其他杯占10%(酒会中只使用果汁杯、柯林杯、啤酒杯、白兰地杯、甜酒杯和平底杯，其他杯子在特别要求时才使用)。

(三)酒吧工作人员与其他服务人员的协调

1. 与仓库人员的协调

酒会时间确定后，酒吧工作人员要尽可能提前一天将所需的酒水数量、品种和酒杯数量、品种通知仓管人员，并定下领用时间，特别是大型的酒会，一定要一次性将所用酒水和酒杯的数量、品种填好送到仓库人员手中，以避免各部门在宴会时发生混乱。

2. 与清洗人员的协调

所有酒杯在领出后都要清洗和消毒，这项工作也要预先安排并确定时间进行，要在酒会开始摆设酒吧前完成。

3. 与服务员的协调

酒会中酒吧摆设的台、台布、台裙由宴会服务员负责安排，在摆设时间上一定要商定好。

酒会开始前10分钟，要尽可能安排服务员将酒水放上托盘，迎接客人，直接在客人进场时端给客人，避免酒吧内过于拥挤。

酒会进行时要求服务员不断将客人用完的空杯收回清洗，以保证酒杯能够轮转供应。酒会将近尾场时，调酒师要尽快地清点用剩的酒水，统计出酒会的酒水消耗量，填好表格，呈交服务人员结账。

以上各项工作都要求酒吧工作人员和服务人员互相协调好，预先在工作时间上定出计划，在操作时要经常沟通，临时处理各种突发事件，以保证酒会正常运行。

酒会领料登记表主要用于酒吧酒水预备和统计出品数量，由酒会主管调酒师负责完成，表格一式两份，第一联由酒吧保存，第二联交成本会计处。使用时注意，表中的领料数量是指酒会开始前酒吧所用的各种酒水数量，退料数量是指酒会结束后用剩的酒水数量。

二、酒会的核算

（一）酒水成本的确定

酒会的酒水成本较低，因要考虑到场地租用、设施器材方面的使用等，所以酒水成本应低于酒店餐厅中销售的酒水成本。

酒会的酒水成本在四、五星级的酒店中可定在10%～20%，三星级酒店中可定在15%～25%，其他类型酒吧可定在20%～30%。酒水的实际成本要根据宴会和酒会的形式而定，主要从以下几个方面考虑：

(1)租用场地的大小；

(2)使用设施和器材（舞台、灯光、音响、电视机、录像机等）的数量；

(3)参加人数；

(4)消费额；

(5)酒会时间。

酒会的举办多是商业性质的，在订酒会时可灵活地并有伸缩性地确定成本。酒水的成本不可能每次都相同，要因形式和客人要求确定每次酒会酒水的成本。但酒会酒吧的每月累积成本一定要低于餐厅酒水销售成本的5%以上。

（二）预算与结算

1.酒会的预算是在客人预订酒会后进行的，客人预订酒会后，根据酒会的性质和每人的消费额就可进行各项预算了。预算内容有：食物与酒水的分配比例；食物成本和种类；酒水的成本和种类；其他服务项目的费用。

(1)食物与酒水的分配比例

通常有两种形式：自助餐酒会与非用餐酒会。自助餐酒会的分配比例是食物占60%，酒水占40%（有时食物占70%，酒水占30%）；非用餐酒会的分配比例是酒水占80%，小食占20%。

(2)食物的成本和种类

酒会的食物成本一般比整个饭店餐饮成本低一些，非用餐酒会可根据其消费额不同准备6～10种小食。自助餐酒会则要预先定出各种消费形式的菜单以供客人在预订酒会时选择。

(3)酒水的成本

酒水的成本指酒会上消耗各类酒水的费用与支出。

(4)其他服务项目的费用

其他服务项目的费用主要指消耗费用，例如用电量、空调等。器材的使用按租用时间

计算。(所有酒会器材的租用都有明确的价目表。)

2. 各项预算确定后，酒会完毕时进行结算就较简单了。结算包括两方面：对客人结账和计算实际成本。

(1)对客人结账

食物和器材使用按预算时的价格计算(除非损坏器材才增加收费)。酒水则按酒会形式进行结账，如果是定时或定额消费酒会，按预算价格进行结算；如果是计量消费酒会，按实际用量进行结算。

(2)计算实际成本

酒会开完后，将各项表格交送成本会计处，成本会计将根据食物、器材和酒水的实际消耗用量来计算成本。所得出的酒水成本便是当次酒会的结算成本，全月累积的酒会成本就是当月酒会的酒水成本。

项目小结

本项目可使学生知道酒会的分类，如根据主题、组织形式、收费方式等来分类；知道酒会的工作程序主要包括酒会前的工作程序、酒会中的工作程序、酒会后的工作程序三方面的内容；会进行各类酒会的组织、筹划与核算。

实验实训

组织学生分组，在校内酒吧实训室自筹资金、筹划主题，设计一次30人左右规模的酒会。

思考与练习题

1. 以主题来划分，酒会可分为哪几类？
2. 以收费方式来划分，酒会可分为哪几类？
3. 制定一份酒会销售表，并模拟填写完成。
4. 在酒会中，如何决定酒杯的使用数量和种类？
5. 酒会的筹划有几项主要工作？
6. 酒会前的工作程序有哪些？
7. 酒会中的工作程序有哪些？
8. 各种酒会准备的酒水如何安排比例？
9. 简述酒会的结算程序。
10. 如何计算酒会的成本？
11. 模拟练习酒会的服务程序。

参考文献

[1] 匡家庆. 酒水与酒吧. 北京:科学技术文献出版社,1995
[2] 国家旅游局人事劳动教育司. 调酒. 北京:高等教育出版社,1995
[3] 李华瑞. 中华酒文化. 太原:山西人民出版社,1995
[4] 吴克祥,范建强. 吧台酒水操作实务. 沈阳:辽宁科学技术出版社,2000
[5] 杨真主编. 调酒师. 北京:中国劳动社会保障出版社,2001
[6] 贾丽娟. 酒品调制与酒吧服务. 大连:东北财经大学出版社,2001
[7] 吴克祥. 酒水管理与酒吧经营. 北京:高等教育出版社,2003
[8] 王文君. 酒水知识与酒吧经营管理. 北京:中国旅游出版社,2004
[9] 龙凡,庄耕. 酒吧服务技能综合实训. 北京:高等教育出版社,2004
[10] 王天佑. 酒水经营与管理. 北京:旅游教育出版社,2004
[11] 李晓东. 酒水与酒吧管理. 重庆:重庆大学出版社,2004
[12] 贺正柏,祝红文. 酒水知识与酒吧管理. 北京:旅游教育出版社,2006
[13] 田芙蓉. 酒水服务与酒吧管理. 昆明:云南大学出版社,2007
[14] 熊国铭. 现代酒吧服务与管理. 北京:高等教育出版社,2009
[15] 胡柏翠,周德强. 酒水服务与酒吧管理. 北京:电子工业出版社,2010
[16] 徐凤龙,张鹏燕. 识茶善饮. 长春:吉林科学技术出版社,2010
[17] 申琳琳. 酒水服务与酒吧管理. 北京:北京师范大学出版社,2011
[18] 杨学军. 识茶·泡茶·品茶. 北京:中国纺织出版社,2012